교사를 위한 <개정판>

현대물리의 이해

윤 종 국 지음

KYOWOO

PREFACE

머 리 말

21세기 지식, 정보화 사회의 특징 중 하나는 학문 간 경계가 허물어지고 있다는 것이다. 실제로, 물리학과 화학, 생물학 등은 원자나 분자의 스케일에서 더 이상 서로 다른 학문임을 고집할 수 없으며, 이들은 다시 의학, 경제학, 심리학 등의 학문 영역과도 긴밀한 소통이 가능하게 되었다. 그런데 이처럼 다양한 학문 영역들의 바탕에 '수학'이라는 공통 언어가 자리 잡고 있다는 것은 일찍이 갈릴레오가 '신이 우주라는 큰 책을 쓰면서 사용한 언어가 바로 수학'이라고 말한 것을 상기해 볼 때 새삼 놀라운 일도 아닐 것이다.

셰익스피어의 불멸의 문학성이 주는 감동을 느껴보기 위해서 그의 책을 읽기위해 영어라는 언어를 배워야 하듯이, 우주의 신비로운 원리를 발견하고 그 감동을 맛보기 위해서는 우주라는 책이 쓰여 진 언어인 수학을 배워야 함은 당연한 일일 것이다.

이러한 견지에서, 과연 수학을 배우고 가르치는 수학교사들은 정작 얼마나 자연과 우주를 이해하고 있는지를 생각해 보지 않을 수가 없다. 물론 수학은 그 자체로 논리적 사고와 합리적 문제해결 능력을 키워주는 효용성을 갖고 있음은 부인할 수 없는 사실이지만, 오늘날과 같이 통합적 지식구조의 사회에서 수학을 통한 현대과학의 눈부신 발전을 언급하지 않고서 수학의 진정한 가치와 그 효용을 학생들에게 얼마나 설득력 있게 전달할 수 있을지는 실로 의문이다. 따라서 이 책은 수학이라는 언어가 어떻게 현대 과학, 특히 물리학에서 자연의 법칙을 이해하고 기술하는데 쓰이고 있는지를, 수학을 배우고 가르치는 교사들에게 보여주고자 하는 것을 목적으로 하고 있다.

저자의 짧은 지식과 지면상의 한계로, 본 책에서 다루는 내용은 현대 물리학의 양대 기둥이라고 할 수 있는 상대성이론과 양자 역학에만 주된 초점을 맞추었다. 이 두 이론이 기타 다른 학문영역에 미친 심대한 영향을 고려해 볼 때, 이것은 최소한의 선택사항이라 할 수 있을 것이다.

제 1장은 맥스웰 방정식을 중심으로 한 전자기학 이론을 소개하고 있으며, 제 2장은 제 1장의 내용을 바탕으로 특수상대론의 등장 배경을 소개하고 로렌츠 변환식을

중심으로 그 이론을 살펴보는 것으로 이루어져 있다. 이어 제 3장에서는 특수상대론을 일반화한 일반 상대론을 소개하고 있는데 난해한 수식과 개념들을 최대한 피하면서 이론의 핵심적 아이디어를 전달하고자 하였으나 처음 읽는 독자에게는 다소 어렵게 느껴질 수도 있다는 우려가 전혀 없지는 않다. 그러나 반복해서 읽다보면 아인슈타인 방정식 속에 숨어있는 수학적 언어의 아름다움과 감동을 음미할 수 있으리라 기대한다. 마지막으로 제 4장에서는 물질의 이중성을 중심으로 양자역학을 소개하고 있는데 상식과 직관에 위배되는 양자세계의 모습을 어떻게 수학적으로 기술하고 정당화 시킬 수 있는지 조금이나마 느껴볼 수 있기를 바란다.

기본적으로 이 책의 내용은 대학교 1학년의 '미적분학' 정도의 사전지식과 선형대수학의 기본 개념들(기저, 일차결합 등)에 대한 이해를 전제로 무난히 읽을 수 있도록 구성하고자 노력하였다. 구성된 내용은 대부분 저자의 독창적인 것들이 아니고 앞선 훌륭한 교재들로부터의 가르침을 저자 나름대로 재구성하고 이 책의 목적에 맞는 언어로 풀어 써본 것이라 할 수 있다. 각주와 참고문헌을 통해 이러한 부분에 대해 분명히 밝히고자 하였으나, 미처 일일이 밝히지 못한 부분에 대해서는 미리 양해와 이해를 구하는 바이다.

또한 이 책의 내용 중 미흡한 점이나 수정·보완되어야 할 부분이 있다면 그것은 전적으로 저자의 무지와 서투른 표현능력의 소치임을 미리 밝혀 두며, 현명한 독자들의 많은 조언과 질책을 기다리는 바이다.

모쪼록 이 책을 통해 수학적 언어가 어떻게 자연과 우주의 법칙을 기술하고 있는지를 조금이나마 이해할 수 있는 계기가 되기를 바랄 뿐이다.

끝으로, 이 책을 집필할 수 있도록 동기를 부여해 주시고 격려와 조언을 아끼지 않으신 신현용 교수님께 존경과 감사의 마음을 전하며, 서툰 초고를 꼼꼼히 읽으면서 오타와 잘못된 표현을 지적해 준 김민수 선생님께도 감사의 마음을 전한다.

교원골에서

차 례

제 1 장

전자기학

맥스웰 방정식을 중심으로

제1장 1절

벡터 해석학

1.1 벡터장

한 변의 길이가 1m인 정육면체 모양의 유리 상자에 물이 가득 차 있다고 하자. 이때, 가느다란 막대기를 이용해 상자 속의 물을 휘저어놓고 상자 속을 들여다보면 어떤 모습일까? 만일 우리의 눈이 H_2O로 이루어진 물 분자 하나하나를 인식할 수 있다면, 유리 상자를 가득 메운 그 물 분자들이 이리저리 움직이고 있는 것을 관찰할 수 있을 것이다. 따라서 특정한 순간을 고정시켜 놓고 생각해보면, 상자 속의 임의의 한 위치에 있는 물 분자는 그 순간에 자신의 운동 상태에 해당하는 속도 벡터를 갖고 있다고 말할 수 있다[그림 1-1 참조].

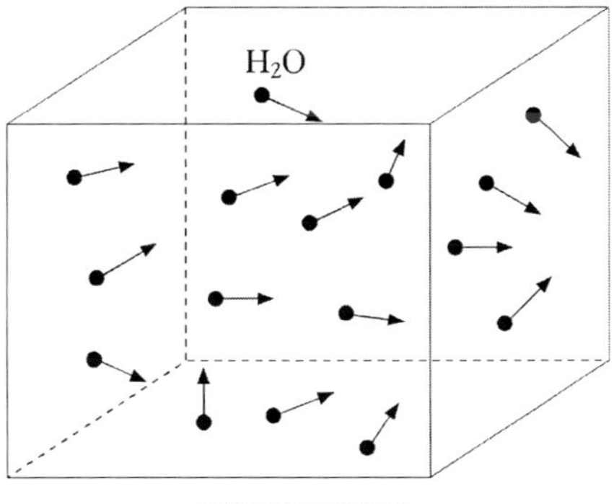

그림 1-1

이처럼, 3차원 공간 상의 한 영역 D (위의 경우, 유리 상자)에 대하여, D에 속하는 각각의 위치마다 한 개의 벡터가 대응되어 있는 상태를 우리는 'D **상의 벡터장**'이라고 부른다.

주위를 둘러보면 이러한 벡터장은 얼마든지 찾아볼 수 있다. 방 안에 가득한 공기분자들의 속도 벡터들이 만들어 내는 벡터장이나, 시냇물이 흘러갈 때 그 시냇물을 따라 움직이는 물 입자들의 속도 벡터에 의한 벡터장, 그리고 뿌연 담배연기 속의 연기 입자들의 운동에 의한 속도 벡터장 등[그림 1-2 참조]은 모두 벡터장의 좋은 예들이다.

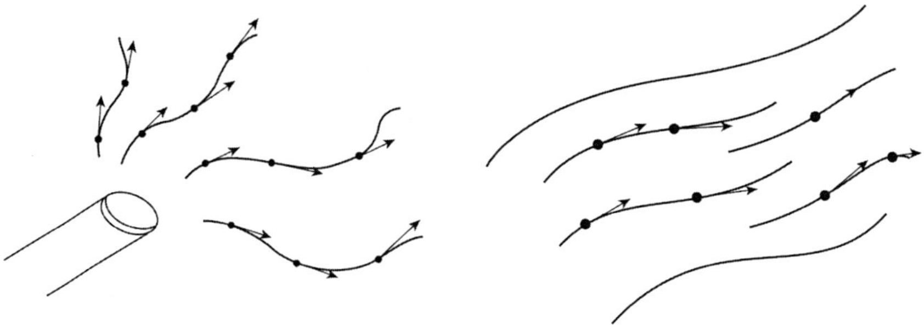

(a) 담배연기의 벡터장 (b) 시냇물의 벡터장

그림 1-2

벡터장은 위의 예에서처럼 유체의 속도벡터 이외에도 다양한 형태로 나타날 수 있다. 가령 질량이 M인 구형의 물체가 있다고 하면, 이 물체 주위의 임의의 위치에 질량 1kg의 물체를 두면 이 물체는 질량 M인 물체에 의한 중력가속도를 경험한다. 물론 이 중력 가속도는 벡터로 표현되는 물리량으로서, 그 방향은 언제나 질량 M인 물체를 향하고 그 크기는 두 물체 간의 거리 제곱에 반비례한다. 따라서 이러한 중력 가속도는 [그림 1-3(a)]와 같은 중력에 의한 벡터장, 즉, '**중력장**'을 형성한다.

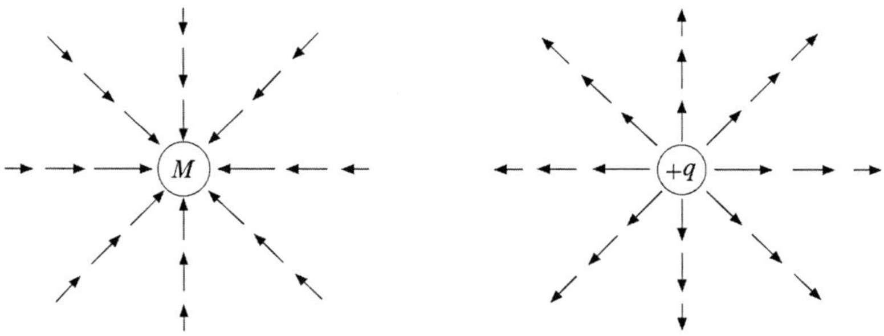

(a) 중력장 (b) 전기장

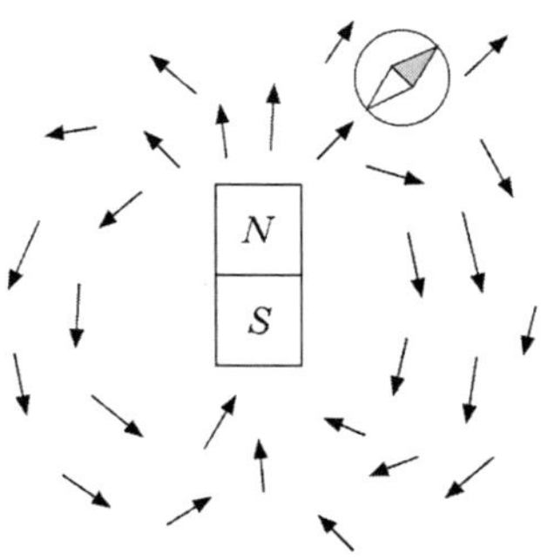

(c) 자기장

그림 1-3

질량을 가진 물체에 의한 중력장과 마찬가지로, 전하를 가진 입자에 의한 '전기장'을 생각해 볼 수도 있을 것이다. 예를 들어 $+q$ 쿨롱의 전하량을 가진 입자의 주위에 $+1$ 쿨롱의 전하를 가진 입자를 두면 역시 크기는 거리 제곱에 반비례하고 방향은 서로의 반발력으로 인해 중력의 경우와 반대 되는 방향의 힘을 받게 되며 이 힘에 의한 벡터장을 생각할 수 있다[그림 1－3(b) 참조].

또 한 가지 중요한 벡터장은 자석에 의한 자기력이 만들어 내는 벡터장인 '자기장'이다. 잘 알려진 바와 같이 막대자석 주위에 나침반을 두면 나침반의 바늘은 항상 일정한 방향을 가리키게 된다. 이때 나침반 바늘이 항상 일정한 방향으로 향하도록 작용하는 힘을 '자기력'이라고 부르고 이 힘을 나타내는 벡터에 의한 벡터장을 '**자기장**'이라고 부른다[그림 1－3(c) 참조]. 이상과 같은 예들을 염두에 두고서 이제 벡터장을 기술하는 보다 수학적인 방법을 살펴보자.

벡터장은 3차원 공간의 한 영역 D 상의 각 위치에 3차원 벡터 하나를 대응시키는 방법을 기술함으로써 표현할 수 있으므로 다음과 같은 함수의 형태로 나타난다.

$$V: D(\subseteq \mathbb{R}^3) \to \mathbb{R}^3, \quad V(p) = (f_1(p),\ f_2(p),\ f_3(p))$$

여기서 $f_i: D \to \mathbb{R}\ (i=1,\ 2,\ 3)$들은 D에서 정의된 실수 값을 갖는 함수들이며, 이때 $f_i(p)\ (i=1,\ 2,\ 3)$들은 $p(\in D)$ 위치에서 정의된 벡터의 $x,\ y,\ z$ 성분들을 나타낸다. 일반적으로 각 f_i들이 연속함수이면 주어진 벡터장이 '**연속이다**'라고 말하고, 각 f_i들이 (무한 번) 미분 가능한 함수인 경우에, 주어진 벡터장이 '**미분가능하다**'라고 말한다.

우리가 앞에서 보았던 벡터장들은 모두 미분 가능한 벡터장으로 볼 수 있으며 앞으로 특별한 언급이 없는 경우에는 항상 $\mathbb{R}^3$ 전체에서 정의된 미분 가능한 벡터장만을 고려하기로 한다. 특별히 $f_1 \equiv 1,\ f_2 = f_3 \equiv 0$ 인 벡터장 $E_1 = (1,\ 0,\ 0)$과, 마찬가지 방법으로 정의된 $E_2 = (0,\ 1,\ 0)$, $E_3 = (0,\ 0,\ 1)$에 대해 $E_1,\ E_2,\ E_3$를 '**표준기저 벡터장**'이라 부른다[그림 1－4 참조].

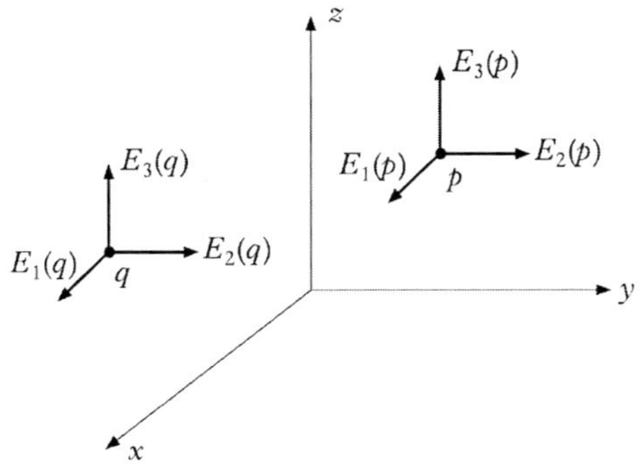

그림 1－4 표준기저 벡터장

이 경우, 임의의 벡터장 $V=(f_1, f_2, f_3)$는 항상 다음과 같이 표기할 수 있다.

$$V = f_1 E_1 + f_2 E_2 + f_3 E_3$$

1.2 ∇ – 연산자

앞 절에서 우리는 여러 가지 벡터장들과 그것들이 나타내는 물리적인 상황을 함께 살펴보았다. 이렇게 다양하게 주어진 벡터장들은 각각 나름대로의 독특한 형태와 특성을 지니고 있으며 이를 수학적으로 잘 분석하고 해석해보면 그 벡터장이 나타내고 있는 물리현상에 대한 중요한 법칙들을 발견할 수가 있다.

이 절에서는 벡터장을 수학적으로 다루는데 있어서 중요한 ∇ – 연산자를 소개하고 그와 관련된 몇 가지 중요한 정리들을 소개하고자 한다(이 절에서 소개하는 정의와 정리들의 물리적 의미에 대해서는 다음 절에서 자세히 언급하게 될 것이다).

먼저 ∇ – 연산자는 형식적으로 다음과 같이 쓴다.

$$\nabla = \left(\frac{\partial}{\partial x}, \frac{\partial}{\partial y}, \frac{\partial}{\partial z}\right)$$

이제 주어진 벡터장 $V(p)=(f_1(p), f_2(p), f_3(p))$ 에 대해 $\nabla \cdot V$를 다음과 같이 정의한다.

$$\nabla \cdot V = \frac{\partial f_1}{\partial x} + \frac{\partial f_2}{\partial y} + \frac{\partial f_3}{\partial z}$$

따라서 $\nabla \cdot V : \mathbb{R}^3 \to \mathbb{R}$은 벡터장 V로부터 얻은 새로운 실변수 함수이며, '**벡터장 V의 발산**'이라고 부른다.

비슷한 방법으로, $\nabla \times V$를 다음과 같이 정의한다.

$$\nabla \times V = \left(\frac{\partial f_3}{\partial y} - \frac{\partial f_2}{\partial z}, \frac{\partial f_1}{\partial z} - \frac{\partial f_3}{\partial x}, \frac{\partial f_2}{\partial x} - \frac{\partial f_1}{\partial y}\right)$$

따라서 $\nabla \times V : \mathbb{R}^3 \rightarrow \mathbb{R}$는 벡터장 V로부터 얻은 새로운 벡터장이며, '벡터장 V의 Curl'이라고 부른다.

위에서 정의한 $\nabla \cdot V$, $\nabla \times V$와 관련해 벡터 해석학에서 중요한 역할을 하는 두 정리가 있는데 이것들은 맥스웰 방정식을 이해하는 데 있어 필수적인 내용을 담고 있다[1].

정리 1.1 (발산 정리)

벡터장 A가 주어졌다고 하자.
이때 3차원 공간 상의 닫힌곡면 S와 이 곡면이 감싸고 있는 입체 V에 대하여, 다음이 성립한다.

$$\int_V (\nabla \cdot A)\, dV = \int_S (A \cdot \vec{n})\, dS$$

단, 여기서 $\vec{n}$은 곡면 S 상에서 정의된, 곡면에 수직이고 곡면의 바깥쪽을 향하는 단위 벡터장이다[그림 1-5(a) 참조].

정리 1.2 (스톡 정리)

벡터장 A가 주어졌다고 하자.
만일 3차원 공간 상의 임의의 곡면 S와 그 곡면의 경계 $\partial S (=: C)$가 주어졌다면, 다음이 성립한다.

$$\int_C (A \cdot \vec{t})\, ds = \int_S ((\nabla \times A) \cdot \vec{n})\, dS$$

단, 여기서 $\vec{t}$는 곡선 C에서 정의된, C에 접하는 단위 벡터장으로서, $\vec{t} \times \vec{n}$이 항상 곡면의 바깥쪽을 향하게 선택한다[그림 1-5(b) 참조].

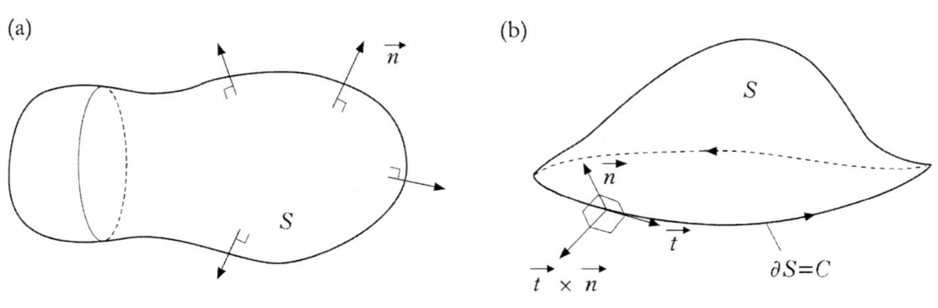

그림 1-5

1) 정리 1.1과 정리 1.2에 사용된 면적분 및 선적분 등의 정의는 [김홍종] 또는 [Marsden, Tromba]를 참고할 것.

앞의 스톡정리에서 만일 곡면 S가 닫힌곡면인 경우에는 $C = \partial S = \varnothing$이 되고 이때, 앞의 식의 좌변은 0이 된다.

두 정리의 엄밀한 증명은 벡터해석학의 어느 교재에서나 쉽게 발견할 수 있으므로 여기서는 생략하기로 하고[2], 대신 다음 절에서 이 정리들의 물리적 의미를 살펴봄으로써 이 정리들의 타당성을 음미해보기로 한다.

한편, 여러 가지 물리적인 상황으로부터 벡터장을 얻는 경우 외에도 순전히 수학적인 방법으로(물론 이때에도 경우에 따라 어느 정도 적당한 물리적 해석이 가능하지만) 벡터장을 얻는 방법이 있다. 바로, 주어진 함수 $\phi : \mathbb{R}^3 \to \mathbb{R}$의 $grad\,\phi := \left(\frac{\partial \phi}{\partial x}, \frac{\partial \phi}{\partial y}, \frac{\partial \phi}{\partial z}\right)$를 취하는 것이다.

이 경우에는 직접적인 계산을 통해 $\nabla \times (grad\,\phi) = 0$이 항상 성립함을 확인할 수 있다(연습문제 2). 뿐만 아니라, 다음 정리에서와 같이 그 역도 성립한다.

정리 1.3

만일 벡터장 $V : \mathbb{R}^3 \to \mathbb{R}^3$가 $\nabla \times V = 0$을 만족하면, 적당한 함수 ϕ에 대하여, $V = -\,grad\,\phi$로 표현할 수 있다.

비슷한 형태의 논의를 $\nabla \cdot V$에 대해서도 할 수 있다. 즉, 임의의 벡터장 V에 대하여, 항상 $\nabla \cdot (\nabla \times V) = 0$이 성립한다는 것은 직접 계산을 통해 확인할 수 있으며(연습문제 3), 다음 정리에서와 같이 그 역도 성립한다.

정리 1.4

만일 벡터장 $V : \mathbb{R}^3 \to \mathbb{R}^3$가 $\nabla \cdot V = 0$를 만족하면, 적당한 벡터장 A가 존재하여, $V = \nabla \times A$를 만족한다.

이 두 정리의 증명 역시 주 2)의 문헌들을 참고하도록 하고 여기서는 대신 두 정리의 상황을 이해하는 데 도움을 줄 수 있는 도표를 소개한다.

2) [김홍종] 또는 [Marsden, Tromba] 참고.

도표 1.1

$$\{함수들\} \xrightarrow{F_1 = grad} \{벡터장\} \xrightarrow{F_2 = \nabla\times} \{벡터장\} \xrightarrow{F_2 = \nabla\cdot} \{함수들\}$$

① $F_2 \circ F_1 = 0$ (즉, $\nabla \times (grad\,\phi) = 0$),

$F_3 \circ F_2 = 0$ (즉, $\nabla \cdot (\nabla \times V) = 0$)

② $F_2(V) = 0$이면 $V = F_1(-\phi)$인 함수 ϕ가 존재한다.(정리 1.3)

③ $F_3(V) = 0$이면 $V = F_2(A)$인 벡터장 A가 존재한다.(정리 1.4)

1.3 벡터장의 유속과 발산

이제, 앞 절에서 정의한 벡터장의 발산의 물리적 의미를 벡터장의 '유속'이라는 개념을 통해 살펴보기로 하자.

먼저 V가 어떤 유체의 흐름에 의한 속도벡터로 이루어진 벡터장이라고 하자. 또한 가상의 곡면 S가 그 유체의 내부에 [그림 1-6(a)]와 같이 주어져 있다고 하자. 이때, '단위 시간 동안 곡면 S를 통과해 지나간 유체의 양(부피)'를 구해보자.

먼저, 곡면 위의 임의의 점 p를 포함하는 아주 작은 조각인 dS를 생각하고, 이 dS 영역을 통과한 유체가 단위 시간동안 이동한 거리가 $V(p)$임에 유의하자. (단, 여기서 dS가 충분히 작아서 평면 조각과 같다고 가정하고, dS를 통과하는 유체들은 모두 $V(p)$와 같은 속력으로 움직인다고 가정하였다).

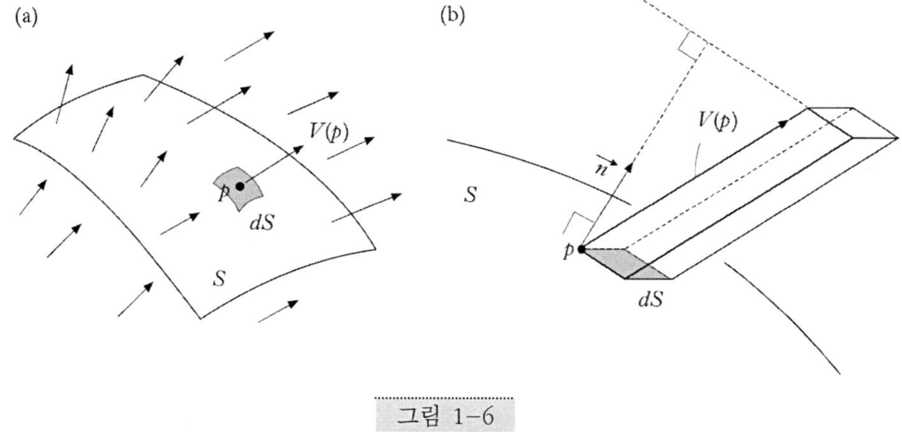

그림 1-6

그러면 단위 시간 동안 dS를 통과해 지나간 유체의 부피는 그림 1-6(b)와 같이 dS를 $V(p)$를 따라 평행 이동하여 얻는 입체의 부피와 같다. 따라서 그 부피는 dS에 수직인 단위 벡터를 $\vec{n}$이라고 할 때 다음과 같이 계산할 수 있다.

$$\text{밑넓이} \times \text{높이} = dS \times (V(p) \cdot \vec{n})$$

따라서 전체 곡면 S를 통과해 지나간 유체의 부피는 위에서 계산한 부피들을 곡면 전체에 대해 적분한 것이 된다. 즉,

$$\int_S (V \cdot \vec{n}) dS = \text{단위 시간당 곡면 } S\text{를 통과해 지나간 유체의 양(부피)}$$

앞서 언급한 것처럼 모든 벡터장이 유체의 속도 벡터에 의해 주어지는 것은 아니다. 그러나 위의 $\int_S (V \cdot \vec{n}) dS$과 같은 식은 모든 벡터장 V와, 주어진 곡면 S에 대해 형식적으로 항상 정의할 수 있는 값이며, 우리는 이 값을 '**곡면 S를 통과하는 벡터장 V의 유속(flux)**'이라고 부른다.

특별히, 만일 S가 구면과 같이 3차원 공간 상의 닫힌곡면이고 $\vec{n}$이 곡면의 외부를 향하는 단위벡터이면 다음과 같은 해석이 가능하다.

$$\int_S (V \cdot \vec{n}) dS = \text{단위 시간당 곡면 } S\text{를 빠져나오는 유체의 양}$$

위 적분값이 양수인 경우 이 값은 닫힌곡면 S로부터의 유체의 순(net)유출량으로 해석하고, 적분값이 음수인 경우에는 닫힌곡면 S로의 유체의 순유입량으로 해석할 수 있다.

이제, 이러한 유속의 개념을 바탕으로 앞 절에 소개한 $\nabla \cdot V$의 의미와 발산정리의 내용을 다시 한 번 살펴보기로 하자. 먼저 $\nabla \cdot V$의 의미를 살펴보자.

우선, 벡터장 V가 정의된 영역상의 임의의 한 점 p를 중심으로 반지름 r인 구면을 생각하고 그 구면의 내부를 B_r라 하면, B_r의 경계인 ∂B_r은 구면이 된다.

여기서 발산정리를 적용하면,

$$\int_{B_r} (\nabla \cdot V) dV = \int_{\partial B_r} (V \cdot \vec{n}) dS$$

가 된다.

한편, 실숫값을 갖는 함수 $\nabla \cdot V : \mathbb{R}^3 \to \mathbb{R}$에 대해 적분의 평균값 정리(연습문제 4)를 적용하면, 적당한 $\overline{p} \in B_r$에 대하여, $vol(B_r)(\nabla \cdot V)(\overline{p}) = \int_{B_r} (\nabla \cdot V) dV$가 성립한다. (단, $vol(B_r)$은 B_r의 부피, 즉 $\frac{4}{3}\pi r^3$이다)

따라서 이것을 위 발산 정리와 연결하면, $(\nabla \cdot V)(\overline{p}) = \frac{1}{vol(B_r)} \int_{\partial B_r} (V \cdot \vec{n}) dS$가 된다. 이때, 이 식의 우변에 있는 적분값은 벡터장 V의 유속으로서, 단위 시간당 구면을 통과한 유체의 순유출(또는 유입)량, 즉 구면 내의 유체의 순부피 변화량을 나타내고, 이것을 구의 부피로 나눈 것이 좌변과 같음을 알 수 있다.

이제 $r \to 0$을 취하게 되면, $(\nabla \cdot V)(\overline{p}) \to (\nabla \cdot V)(p)$이 되므로, 결국 다음과 같은 해석이 가능하다.

$(\nabla \cdot V)(p) =$ 'p점에서의 단위 부피당 V의 유속'(즉, 단위 시간 동안 p점 근방의 단위부피당 이를 통과하는 유체의 순유출(또는 유입)량

일단, $(\nabla \cdot V)(p)$의 의미를 위와 같이 p점에서의 벡터장 V의 '유속밀도'(flux density)로 해석하고 나면 [정리 1-1]의 발산정리의 내용을 다음과 같이 재해석해 볼 수 있다.

우선, 논의를 간단히 하기 위해, 차원을 한 단계 낮추어서 3차원 공간의 닫힌곡면 S를 2차원 평면의 닫힌곡선 C로 대신하고 부피의 개념을 면적의 개념으로 바꾸어 생각하도록 하자(이러한 단순화가 논의의 기본적인 아이디어에는 전혀 영향을 미치지 않는다).

[그림 1-7]과 같이 닫힌곡선 C 내부의 각 점(근방)에서의 $(\nabla \cdot V)dV$에 해당하는 양들을 화살표로 나타내어 보면, 인접한 두 점 근방의 경계에서는 화살표의 방향이 서로 반대가 되어 있음을 알 수 있다. 결과적으로 C 내부에서의 화살표들은 모두 서로 상쇄되고 오직 경계부분인 곡선 C를 통과해 나가는(혹은 들어오는) 유체의 유속만이 살아남는다.(연습문제 5 참고)

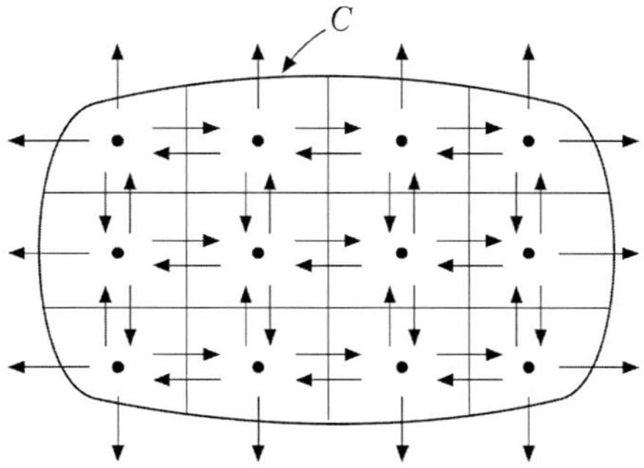

그림 1-7

따라서 우리는 다음과 같은 결론을 얻게 된다.

곡선 C로 둘러싸인 영역 내부의 각 점에서의 단위부피당 유속(flux)의 합
= 곡선 C를 통과하는 유속

[정리 1.1]의 발산정리가 담고 있는 내용은 정확히 위의 두 양이 같음을 3차원적인 상황에서 수학적으로 표현한 것이라 할 수 있고 이로부터 우리는 발산정리의 타당성을 음미해 볼 수 있다.

1.4 벡터장의 순환도와 Curl

이번에는 벡터장의 '순환도'라는 개념을 통해 Curl의 의미와 스톡정리의 타당성을 음미해보도록 하자.

먼저, 주어진 벡터장 V와 가상의 닫힌곡선(loop) C를 생각하자[그림 1-8 참조].

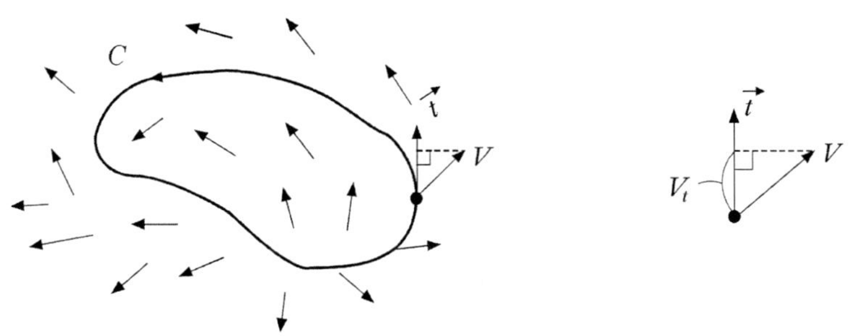

그림 1-8

만일 곡선 C상의 단위 접벡터장을 $\vec{t}$[3]라 하고 $V_t := V \cdot \vec{t}$라 두면 V_t는 벡터장 V에서 곡선 C에 접하는 성분만을 취한 것이 된다. 이때, 이 V_t를 곡선 C를 따라 적분한 값을 '**벡터장 V의 곡선 C를 따르는 순환도**'라고 부른다. 즉,

3) 일반적으로 $\vec{t}$의 방향은 곡선 C의 내부를 왼쪽으로 끼고 도는 방향을 표준으로 한다.

$$\oint_C (V \cdot \vec{t})\, ds = \text{벡터장 } V\text{의 곡선 } C\text{를 따르는 순환도}$$

이다. 개략적으로, 이 순환도가 크면 벡터장 V가 곡선 C를 따라 '강하게' 회전하고 있음을 의미한다고 할 수 있다. 물론 이 값이 음수인 경우는 벡터장 V가 곡선 C를 따라 $\vec{t}$와 반대 방향으로 회전하고 있는 것으로 해석할 수 있다.

이제, 곡선 C를 경계로 갖는 임의의 곡면 S를 생각하면 ($C = \partial S$), 스톡정리에 의해, $\oint_C (V \cdot \vec{t})\, ds = \int_S ((\nabla \times V) \cdot \vec{n})\, dS$가 성립한다. 여기서, 우리는 앞 절에서와 같은 논의를 통해, 곡면 S 상의 한 점 p에서의 $((\nabla \times V) \cdot \vec{n})(p)$ 값에 대한 의미를 다음과 같이 살펴볼 수 있다.

우선, 충분히 작은 r에 대해 p를 중심으로 하고 반지름이 r이고 $\vec{n}$에 수직인 원판 D_r을 곡면 S 상에서 생각한다(r이 충분히 작아서 D_r이 곡면 상이 아닌 평면 상의 원판이라고 가정할 수 있도록 한다[그림 1−9 참조]).

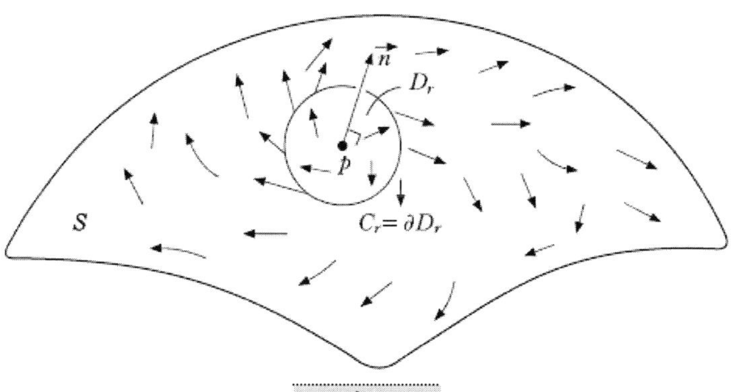

그림 1−9

여기서, D_r에서 정의된 벡터장 V에 대해 스톡정리를 적용하면,

$$\oint_{C_r (= \partial D_r)} (V \cdot \vec{t})\, ds = \int_{D_r} ((\nabla \times V) \cdot \vec{n})\, dS$$

을 얻는다.

이제 앞 절에서와 마찬가지로, 실수 값을 갖는 함수 $(\nabla \times V) \cdot \vec{n} : S \to \mathbb{R}$ 에 대해 적분값의 평균값 정리를 적용하면, 적당한 $\bar{p} \in D_r$에 대해

$$((\nabla \times V) \cdot \vec{n})(\bar{p}) = \frac{1}{area(D_r)} \oint_{C_r} (V \cdot \vec{t})\, ds$$

을 얻는다(단, $area(D_r)$은 영역 D_r의 면적을 나타낸다).

이 식의 우변은, 벡터장 V가 원 C_r을 따라 얼마나 회전하고 있는지를 계산하여, 원판 D_r의 면적으로 나눈 값으로서, p 점 주위에 벡터장 V에 의한 회전효과가 얼마나 있는지를 평균적으로 나타내어 주는 양이다. 따라서 $r \to 0$이면 $\bar{p} \to p$ 임에 유의하면, 우리는 다음과 같은 결론을 얻는다.

$((\nabla \times V) \cdot \vec{n})(p) =$ p점에서 $\vec{n}$에 수직인 곡면 상에 생긴 벡터장 V에 의한 회전효과

이제 이러한 논의로부터 스톡정리를 다음과 같이 재해석해 볼 수 있다.

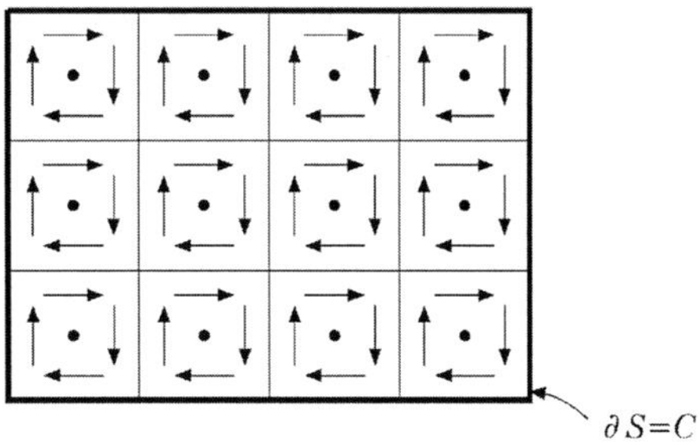

그림 1-10

즉, [그림 1-10]과 같이 주어진 곡면 S와 곡면 위의 각 점들에서의 벡터장에 의한 회전효과들을 화살표로 나타내어 보면, 곡면 내부의 인접한 두 점들을 중심으로 한 회전효과를 나타내는 화살표들은 서로 상쇄됨을 알 수 있고, 결국 곡면 S의 경계 부분인 곡선 C를 따르는 벡터장 V의 순환도만이 남게 된다. 따라서

곡면 S 상의 각 점에서의 벡터장에 의한 회전효과의 합 = 곡선 C를 따르는 벡터장의 순환도

이다.

이제, 이 내용의 엄밀한 수학적 표현이 [정리 1.2]인 스톡정리임은 자명하다.

제1장 2절

맥스웰 방정식

인류가 자석을 통해 자기현상을 발견하거나, 호박(琥珀)을 털가죽에 비빌 때 생기는 정전기를 통해 전기현상을 경험한 것은 기원전 그리스 시대(BC 800)까지 거슬러 올라간다. 그러나 전기와 자기현상에 대한 체계적인 연구가 이루어지기 시작한 것은 16세기 무렵에 이르러서부터였다. 이 무렵, 윌리엄 길버트(William Gilbert, 1544－1603)는 그의 논문에서 지자기(地磁氣)에 대한 연구와 마찰에 의해 대전된 두 물체 사이의 전기력에 대한 설명을 시도했다. 이후 18세기 말엽에 쿨롱(Coulomb, 1736－1806)은, 각각의 전하량이 q_1, q_2인 두 물체 사이에 작용하는 정전기적 힘은 두 물체 사이의 거리제곱에 반비례하고 전하량의 곱에 비례함을 매우 정밀한 실험을 통해 알아내었다. 그리고 그 밖의 전기 현상과 자기 현상에 대한 몇 가지 연구가 이루어졌으나, 이 시기에는 아직 이 두 현상이 각각 독립적이고 별개인 물리현상으로 인식되고 있었다. 그러다가 19세기에 이르러 외르스테드(Oersted, 1777－1851), 비오(Biot, 1774－1862), 사바르(Savart, 1791－1841), 앙페어(Ampere, 1775－1836) 등에 의해 전류가 흐르는 도선 주위에 형성되는 자기장에 대한 연구가 진행되면서 비로소 전기현상과 자기현상 사이에 밀접한 관계가 있음을 알게 되어, 이른 바 '전자기학'의 시작을 알리게 되었다. 이러한 전자기학의 발전은 1981년 패러데이(Faraday, 1791－1867)의 전자기 유도현상에 대한 연구로 확실한 진보를 이루게 된다. Faraday는 도선에 흐르는 전류가 도선 주위에 자기장을 만들어 낸다면, 역으로 자기장을 적절히 발생시킴으로써 도선에 전류가 흐르게 할 수 있으리라 믿었고, 매우 정교한 실험 장치들을 이용해 이것을 증명했다. 이로서 전기 현상과 자기 현상은 상호 간에 매우 밀접하게 연결되어 있음이 더욱 분명해졌으며, 이러한 일련의 실험적 연구결과들은, 1865년 발표된 맥스웰(Maxwell, 1831－1879)의 논문에서 미분을 사용한 수학적 언어로 완벽하게 통합 기술되어, 전자기학을 수학적 이론의 반석 위에 올려놓게 되었다.

맥스웰은 그때까지 알려진 모든 전자기 현상에 대한 물리 법칙을 설명하는 네 개의 아름다운 방정식을 발견했는데, 현대적인 표현을 빌려 이것들을 서술하면 다음과 같은 네 개의 편미분방정식이 된다.

1. $\nabla \cdot E = \dfrac{\rho}{\epsilon_0}$ (2.1)

2. $\nabla \times E = -\dfrac{\partial B}{\partial t}$ (2.2)

3. $\nabla \cdot B = 0$ (2.3)

4. $c^2 \nabla \times B = \dfrac{J}{\epsilon_0} + \dfrac{\partial E}{\partial t}$ (2.4)

(단, 여기서 c는 빛의 속도로서 $3 \times 10^8\,\mathrm{m/s}$이고, ϵ_0는 $\epsilon_0 c^2 = \dfrac{10^7}{4\pi}$로서 주어지는 상수이다. 참고로 이때 $\dfrac{1}{4\pi\epsilon_0} \simeq 9 \times 10^9$이다).

맥스웰은 이 네 개의 방정식을 통해 전기장과 자기장이 서로 어떻게 연결되어 있는지를 분명히 보여주었고 결국에는 전기력과 자기력이 동일한 힘의 서로 다른 표현임을 밝히는 이론적 근거를 제시하였다. 또한 네 번째 방정식의 우변의 두 번째 항은 기존의 연구결과인 앙페어 법칙에 새로이 추가된 항이며, 이 역시 맥스웰의 중요한 업적이다. 맥스웰 방정식의 또 한 가지 중요한 결과는 빛을 전자기파로서 이해할 수 있도록 하여, 오늘날 사용하는 모든 무선 전기기구의 이론적 근거를 제시하게 되었다는 것이다.

결론적으로 맥스웰 방정식은 전기력과 자기력 그리고 빛을 통합하는 강력한 통합이론이라고 할 수 있다.

이 절에서는 우선, 위의 네 개의 맥스웰 방정식의 의미를 살펴보고 각각이 설명하는 전자기적 현상들을 음미해보도록 하자.

2.1 첫 번째 방정식

먼저, [그림 1−11]과 같이 3차원 공간의 적당한 영역 R에 전하들이 분포되어 있다고 하자. 이때, 전하밀도(단위 부피당 전하량)함수를 $\rho = \rho(\vec{r})$라 하면, 영역 R 속의 한 위치인 $\vec{r}'$을 포함하는 극소 부피 $dv = d^3\vec{r}'$의 전하량은 $\rho(\vec{r}')d^3\vec{r}'$로 표현할 수 있다[4].

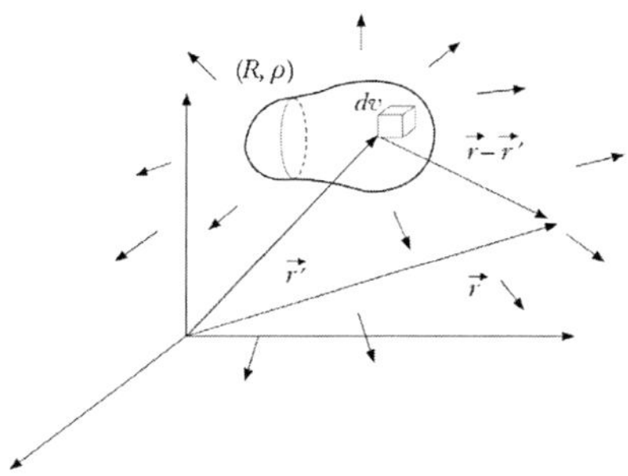

그림 1−11

따라서 이 극소 전하량에 의해, 영역 R 외부의 임의의 위치 $\vec{r}$ 에 작용하는 전기장 (즉, +1 C에 작용하는 전기력)은 쿨롱의 법칙에 의해, $\dfrac{(\vec{r}-\vec{r}')(\rho(\vec{r}')d^3\vec{r}')}{4\pi\epsilon_0|\vec{r}-\vec{r}'|^3}$이 된다. 이때, 전체 영역 R에 의한 $\vec{r}$ 위치에서의 전기력 $E(\vec{r})$은 '중첩의 원리'에 의해 단순히 위의 양들을 적분함으로써 얻어진다. 즉,

$$E(\vec{r}) = \int_R \frac{(\vec{r}-\vec{r}')(\rho(\vec{r}')d^3\vec{r}')}{4\pi\epsilon_0|\vec{r}-\vec{r}'|^3}$$

이다. 이 식은 영역 R 외부의 임의의 위치 $\vec{r}$에서의 전기장 $E(\vec{r})$을 나타내고 있다.

한편, 만일 $\vec{r}$이 영역 R의 내부의 한 위치인 경우 $\dfrac{(\vec{r}-\vec{r}')(\rho(\vec{r}')d^3\vec{r}')}{4\pi\epsilon_0|\vec{r}-\vec{r}'|^3}$ 자체는 $\vec{r}'=\vec{r}$에서 정의가 안 되지만 이를 $\vec{r}'$에 대해 적분한 $E(\vec{r})$은 그 값이 수렴하여 잘 정의된다.[5]

---

4) $d^3\vec{r}' = dxdydz$이다.

5) 즉, $E(\vec{r})$은 수렴하는 특이적분이다. 구체적으로, 충분히 작은 양수 a에 대해,

$$\left|\int_{|\vec{r}'-\vec{r}|\le a} \frac{(\vec{r}-\vec{r}')\rho(\vec{r}')d^3\vec{r}'}{|\vec{r}-\vec{r}'|^3}\right| \le \{\max|\rho(\vec{r}')| : |\vec{r}'-\vec{r}|\le a\}\int_{|\vec{r}'-\vec{r}|\le a}\frac{d^3\vec{r}'}{|\vec{r}-\vec{r}'|^2}$$

결과적으로 위 적분 식은 $\mathbb{R}^3$의 모든 위치에서 잘 정의되고, 그 의미는 $\mathbb{R}^3$의 임의의 위치 $\vec{r}$에서의 영역 R에 의한 전기장을 나타내는 것으로 이해할 수 있다.

이제 임의의 닫힌곡면(즉, 구면이나 타원처럼 경계가 없는 곡면) S를 생각하고 S에 의해 둘러싸인 영역을 V라고 하자. 이때 곡면 S를 통과하는 전기장 E의 유속은 다음과 같이 표현된다[6].

$$\int_S (E(\vec{r})\cdot\vec{n})dS(\vec{r}) = \int_R \rho(\vec{r}')\left[\int_S \frac{(\vec{r}-\vec{r}')\cdot\vec{n}}{4\pi\epsilon_0|\vec{r}-\vec{r}'|^3}dS(\vec{r})\right]d^3\vec{r}'$$

위 식의 우변에 있는 면적분은 벡터 해석학에서 잘 알려진 방법으로 쉽게 계산 할 수 있는 데(연습문제 6) 그 계산결과는 다음과 같다[7].

$$\frac{1}{4\pi\epsilon_0}\int_S \frac{(\vec{r}-\vec{r}')\cdot\vec{n}}{|\vec{r}-\vec{r}'|^3}dS(\vec{r}) = \begin{cases}\frac{1}{\epsilon_0} & (\vec{r}'\in V)\\ 0 & (\vec{r}'\not\in V)\end{cases}$$

따라서 다음을 얻는다.

$$\begin{aligned}\int_S (E(\vec{r})\cdot\vec{n})dS(\vec{r}) &= \int_V \frac{\rho(\vec{r}')}{\epsilon_0}d^3\vec{r}'\\ &= \frac{1}{\epsilon_0}(S\text{ 내부의 총전하량})\end{aligned} \tag{2.5}$$

위 식은, 주어진 전하량의 분포에 의한 전기장이 곡면 S를 빠져 나가는 유속[8]과, 곡면 S 내부에 있는 총 전하량을 ϵ_0로 나눈 것이 같음을 의미하는데, 이것을 가우스의 법칙이라고 부른다.

이 법칙에 의하면, 만일 전하량이 분포된 영역 R이 곡면 S의 외부에 있을 때 전기장의 유속이 0이 되는데 이는 [그림 1-12]로부터 자연스러운 결과임을 알 수 있다(즉, S_1을 통해

$$= \{\max|\rho(\vec{r}')| : |\vec{r}'-\vec{r}|\le a\}\int_0^{\pi}\int_0^{2\pi}\int_0^{a}\frac{\alpha^2\sin\phi\, d\alpha\, d\theta\, d\phi}{\alpha^2}$$
$$< \infty$$

6) S 상에서의 면적분에서 적분 변수인 $\vec{r}$을 명기하기 위해 dS를 $dS(\vec{r})$로 표기했다.

7) 계산과정은 [김홍종], p.734 참조.

8) 여기서 $\vec{n}$은 닫힌곡면 S를 빠져 나가는 방향의 법 벡터임에 유의

들어온 유속이 그대로 S_2를 통해 빠져나가므로 곡면 S를 통과하는 전체 유속은 0이 된다).

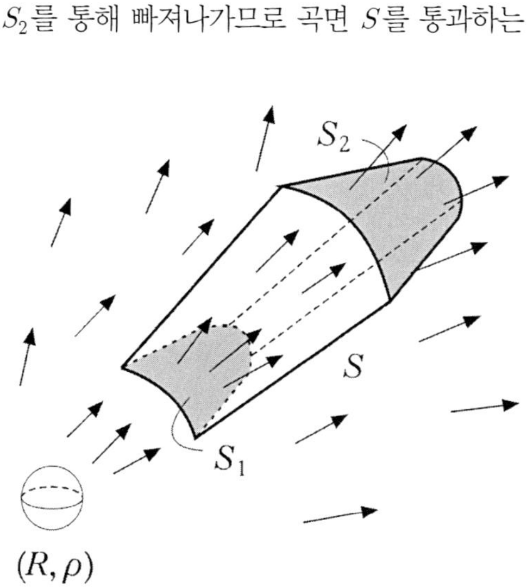

그림 1-12

우리는 지금까지 쿨롱법칙으로부터 가우스의 법칙을 유도하였지만, 역으로 가우스법칙에서 출발하여, 쉽게 쿨롱법칙을 유도할 수 있으므로 (연습문제 7) 이 두 법칙은 서로 동치 관계에 있다고 할 수 있다.

또한 발산 정리에 의해, $\int_S (E(\vec{r}) \cdot \vec{n})\, dS = \int_V (\nabla \cdot E(\vec{r}))\, dv$이므로 가우스법칙인 식 (2.5)로부터, $\int_V (\nabla \cdot E(\vec{r}))\, dv = \int_V \frac{\rho(\vec{r})}{\epsilon_0} dv$가 성립함을 알 수 있다. 이때 V는 임의의 입체이므로, 이 식이 항상 성립하기 위해서는 적분기호 안의 두 함수가 같을 수밖에 없다.[9)]

즉, $\nabla \cdot E = \frac{\rho}{\epsilon_0}$가 성립하고 이것은 식 (2.1)에 주어진 맥스웰의 첫 번째 방정식임을 알 수 있다. 또한 역으로 맥스웰의 첫 번째 방정식으로부터 가우스법칙이 성립함 역시 발산 정리에 의해 자명하므로, 결론적으로 다음 세 법칙이 서로 동치 관계에 있음을 알 수 있다.

맥스웰의 첫 번째 방정식 ⇔ 쿨롱의 법칙 ⇔ 가우스의 법칙

---

9) 다른 방법으로, 곡면 S를 $S_a(\vec{r_0}) = \{\vec{r} \in \mathbb{R}^3 \mid |\vec{r} - \vec{r_0}| = a\}$로 잡고, 위 적분식의 양변을 $\frac{4}{3}\pi a^3$로 나눈 뒤 적분의 평균값 정리를 쓰면, 적당한 $\vec{s_1}, \vec{s_2} \in V := B_a(\vec{r_0})$에 대해 $(\vec{\nabla} \cdot E)(\vec{s_1}) = \rho(\vec{s_2})/\epsilon_0$가 성립한다. 여기서 양변에 $a \to 0$을 취하면 $(\vec{\nabla} \cdot E)(\vec{r_0}) = \rho(\vec{r_0})/\epsilon_0$를 얻는다.

2.2 두 번째 방정식

맥스웰의 두 번째 방정식은 패러데이가 실험적으로 발견한 전자기 유도법칙에 대한 수학적 표현이다.

이를 간단히 설명하기 위해, 먼저 [그림 1-13(a)]와 같이 원형의 구리도선을 생각하고 그 위에 막대자석이 놓여 있다고 하자. 그러면 자석에 의해 생긴 자기장의 일부가 구리도선의 원형 내부를 통과하게 된다. 이때, 자석을 움직이지 않고 정지시킨 채 가만히 놔두면 아무 일도 일어나지 않지만, [그림 1-13(b)]에서와 같이 자석을 원형도선 쪽으로 움직이면 원형도선의 내부를 통과하는 자기장의 유속이 점점 증가하게 되는데, 이처럼 시간에 따른 자기장 유속의 증가가 구리로 만든 원형도선 속의 자유전자를 움직일 수 있는 전기장 E를 생성하여 도선에 전류 I가 흐르게 된다는 것이 패러데이의 실험적 발견이었다.

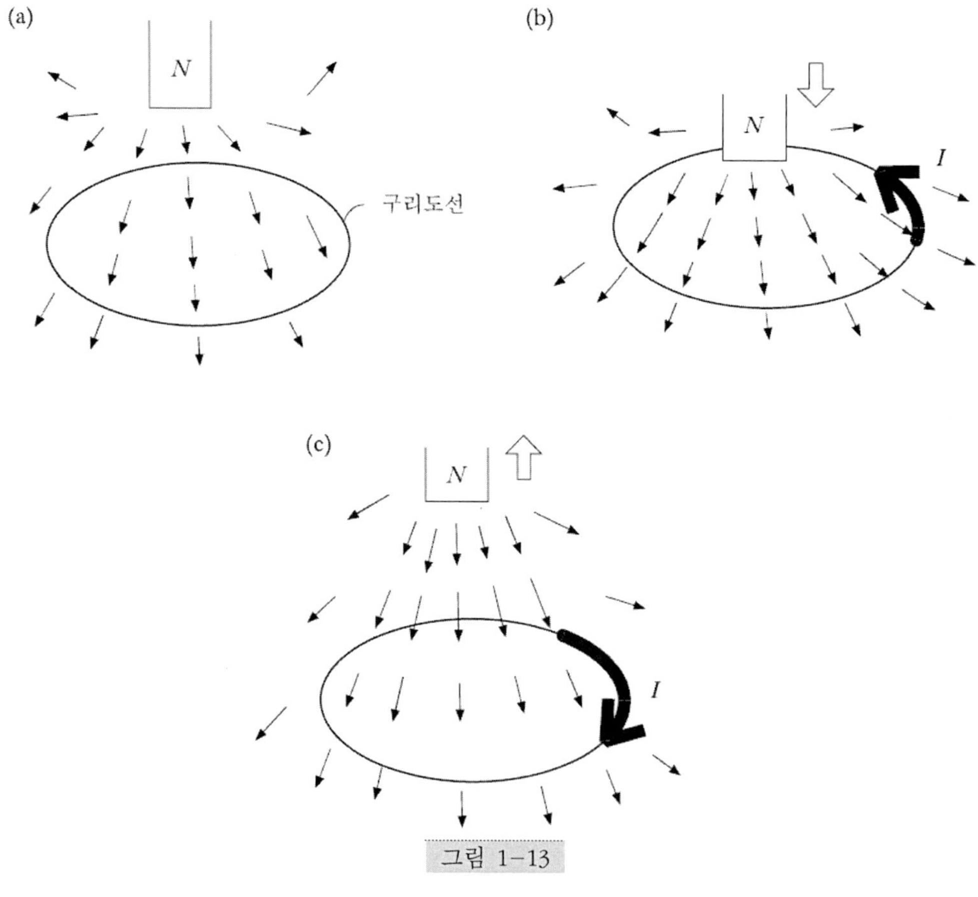

그림 1-13

만일 [그림 1－13(c)]처럼 자석을 도선으로부터 멀어지게 하면, 이번에는 도선 내부를 통과하는 자기장의 유속은 점점 감소하게 되고 이러한 자기장 유속의 시간에 따른 감소 역시 전기장 E를 생성하게 되는데 이 경우는 전기장 E의 방향이 [그림 1－13(b)]와 반대가 되어 도선 내의 전류 I도 반대 방향으로 흐르게 된다.

이처럼 시간에 따라 변하는 자기장 B의 유속에 의해 전기장이 유도되는 것을 '전자기 유도'라고 하고, 도선 C를 따라 유도된 전기장을 적분한 것을 '**유도 기전력**'이라고 부른다. 즉,

$$\text{유도 기전력} = \oint_C (E \cdot \vec{t}\,)\, ds \quad (\text{단, } \vec{t}\text{는 } C\text{에 접하는 단위 벡터장})$$

맥스웰은 이러한 전자기 유도현상을 나타내는 수학적 표현을 다음과 같은 그의 두 번째 방정식에 담은 것이다.

$$\nabla \times E = -\frac{\partial B}{\partial t}$$

이제 이 방정식으로부터 위에서 살펴본 전자기 유도현상을 다시 설명해보자.

먼저 임의의 닫힌곡선 C와 이것을 경계로 갖는 임의의 곡면 S를 생각하자(즉, $\partial S = C$이다). 이제 위 방정식의 양변을 곡면 S상에서 적분을 하면 다음을 얻는다.

$$\int_S ((\nabla \times E) \cdot \vec{n}\,)\, dS = -\frac{\partial}{\partial t}\int_S (B \cdot \vec{n}\,)\, dS$$

그런데 이 식의 좌변은 스톡정리에 의해 곡선 C에 대한 적분으로 바꿀 수 있다. 따라서 다음을 얻는다.

$$\oint_C (E \cdot \vec{t}\,)\, ds = -\frac{\partial}{\partial t}\int_S (B \cdot \vec{n}\,)\, dS$$

이때, 이 식의 좌변은 유도기전력을 나타내고, 우변은 곡면 S를 통과하는 자기장 유속의 시간에 따른 변화율을 나타낸다. 따라서 다음과 같은 해석이 가능하다.

$$\text{곡선 } C\text{를 따르는 유도 기전력} = -\frac{\partial}{\partial t}(\text{곡면 } S\text{를 통과하는 자기장의 유속})$$

(여기서, 곡면 S는 C를 경계로 갖는 임의의 곡면이었음에 유의하자)

즉, 곡면 S를 통과하는 자기장의 유속이 시간에 따라 변하면 그 변화율에 해당하는 곡선 C상의 전기장이 형성됨을 알 수 있고 이 유도된 전기장에 의해 도선 내에 전류가 흐른다고 할 수 있다.

이로써 패러데이의 전자기 유도 현상을 이론적으로 설명할 수 있게 되었으며 이것이 바로 맥스웰의 두 번째 방정식인 것이다.

2.3 세 번째 방정식

앞서 우리는 2.1절에서 전기장의 유속에 대한 가우스 법칙을 살펴보았다. 즉,

$$(\text{닫힌곡면 } S\text{를 통과하는 전기장 } E\text{의 유속}) = (\text{닫힌곡면 } S\text{의 내부에 있는 총 전하량})/\epsilon_0$$

임을 알고 있다. 따라서 곡면 S를 통과하는 전기장 E의 유속이 0이 아니기 위해서는 곡면 S 내부에 0이 아닌 전하량이 반드시 있어야 한다(그것이 양의 전하든 음의 전하이든 간에).

한편, 자기장의 경우는 어떨까?

우선, 전기장에서 양전하와 음전하에 해당하는 역할을 자기장에서는 자석의 N극과 S극이 대신하고 있음에 유의하자[그림 1-14 참조].

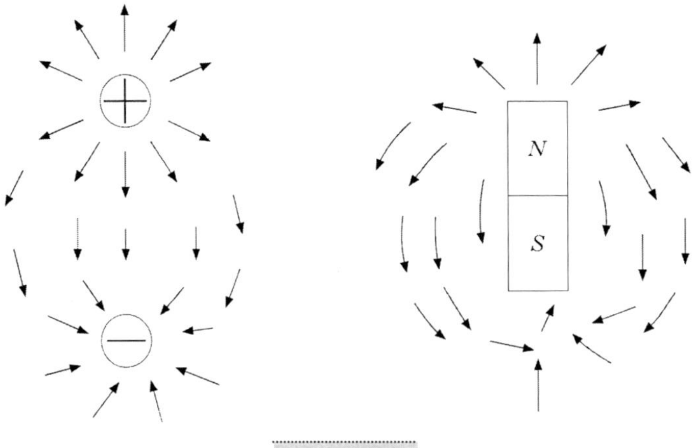

그림 1-14

그림 1-15(a)에서 보는 바와 같이, 곡면 S_2처럼 $+Q$와 $-Q$를 모두 포함하거나 곡면 S_3처럼 내부에 전하를 포함하지 않는 곡면의 경우에는 그 곡면을 통과하는 전기장의 유속이 0이 되지만, 곡면 S_1과 같이 $+Q$전하만을 포함하는 곡면에 대해서는 전기장의 유속이 양의 값을 갖게 됨을 알 수 있다(가우스 법칙에 의해). 그러면 자석의 경우에도 N극으로 색칠된 부분을 떼어내어 그 부분만을 포함하는 곡면 S에 대한 자기장의 유속을 계산하면 0이 아닌 값을 얻을 수 있을까? [그림 1-15(b) 참조]

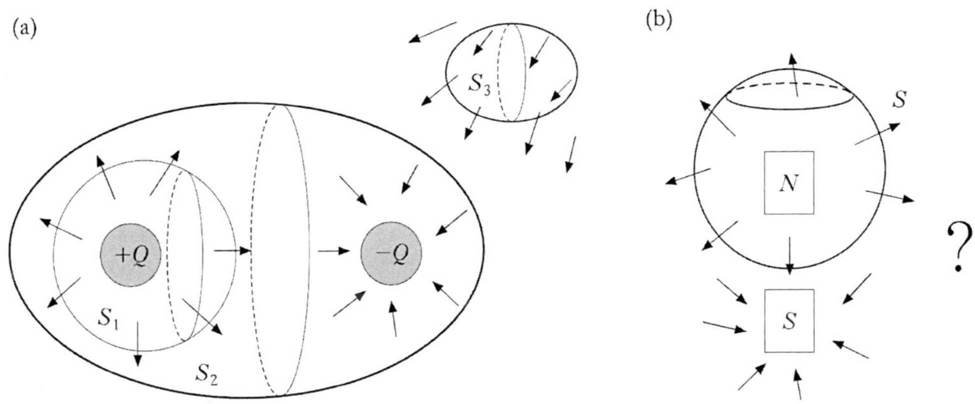

그림 1-15

대답은 '그렇지 않다'이다. 실제로 자연계에는 순수한 양전하나 순수한 음전하는 존재하지만 순수한 N극만으로 이루어진 자석은 아직까지 실험적으로 발견된 적이 없다.

실제로 N-S극의 자석 중 N극 부분을 떼어내면, 떼어낸 그 부분은 다시 $N-S$극으로 나누어지고 이러한 과정은 아무리 반복해도 마찬가지가 된다[그림 1-16 참조].

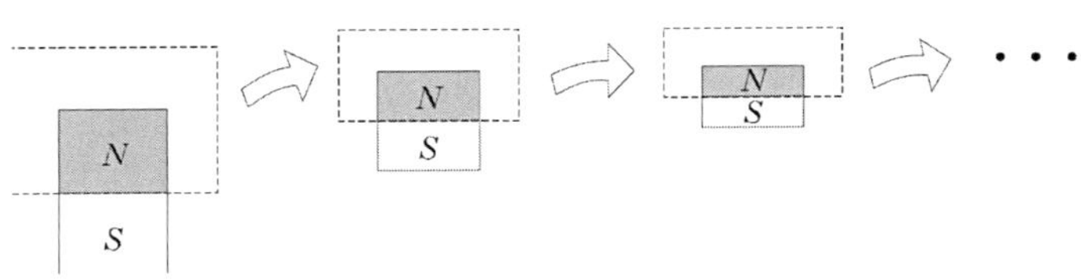

그림 1-16

따라서 어떤 닫힌곡면 S를 잡더라도 그 곡면을 통과하는 자기장의 유속은 0이 된다. 즉, $\int_S (B \cdot \vec{n}) dS = 0$이다. 여기서, 발산정리를 이용하면 $\int_V (\nabla \cdot B) dV = 0$ (단, V는 곡면 S에 의해 둘러싸인 입체)임을 알 수 있다.

이것이 임의의 곡면 (즉, 임의의 V)에 대해 성립하기 위해서는 $\nabla \cdot B = 0$일 수밖에 없으며 이는 맥스웰의 세 번째 방정식에 해당한다. 즉, 맥스웰의 세 번째 방정식은 자연계에 '자기 홀극'(magnetic monopole) 또는 '자하'(magnetic charge)가 존재하지 않음을 표현하고 있다.

2.4 네 번째 방정식

맥스웰의 네 번째 방정식은 앙페어 법칙을 보다 일반화시킨 수학적 표현이다.
먼저, 앙페어 법칙을 간단히 설명하면 다음과 같다.

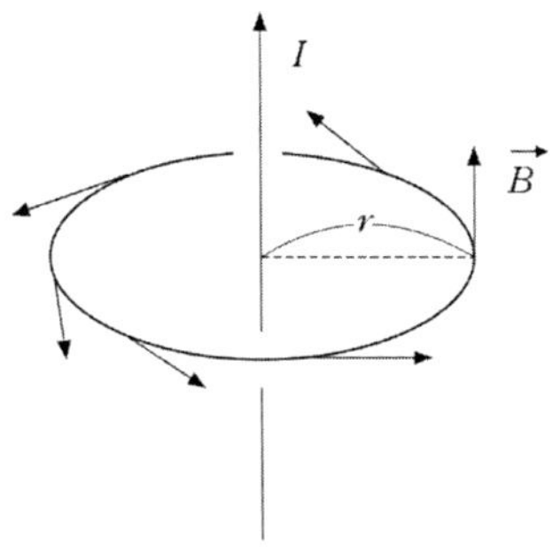

그림 1-17

[그림 1-17]과 같이 직선 도선에 전류 I가 흐른다고 하자. 이때 이 도선 주위에는 그림에서와 같은 자기장 B가 형성되는데 그 크기는 전류의 세기 I에 비례하고, 거리 r에 반비례한다.

이와 같이 도선에 흐르는 전류가 도선 주위에 자기장을 형성시키는 현상을, 맥스웰 당시까지 알려진 실험적 결과와 일치하도록 적당히 상수들을 결정하여 수학적으로 기술하면 다음과 같아진다.

$$\nabla \times B = \frac{J}{\epsilon_0 c^2} \tag{2.6}$$

여기서 c는 빛의 속력을 나타내고 J는 도선에 흐르는 전류밀도(전류가 흐르는 도선의 단위 단면적을 단위 시간에 통과하는 전하량)를 나타내는 벡터장으로서 그 방향은 전류의 방향과 같다.

그러나 식 (2.6)은 몇 가지 문제점를 안고 있는데, 첫째는 '전하량 보존의 법칙'에 관한 것이다. 즉, 위 방정식의 양변에 '$\nabla \cdot$'을 취해 주면, 좌변은 0이 되므로 $\nabla \cdot J = 0$을 얻게 된다. 이것은 2.3절에서의 논의와 마찬가지로 임의의 닫힌곡면을 통과하는 전류밀도의 유속이 항상 0임을 의미하는데 이는 일반적인 전하량 보존의 법칙에 위배되는 사실이다(가령, 방사성원소로부터 전자가 방사되어 나오는 상황에서(β붕괴), 이 원소를 둘러싸는 구면에 대한 전류밀도의 유속을 생각해보면 이러한 모순은 자명하다).

두 번째로 생각할 수 있는 문제는 다음과 같은 축전지의 상황에서 발생한다.

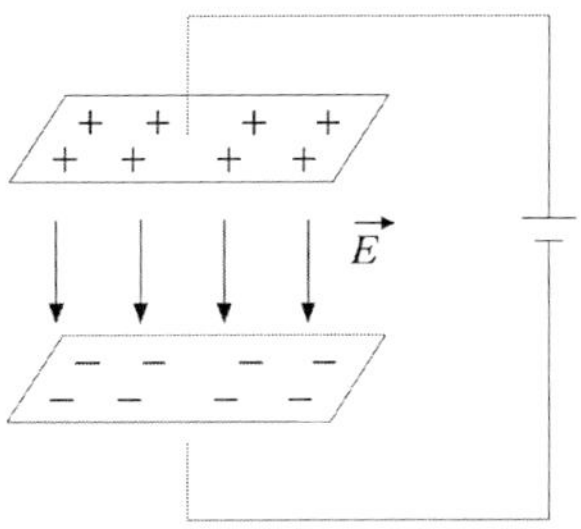

그림 1-18

[그림 1-18]과 같이 평행한 두 도체판에 전선을 연결하고 여기에 건전지를 연결하면 한동안 전류가 흐르면서 위쪽 도체판에는 양전하가, 아래쪽 도체판에는 같은 크기의 음전하가 쌓이게 된다. 그리고 두 도체판이 대전 되어감에 따라 그 사이에는 점점 더 강한 전기장이 형성되어 간다.

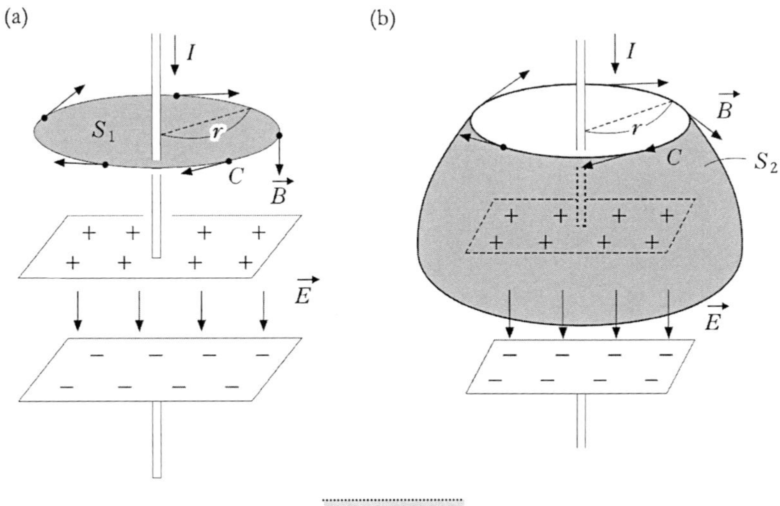

그림 1-19

이때, [그림 1－19(a)]와 같이 도선에서 r만큼 떨어진 원형의 곡선 C를 생각하고 이를 경계로 갖는 곡면을 S_1과 같이 잡으면, 식 (2.6)과 스톡정리로부터 다음을 얻는다.

$$\oint_C (B \cdot \vec{t})\, ds = \frac{1}{c^2 \epsilon_0} \int_{S_1} (J \cdot \vec{n})\, dS = \frac{1}{c^2 \epsilon_0} I$$

(단, I는 도선에 흐르는 전류의 세기)

여기서 도선 주위의 자기장 B는 도선을 축으로 하는 회전이동에 대해 대칭이므로, 위 식의 첫 번째 적분은 $2\pi r B_t$ (단, B_t는 B의 $\vec{t}$ 방향성분)로 쓸 수 있다.[10)]

따라서 $B_t = \dfrac{I}{2\pi \epsilon_0 c^2 r}$임을 알 수 있으며 이것은 앙페어의 법칙과 정확히 일치한다.

그런데 만일 곡선 C를 경계로 하는 곡면을 [그림 1－19(b)]와 같이 S_2로 잡으면 어떻게 될까? 위와 똑같은 논의를 진행시키면, S_2를 통과하는 전류 밀도의 유속이 0이므로 $B_t = 0$을 얻게 되는데, 이는 실험결과에 명백히 모순이다.

맥스웰은 이러한 문제들을 해결하기 위해 식 (2.6)의 우변에 새로운 항을 추가함으로써, 나머지 세 방정식과도 잘 어울리는 완벽한 네 개의 방정식을 완성하였다.

이때, 맥스웰이 추가한 새로운 항은 바로 $\dfrac{1}{c^2}\dfrac{\partial E}{\partial t}$이다. 즉, 맥스웰은 시간에 따라 변하는 전기장은 도선에 흐르는 전류와 마찬가지로 새로운 자기장을 생성한다고 본 것이다(이러한 의미에서 새롭게 추가된 항을 '**변위 전류**'라고 부르기도 한다).

이제 맥스웰에 의해 수정된 다음 방정식을 이용해 앞에서 언급한 두 가지 모순들을 해결해보자.

$$\nabla \times B = \frac{J}{\epsilon_0 c^2} + \frac{1}{c^2}\frac{\partial E}{\partial t} \tag{2.7}$$

첫째로, 전하량 보존에 관한 모순에 대해 살펴보자.

위 식 (2.7)의 양변에 앞에서와 같이 $\nabla \cdot$ 을 취하면, 좌변은 앞에서와 같이 0이 되고 우변은 $\dfrac{\nabla \cdot J}{\epsilon_0 c^2} + \dfrac{1}{c^2}\dfrac{\partial}{\partial t}(\nabla \cdot E)$가 되므로 결과적으로 다음과 같은 등식을 얻는다.

$$0 = \frac{\nabla \cdot J}{\epsilon_0} + \frac{\partial}{\partial t}(\nabla \cdot E)$$

---

10) 실제로 앙페어 법칙에 의하면 $B = B_t$이다.

한편, 맥스웰 첫 번째 방정식에 의해, $\epsilon_0 \nabla \cdot E = \rho$ (단, ρ는 전하밀도)이므로 위 등식은 다음과 같이 바꿔 쓸 수 있다.

$$-\frac{\partial \rho}{\partial t} = \nabla \cdot J$$

이 식은 각 점에서의 전하밀도의 시간에 따른 변화량이 그 점을 빠져나가는(혹은 그 점으로 들어오는) 전류밀도 벡터장 J의 유속과 같음을 의미하고 이는 곧 전하량 보존법칙과도 일치하는 결론이라 할 수 있다.[11)]

둘째로, 곡면의 선택에 따른 자기장 B의 불일치를 살펴보자.

먼저 곡면 S_1을 선택한 경우는 이 곡면을 통과하는 전기장의 유속은 0이므로(도선이 완벽한 도체라면 도선 내부의 전기장은 항상 0이다. 만일 그렇지 않다면 도선 내의 전하는 무한히 가속될 것이고 결국 무한대의 전류가 흐르게 된다) 앞에서의 논의를 그대로 적용하여 $B_t = \frac{I}{2\pi \epsilon_0 c^2 r}$을 얻는다.

한편, 곡면 S_2를 선택한 경우는 이 곡면을 통과하는 전류밀도 J의 유속은 0이지만 전기장의 유속이 시간에 따라 변한다는 것을 다음과 같이 논의할 수 있다. 만일 어느 순간에 두 도체 판에 축적된 전하량이 각각 $+Q$, $-Q$라면 도체 판 사이의 전기장이 곡면 S_2를 빠져나가는 유속(이것은 닫힌곡면 $S_1 \cup S_2$를 빠져나가는 전기장의 유속과 같음에 유의할 것)은, 가우스 법칙에 의해 $\frac{Q}{\epsilon_0}$임을 쉽게 알 수 있다. 따라서 식 (2.7)의 양변을 곡면 S_2 상에서 면 적분하면, 좌변은 스톡정리와 앞에서의 논의에 의해 $2\pi r B_t$가 되고 우변은 $\frac{1}{c^2 \epsilon_0} \frac{dQ}{dt} = \frac{1}{c^2 \epsilon_0} I$이 되어 두 경우 모두 $B_t = \frac{I}{2\pi \epsilon_0 c^2 r}$을 얻게 되어서 모순이 해결된다.

이상과 같이, 맥스웰은 시간에 따라 변하는 전기장을 '변위전류'로 취급하여, 도선에 흐르는 전류와 마찬가지로 새로운 자기장을 생성한다는 것을 발견하였으며, 이를 기존의 앙페어 법칙에 해당하는 방정식에 새로운 항으로 추가하여, 전기 현상과 자기현상이 올바른 방정식 속에서 어떻게 서로 연결되어 있는지를 성공적으로 보여주었다.

---

11) 실제로 위 식의 양변을 주어진 부피 V에 대해 적분해보면 다음을 얻는다.

$$-\frac{\partial}{\partial t}\int_V \rho dV = \int_V \nabla \cdot J dV$$

여기서 $Q(t) := \int_V \rho dV$는 시각 t일 때 V 내부에 포함된 전하량이고 우변에 발산정리를 적용하면 위 식은 다음과 같다 : $-\frac{\partial}{\partial t} Q(t) = \int_{\partial V} (J \cdot \vec{n}) dS$

제1장 3절

전기력과 자기력의 통합

앞서 언급한 바와 같이, 전기현상과 자기현상은 외르스테드, 앙페어, 페러데이 등의 실험에 의해, 각각 분리된 독립적 현상이 아니라 하나가 다른 하나를 발생시키는 통합적 관점에서 다루어야 함이 밝혀졌다. 이것은 전기장 E와 자기장 B가 함께 섞여 있는 맥스웰의 두 번째와 네 번째 방정식에서 더욱 분명하게 드러나게 된다. 즉, 시간에 따라 변하는 자기장은 전기장을 발생시키고, 시간에 따라 변하는 전기장은 다시 자기장을 발생시키는 것이며, 이와 같은 상호 발생적인 관계는 결국 전자기파의 존재를 예언하여, 빛을 파동의 형태로 다룰 수 있도록 하였다.

이 절에서는 전기력과 자기력이 결국 동일한 현상의 서로 다른 표현임을 보여주는 파인만의 논의[12]을 소개함으로써 전기와 자기의 통합을 더욱 극명하게 드러내 보이고자 한다.[13] 이를 위해 먼저, 맥스웰 방정식과 함께 전자기학의 모든 현상을 설명하는데 반드시 필요한 '로렌츠 힘의 법칙'을 간단히 언급할 필요가 있다.

우선, 전하 q를 갖는 입자가 전기장 E에 의해 받는 전기적 힘은 qE가 됨을 상기하자. 만일 이 입자가 자기장 B 속에 정지한 상태로 놓여 있으면, 입자는 자기장에 의해 힘을 받지 않지만, 입자가 v의 속도로 자기장 속에서 운동을 하게 되면, $q(v\times B)$에 해당하는 힘을 받게 된다[그림 1-20 참조].

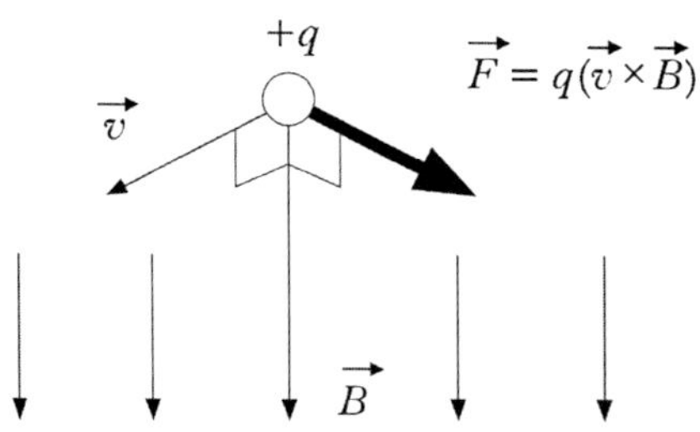

그림 1-20

12) [Feynman, Leighton, Sands] 13절 참고.

13) 여기서 우리는 3.4절에서 소개할 특수상대성이론에 의한 '길이수축' 효과를 이용해야 한다. 길이수축 효과란, 정지해 있던 관찰자가 속도 v로 운동을 하게 되면, 운동 방향과 같은 방향으로 물체의 길이가 $\sqrt{1-v^2/c^2}$ (c는 빛의 속력)배 만큼 수축해보이는 것을 말한다.

결과적으로 전기장 E와 자기장 B 속에서 속도 v로 운동하는 전하량 q의 입자가 받는 전자기적인 힘 F는 다음과 같이 표현된다.

$$F = q(E + v \times B)$$

이 힘을 '로렌츠 힘'이라고 부르고 위 식을 '로렌츠 힘의 법칙'이라고 부른다.

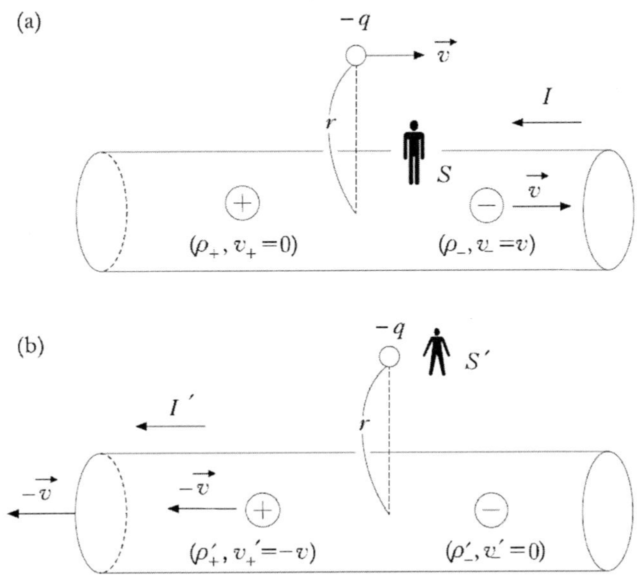

그림 1−21

이제, 논의를 진행시키기 위해, 전류 I가 흐르고 있는 한 도선과, 이 도선의 외부에서 도선과 평행한 방향으로 도선에 대해 v의 속도로 움직이는 음의 전하량 $-q$의 입자를 생각하자 [그림 1−21(a) 참조]. 이때 전류 I가 흐른다는 것은 도선 내의 자유전자들이 전류의 반대방향으로 이동하고 있음을 의미하고, 편의상 그 이동속도를 도선 밖에서 움직이는 전하의 속도와 같은 v라고 하자. 그리고 도선 속에서 양전하를 띠고 있는 핵은 정지해 있으므로, 결국 전류 I가 흐르고 있는 도선 내부의 물리적 상황은 다음과 같이 요약 기술할 수 있다.

1. 도선 속에서 정지해 있는 양의 전하밀도[14] : $(\rho_+,\ v_+ = 0)$
2. 도선 속에서 v의 속도로 움직이는 음의 전하밀도 : $(\rho_-,\ v_- = v)$

14) '각 점을 포함하는 단위 부피 속의 양의 전하량'을 의미한다.

그런데 이상과 같은 기술은 도선에 대해 정지해 있는 관찰자 S의 입장에서 이루어진 것임을 유의해야 한다. 만일 도선 밖에서 움직이고 있는 전하 $-q$의 입장인 S'에서 같은 물리적 상황을 서술하면, 이번에는 도선 내의 음전하밀도(ρ'_-)가 정지해 있고, 양전하밀도(ρ_+)와 도선이 $-v$의 속도로 움직이고 있다고 기술할 것이다[그림 1-21(b) 참조]. 즉, S'의 관점에서 본 도선 내의 물리적 상황은

1. 도선 속에서 정지해 있는 음전하밀도 : $(\rho'_-,\ v'_- = 0)$
2. 도선 속에서 $-v$의 속도로 움직이는 양전하 밀도 : $(\rho'_+,\ v'_+ = -v)$

여기서, 독자는 당연히 $\rho_+ = \rho'_+$, $\rho_- = \rho'_-$라고 생각할지 모르나, 특수상대성이론적 효과를 고려하면 일반적으로 그렇지 않다는 것에 유의해야 한다(이 부분에 대해서는 곧 다시 자세하게 논하도록 한다).

이제 S의 관점에서 도선 밖의 전하 $-q$에 무슨 일이 벌어지는지를 살펴보자.

우선, 앙페어의 법칙에 의해 전류 I가 흐르는 도선 주위에는 자기장이 형성된다. 전하 $-q$는 도선으로부터 거리 r만큼 떨어져 있으므로, 2.4절에서 본 바와 같이 지면을 뚫고 들어가는 방향으로 $B = \dfrac{I}{2\pi\epsilon_0 c^2 r}$ 크기의 자기장을 느끼게 된다. 그리고 전류가 흐르는 도선 전체는 전기적으로 중성이므로 도선 밖의 전하에 미치는 전기장은 없다. 따라서 $-q$ 전하에 작용하는 로렌츠의 힘 F의 크기는 다음과 같고 그 방향은 도선을 향한 방향이다.[15)]

$$F = \frac{qvI}{2\pi\epsilon_0 c^2 r} = \frac{qv(\rho_- vA)}{2\pi\epsilon_0 c^2 r} \quad (\text{단, } A\text{는 도선의 단면적})$$

즉, 도선 밖의 전하 $-q$는 자기장에 의해 위의 힘만큼 도선 쪽으로 끌리게 된다.

한편, S'의 관점에서 보면, $-q$ 전하에 무슨 일이 일어날까?

$-q$ 전하의 관점에서도 도선 속의 양전하의 이동에 의한 전류 I'과 이로부터 생성된 자기장 B'이 존재하게 된다. 그러나 이 경우에는 $-q$ 전하가 정지해 있는 상황이므로, 이러한 자기장 B'은 $-q$ 전하에 아무런 힘을 작용하지 못한다. 따라서 $-q$ 전하를 도선 쪽으로 끌어당길 수 있는 유일한 로렌츠 힘은 바로 전기장이다. 그런데 전기적으로 중성인 도선

15) 전류 I는 단위 시간 동안 도선의 단면을 통과한 전하량으로 정의됨을 상기할 것. 즉, $I = \dfrac{dq}{dt}$이다.

으로부터 어떻게 전기장이 형성될 수 있을까?

이 문제를 해결하기 위해, 다시 ρ_+, ρ'_+, ρ_-, ρ'_-에 주의를 기울이자. 도선에 대해 정지해 있는 S의 관점에서는 분명 도선이 전기적으로 중성이므로, 도선 내 단위 부피당 음전하량과 양전하량의 합은 0이다.

즉, $\rho_+ + \rho_- = 0$이다.

그런데 이것이 도선에 대해 v의 속도로 움직이고 있는 S'의 관점에서도 마찬가지일까? 우선, ρ'_+, ρ'_-가 각각 ρ_+, ρ_-에 대해서 어떻게 표현되는지를 알아보자.

전하밀도는 (전하량)/(단위부피)로 정의되므로, S'의 관점에서 도선 내의 전하량과 단위부피가 각각 어떻게 달라지는지를 조사해보면 될 것이다.

먼저, '전하량 = 단위 전하량[16) × 단위부피 속에 있는 단위전하의 개수'인데, 이때 '단위 전하량' 자체는 S나 S'의 관점에서 달라져서는 안 된다. 왜냐하면, 만일 구리로 된 고체 덩어리를 가열했을 때, 구리 내부의 자유전자(음전하)와 양성자(양전하)은 서로의 질량차로 인해 고체 내에서 서로 다른 비율로 가속되는데, 처음 구리 덩어리의 음전하량과 양전하량이 같았고(즉, 양의 단위 전하량의 개수와 음의 단위 전하량의 개수가 같아서 전기적 중성을 이루고) 관찰자의 상대적 속도에 따라 단위 전하량이 다르게 관찰된다면, 가열된 구리덩어리는 전기적으로 중성이 될 수 없다. 따라서 가열된 구리덩어리 주위에는 전기장이 형성되어야 하는데 이런 일이 결코 일어날 수 없음은 실험으로 간단히 증명할 수가 있다.

다음으로, '단위 부피'의 개념이 S와 S'에게 각각 얼마나 다른지를 통해 각각의 전하밀도가 어떻게 달라지는지를 알아보자.

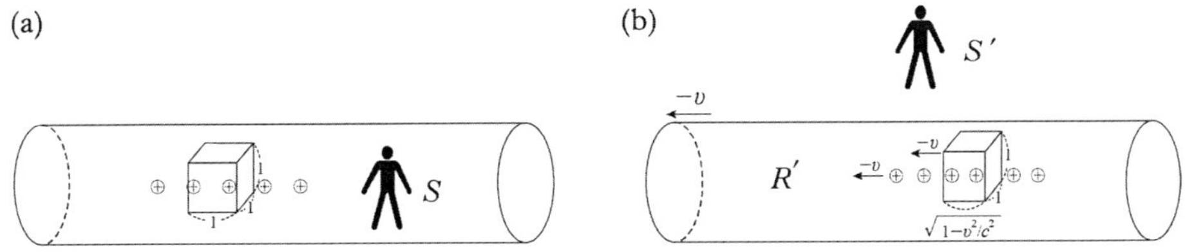

그림 1−22

[그림 1−22(a)]에서와 같이, 도선 및 도선 내의 양성자(양전하)들에 대해 정지해 있는 관찰자 S의 입장에서 가로, 세로, 높이가 각각 1인 입체 R을 생각해보자. 그러면 그림 1−22(b)와 같이, 자신에 대해 $-v$의 속도로 움직이는 도선 및 도선 내의 양성자(양전하)

16) 전자 또는 양성자 1개의 전하량을 말한다. 두 양은 크기는 같고 부호만 반대이다.

들을 보고 있는 S'의 관점에서는 도선의 이동방향으로 R과 R 내부의 양전하들의 간격이 $\sqrt{1-v^2/c^2}$ 배만큼 수축된 것으로 관찰되고(특수상대성이론적 길이 수축 효과), 따라서 R의 부피 역시 $\sqrt{1-v^2/c^2}$ 배만큼 감소하게 된다. 이때, 위 구리 덩어리에서의 논의에 의해 R과 R'에 있는 양의 단위 전하량들은 S와 S'에게 똑같이 관찰되므로 (R에 포함된 양의 전하량)=(R'에 포함된 양의 전하량)임을 알 수 있고, 이때 이 등식의 양변을 각각 ρ_+, $\rho'_+\sqrt{1-v^2/c^2}$ 으로 쓸 수 있으므로 결국 $\rho_+ = \rho'_+\sqrt{1-v^2/c^2}$ 이 된다.

한편, 도선 내의 음전하(전자)의 경우에는 반대로 S에 대해 v의 속력으로 움직이고 있고, S'에 대해 정지해 있으므로 $\rho'_- = \rho_-\sqrt{1-v^2/c^2}$ 이 된다. 이제 $\rho_- + \rho_+ = 0$를 이용하여, $\rho'(=\rho'_- + \rho'_+)$ 을 계산해보면 다음과 같다.

$$\rho' = \rho_+ \frac{v^2/c^2}{\sqrt{1-v^2/c^2}}$$

즉, $-q$ 전하는 움직이는 도선으로부터 ρ'에 해당하는 양전하를 보게 되고 따라서 전기적 인력을 느끼게 되는 것이다. 실제로 이 힘 F'을 계산하여(연습문제 8) 위에서 구한 F와 비교해보면, $F' = \dfrac{F}{\sqrt{1-v^2/c^2}}$ 임을 알 수 있다.

일반적으로, 전류가 흐르는 도선 내부를 움직이는 전자의 이동속도는 빛의 속도 c에 비해 매우 느리므로 이 경우, $v^2/c^2 \simeq 0$이고 따라서 $F' \simeq F$가 된다.

이때 F'은 전기장에 의한 힘이고, F는 자기장에 의한 힘임을 상기하면, 우리는 이 두 가지 힘이 결국 동일한 물리현상을 서로 다른 관찰자의 입장에서 서술한 것에 불과함을 알 수 있다.

제1장 4절

전자기와 빛의 통합

맥스웰 방정식의 한 가지 중요한 의미는, 빛을 본질적으로 전자기파와 동일시 할 수 있음을 보여주고 있다는 것이다. 이러한 전자기파는 앞서 언급한 바와 같이, 시간에 따라 변하는 자기장이 시간에 따라 변하는 전기장을 만들고, 이렇게 만들어진 시간에 따라 변하는 전기장은 다시 시간에 따라 변하는 자기장을 만드는데, 이러한 과정이 자체적으로 계속 반복되어 나가면서 일종의 전기장과 자기장의 파동을 형성해 진공 중으로 전파되어 나가는 것으로 설명할 수 있다.

이 절에서는 이러한 전자기파에 대한 보다 수학적인 기술이 어떻게 맥스웰 방정식으로부터 얻어지는지를 살펴보기로 하자.

먼저 우리는 진공 중을 전파해 가는 전자기파를 기술하기 위해, 맥스웰의 방정식에서 전하밀도 ρ와 전류밀도 J를 각각 0으로 둔 다음의 네 방정식에서 출발한다.

1. $\nabla \cdot E = 0$ (4.1)
2. $\nabla \times E = -\dfrac{\partial B}{\partial t}$ (4.2)
3. $\nabla \cdot B = 0$ (4.3)
4. $c^2 \nabla \times B = \dfrac{\partial E}{\partial t}$ (4.4)

여기서, 식 (4.2)의 양변에 '$\nabla \times$'을 취하면 다음을 얻는다.

$$\nabla \times (\nabla \times E) = -\frac{\partial}{\partial t}(\nabla \times B) \qquad (4.2)'$$

이 식의 좌변은 $\nabla(\nabla \cdot E) - \nabla^2 E$와 같음이 잘 알려져 있고(연습문제 9) (단, 여기서 $\nabla^2 = \dfrac{\partial^2}{\partial x^2} + \dfrac{\partial^2}{\partial y^2} + \dfrac{\partial^2}{\partial z^2}$이다) 식 (4.1)에 의해, $\nabla \cdot E = 0$이므로, 식 (4.2)′의 좌변은 $-\nabla^2 E$와 같게 된다. 여기서 식 (4.4)를 (4.2)′의 우변에 적용하면 결과적으로 (4.2)′을 다음과 같이 바꿔 쓸 수 있다.

$$\frac{\partial^2 E}{\partial x^2}+\frac{\partial^2 E}{\partial y^2}+\frac{\partial^2 E}{\partial z^2}-\frac{1}{c^2}\frac{\partial^2 E}{\partial t^2}=0 \tag{4.5}$$

파동 방정식이라고 부르는 이 편미분방정식의 일반해에 대해서는 매우 잘 알려져 있는데, 우선 고정된 벡터 $\overrightarrow{u_1}$와 적당한 상수 ω 그리고 $\omega^2=k^2c^2$을 만족시키는 벡터 $\vec{k}$ $(k=|\vec{k}|)$에 대하여,

$$E(\vec{r})=\overrightarrow{u_1}\cos(\vec{k}\cdot\vec{r}-\omega t)\ \ (\vec{r}=(x,\,y,\,z)) \tag{4.6}$$

로 두면 이것은 식 (4.5)를 만족함을 확인할 수 있다. 이때, 식 (4.6)이 나타내고 있는 것은 [그림 1-23]과 같이, 벡터 $\overrightarrow{u_1}$과 평행한 방향으로 진동하면서(이를 '편광'이라고 한다) $\vec{k}$ 벡터 방향으로 진행하는 파동으로서, ω는 이 파동의 진동수, $c=\omega/k$는 파동의 전파 속도를 나타낸다.

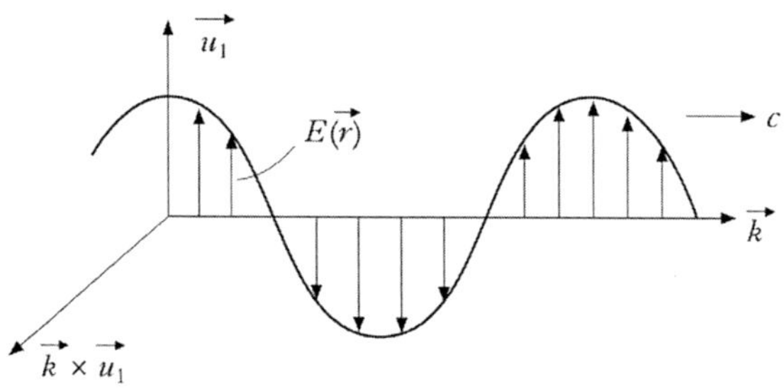

그림 1-23

물론, 식 (4.6)이 방정식 (4.5)의 모든 해를 표현하는 것은 아니다. 그러나 '푸리에 급수 이론'의 놀라운 결과에 의하면, 방정식 (4.5)의 임의의 해는 식 (4.6)과 같은 형태의 해들을 적당히 선형 결합시켜서 얻을 수 있다. 이것은 곧, 방정식 (4.5)를 만족시키며 전파되어나가는 임의의 형태의 파동은 식 (4.6)과 같은 '평면파'들의 적당한 중첩으로 이해할 수 있음을 의미한다. 이러한 이유로 우리는 주로 식 (4.6)과 같은 특수 해에만 관심을 기울이기로 한다.

한편, 만일 (4.2)가 아닌 (4.4)에서 출발하여 위와 똑같은 논의를 진행시키면 (즉, 양변에 $\nabla\times$을 취한 후 (4.2)와 (4.3)을 이용) 자기장 B에 대해서도 다음과 같이 똑같은 파동방정식을 얻게 된다.

$$\frac{\partial^2 B}{\partial x^2}+\frac{\partial^2 B}{\partial y^2}+\frac{\partial^2 B}{\partial z^2}-\frac{1}{c^2}\frac{\partial^2 B}{\partial t^2}=0$$

따라서 자기장 B 역시 전기장 E와 마찬가지로 적당한 벡터 $\overrightarrow{u_2}$, $\vec{k}'$와 ω'에 대해 다음과 같은 형태로 표현할 수 있다.

$$B(\vec{r}) = \overrightarrow{u_2} \cos(\vec{k}' \cdot \vec{r} - \omega' t) \quad (\vec{r} = (x, y, z)) \tag{4.7}$$

이제 (4.6)과 (4.7)을 식 (4.2)에 대입하여 계산해보면, 다음을 얻는다.

$$\sin(\vec{k} \cdot \vec{r} - \omega t)\, \vec{k} \times \overrightarrow{u_1} = \omega' \sin(\vec{k}' \cdot \vec{r} - \omega' t)\, \overrightarrow{u_2}$$

이때, 위 식이 임의의 t와 $\vec{r}$에 대해 성립하기 위해서는

$$\vec{k} = \vec{k}', \quad \omega = \omega', \quad \vec{k} \times \overrightarrow{u_1} = \omega' \overrightarrow{u_2} \tag{4.8}$$

가 성립해야 한다. 만일 $\vec{k}$, $\overrightarrow{u_1}$, $\overrightarrow{u_2}$ 방향의 단위 벡터를 $\hat{k}$, $\widehat{u_1}$, $\widehat{u_2}$로 표기하고, 각 벡터의 크기를 k, u_1, u_2라 하면 식 (4.8)로부터 $(k u_1)\hat{k} \times \widehat{u_1} = (\omega u_2)\widehat{u_2}$을 얻고, 여기서 $k = \omega / c$로 다시 쓰면 $u_2 = u_1 / c$가 된다. 이로부터 다음 두 가지 사실을 바로 확인할 수 있다.

(1) $\hat{k} \times \widehat{u_1} = \widehat{u_2}$ (2) $|B| = |E| / c$

즉, 전기장 E와 자기장 B는 항상 파동의 진행방향과 수직인 평면에서 서로 수직으로 진동하고, 전기장의 크기는 자기장의 크기에 c를 곱한 것과 같다. 여기서 c는 파동의 전파 속도이다[그림 1-24 참조].

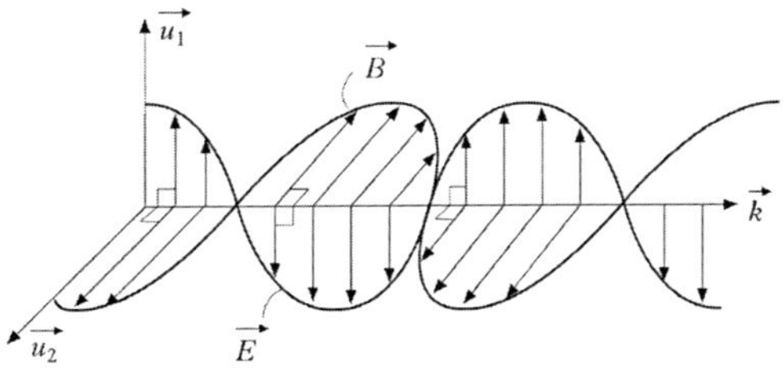

그림 1-24

여기서, 잠시 상수 c에 대한 언급을 해 둘 필요가 있다. 우리는 처음 맥스웰 방정식을 소개하면서부터 c를 빛의 속도라고 불렀지만, 사실, 맥스웰 당시에는 단지 ϵ_0와 함께 맥스

웰 방정식에 등장하는 적당한 상수로서 실험결과와 일치하도록 적당히 그 값을 '정의해 주어야 할 숫자'에 불과했다.

예를 들어 ϵ_0의 경우, 단위전하를 갖고 r만큼 떨어진 두 입자 사이에 작용하는 전기력F_1를 측정함으로써 그 값을 정의할 수 있다($F_1 = \dfrac{q_1 q_2}{4\pi\epsilon_0 r^2}$이고 이러한 쿨롱의 힘에 대한 법칙은, 맥스웰의 첫 번째 방정식으로부터 얻을 수 있음을 상기하자). 또한 전류 I가 흐르는 도선으로부터 거리 r만큼 떨어진 전하 q가 도선과 평행하게 v의 속도로 움직일 때 받는 힘을 측정함으로써 상수 $\epsilon_0 c^2$의 값을 결정할 수 있다(3절에서 우리는 이 힘의 크기가 $F_2 = \dfrac{qvI}{2\pi\epsilon_0 c^2 r}$임을 보았다). 따라서 이렇게 구한 두 상수 값의 비를 취함으로써 c의 값을 결정할 수 있다. 이때, 만일 전하량의 단위를 바꾸면 ϵ_0와 $\epsilon_0 c^2$의 값도 그에 따라 바뀌어야 하지만 $F_1 = \dfrac{q_1 q_2}{4\pi\epsilon_0 r^2}$와 $F_2 = \dfrac{qvI}{2\pi\epsilon_0 c^2 r}$로부터 언제나 같은 비율로 바뀐다는 것을 알 수 있고(예를 들어, 전하량의 단위가 2배가 되면 F_1에서 ϵ_0가 4배가 되고 F_2에서 $\epsilon_0 c^2$ 역시 4배가 되어야 한다) 따라서 c의 값은 전하량의 단위에 관계없이 항상 일정한 값을 갖게 됨을 알 수 있다. 맥스웰은 이 값이 $c = 3.00 \times 10^8 \mathrm{m/s}$ 임을 알고 있었고, 이것이 빛의 속도와 일치하며, 따라서 전기장과 자기장의 상호 발생적인 메커니즘을 통해 전파되어 나가는 전자기파의 속력은 빛의 속력과 일치해야 함을 예언하였다. 이러한 맥스웰의 예언은 그가 사망한 지 약 10년 후인 1887년, 하인리히 헤르츠에 의해 실험적으로 확인이 되었으며, 이것은 맥스웰이 빛과 전자기파가 본질적으로 같은 현상임을 예언한지 약 30년이 지나서였다.

이로써 파동으로서의 빛에 대한 이론이 확립될 수 있었고 이로부터 빛의 반사, 굴절, 편광 등의 여러 현상들을 성공적으로 설명할 수 있게 되었다.

참고문헌

김홍종, 미적분학 2, 서울대학교 출판부, 2000.

R. Feynman, R. Leighton, M. Sands, The Feynman Lectures on Physics, vol. 2, Addison-Wesley, 1963.

M. Longair, Theoretical Concepts in Physics, 2nd ed., Cambridge Univ. Press, 2003.

J. Marsden, A. Tromba, Vector Calculus, 4th ed., Freeman, 1996.

제 1 장 연습문제

1. 정리 1.1과 1.2에 나오는 면적분과 선적분의 정의를 조사해 보아라.

2. $\nabla \times (grad\,\phi) = 0$을 증명하여라.

3. $\nabla \cdot (\nabla \times V) = 0$을 증명하여라.

4. 적분의 평균값정리에 대해 조사하여라.

5. 함수 $f:\mathbb{R}\to\mathbb{R}$에 대한 미적분의 기본정리는 다음과 같다.

$$\int_a^b \frac{df}{dx}(x)dx = f(b) - f(a)$$

구간 $[a, b]$의 한 분할 $a = x_0 < x_1 < \cdots < x_{n-1} < x_n = b$에 대하여 근사적으로 $f'(x_i)dx \sim f(x_{i+1}) - f(x_i)$ $(i = 0, \cdots, n-1)$임에 유의하여 각 소구간 $[x_i, x_{i+1}]$ $(i = 0, \cdots n-1)$마다 $f(x_{i+1})$에 해당하는 오른쪽 방향 화살표를, $f(x_i)$에 해당하는 왼쪽 방향 화살표를 그린 다음 이들을 모두 더했을 때 어떻게 되는지를 살펴보아라. 또 이 결과를 통해 미적분의 기본정리가 곧 일차원 벡터장(즉, 함수)의 발산정리와 같음을 논하여라.

6. 다음을 보여라.

$$\frac{1}{4\pi\epsilon_0}\int_S \frac{(\vec{r} - \vec{r'})\cdot\vec{n}}{|\vec{r} - \vec{r'}|^3} dS(\vec{r}) = \begin{cases} \dfrac{1}{\epsilon_0} & (\vec{r'} \in V) \\ 0 & (\vec{r'} \notin V) \end{cases}$$

7. 가우스법칙으로부터 쿨롱의 법칙을 유도하여라.

8. 3절의 끝 부분에서, 반지름이 r이고 높이가 d인 원통형의 곡면에 대해 가우스법칙을 적용하면 전기장 E가 다음과 같음을 알 수 있다.

$$E = \frac{\rho' A}{2\pi r \epsilon_0}$$

이를 이용하여 $F'(=-qE)$가 $\dfrac{F}{\sqrt{1 - v^2/c^2}}$과 같음을 보여라.

9. 등식 $\nabla \times (\nabla \times E) = \nabla(\nabla \cdot E) - \nabla^2 E$을 보여라.

제 2 장

특수상대성이론

로렌츠 변환을 중심으로

제2장 1절

아인슈타인 이전

아인슈타인이 1905년 특수상대성이론을 발표하기 전, 물리학계에는 빛의 속도 c에 대한 풀리지 않은 의문이 하나 있었는데, 그것은 바로 이 속도가 '어떤 관찰자에 대한' 속도인가 하는 것이었다. 일반적으로 우리가 물체의 속도를 논할 때에는 항상 그 속도를 기술한 관찰자가 명시되어야 주어진 속도 값이 의미를 갖는다. 가령, 기차역에 정지해 있는 관찰자에게 기차의 속도가 $150\,\mathrm{km/h}$라면 기차의 진행 방향으로 $100\mathrm{km/h}$의 속력으로 달리는 자동차 안에 있는 관찰자에게는 기차의 속도가 $50\mathrm{km/h}$로 기술될 것이고, 기차 안에 있는 사람에게는 기차가 정지해 있는 것으로 기술될 것이다. 이처럼, 관찰자가 달라지면 속도에 대한 기술도 달라지는 것은 당연한 현상이므로, 우리가 빛의 속력이 $c = 3.00 \times 10^8\,\mathrm{m/s}$라고 할 때에는 반드시 이 값이 어떤 관찰자에 대한 속력인지를 명시해야 한다.

생각할 수 있는 한 가지 제안은, 그 빛을 발사한 발원체(source)에 대한 속력의 값이라는 것이다. 이것은 마치 $100\mathrm{km/h}$로 달리는 자동차에 있는 사람이 전방을 향해 $50\mathrm{km/h}$의 속력으로 날아가는 총알을 발사했을 때, 총알의 속력인 '$50\mathrm{km/h}$'는 자동차에 있으면서 총알을 발사한 사람의 관점에서 의미를 갖는 값인 것과 같은 이치다. 그러나 이러한 제안은 실험과 관측에 의해 금방 모순에 부딪히게 되는데 그 이유는 다음과 같이 설명할 수 있다.

아래 [그림 2-1]과 같이 지구로부터 멀리 떨어진 거리에서, 다른 한 별의 주위를 돌고 있는 작은 별을 생각해보자.

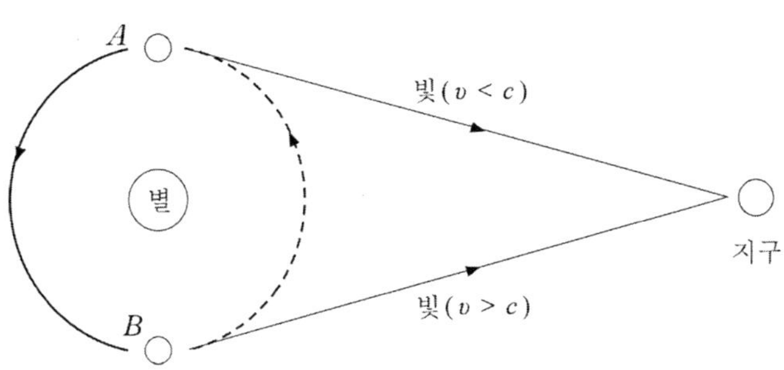

그림 2-1

이 별이 A 위치에 있을 때 지구로 발사된 빛과 잠시 후 B 위치에 있을 때 지구로 발사된 빛의 속력이 각각 '이 별에 대해서' c의 값을 갖는다면, 지구 위의 관찰자 입장에서 보았을 때, 별이 자신을 향해 다가오는 B 위치에서 나중에 발사된 빛의 속력이, 그 전에 자신으로부터 멀어지는 A 위치에서 먼저 발사된 빛의 속력보다 클 것이다. 따라서 이와 같은 상황에서는 지구상의 관찰자에게 A와 B에서 동시에 별이 관찰되는 것이 가능해지게 된다. 그러나 이런 현상은 실험적으로 관측된 바가 없으므로 위의 제안은 설득력을 잃게 된다.

다음으로 제기된 유력한 해결책은 바로 '에더(ether)'의 존재를 가정하는 것이다.

즉, 우리 주위의 허공은 텅 비어 있는 것 같지만 사실은 공기로 가득 채워져 있듯이, 우주 공간도 우리가 알지 못하는 ('에더'라고 불리는) 부동의 어떤 물질로 가득 채워져 있는데, 빛의 속력을 나타내는 c는 바로 이 에더에 대한 속력 값이며, 빛은 이 에더를 매질로 해서 공간을 전파해 나가는 전자기 파동이라는 것이다.

이와 같은 '에더'의 존재를 증명하기 위해 마이클슨과 몰리 두 사람은 빛의 간섭현상을 이용한 매우 정교한 실험을 여러 차례 진행하였는데, 이 실험의 핵심적인 아이디어만 추려서 간단히 설명하면 다음과 같다.

만일 태양 주위를 돌고 있는 지구가 정말로 '에더' 속을 헤엄치고 있는 것이라면, 지구의 입장에서 생각했을 때 지구의 이동방향과 반대 방향의 '에더'의 바람을 느끼게 될 것이다. 이때, 이러한 '에더'의 바람이 [그림 2-2](a)와 같이 왼쪽으로 v의 속력으로 불고 있다고 하자. 이제 만일 지구에서 전방을 향해 길이 l만큼 떨어진 A지점에 설치된 거울을 향해 빛을 발사하고 이 빛이 다시 반사되어 돌아오는 데 걸리는 시간 T_1을 측정하면 다음과 같은 식을 얻게 될 것이다.[17)]

$$T_1 = \frac{l}{c-v} + \frac{l}{c+v} = \frac{2lc}{c^2 - v^2}$$

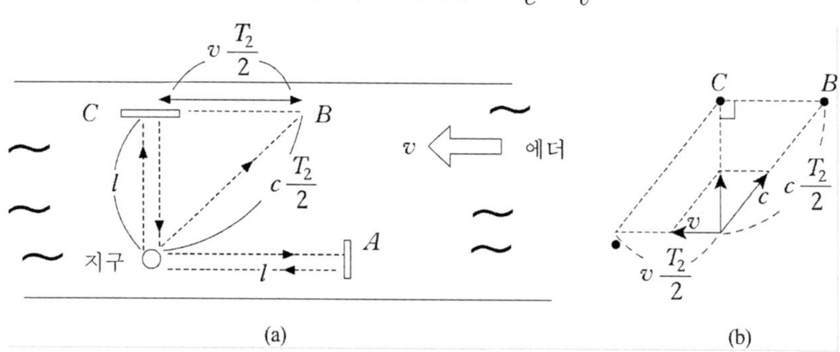

그림 2-2

17) 이 책의 논의에 따른 시간 계산은 모두 지구라는 '관성계'(근사적 의미에서)의 입장에서 서술된 것이다.

한편, 빛을 전방에서 약간 비스듬한 방향의 B 지점을 향해 발사하여, 실제로는 에더의 바람의 영향으로 전방과 수직 방향인 C 지점에 설치된 거울을 반사해서 돌아오게 한 다음, 역시 왕복시간 T_2를 계산하면 다음과 같다.([그림 2−2](b) 참고)

$$l^2 + \left(v\frac{T_2}{2}\right)^2 = \left(c\frac{T_2}{2}\right)^2 \Rightarrow T_2 = \frac{2l}{\sqrt{c^2 - v^2}}$$

따라서 두 왕복시간을 비교해보면, 다음을 알 수 있다.

$$T_1 = \frac{1}{\sqrt{1 - v^2/c^2}}T_2 \ \ (> T_2)$$

이것은, 곧 지구의 진행방향으로 빛이 왕복하는 데 걸리는 시간, 즉 T_1이, 지구 진행방향에 수직으로 같은 거리를 왕복하는 데 걸리는 시간, 즉 T_2보다 더 많이 걸린다는 것을 의미한다.

따라서 마이클슨−몰리의 실험은 이러한 시간차를 이용해 에더의 존재를 확인하고자 했으며, 실제로는 빛의 간섭현상을 이용해 이 시간차를 측정하고자 했던 것이다. 그러나 기대와는 달리 실험결과는 언제나 두 경로에 대한 시간차가 '없음'을 보여주었고, 방향을 이리저리 바꾸어 같은 실험을 반복해보았지만 결과는 마찬가지였다.[18] 그 후, 이러한 실험결과를 설명하기 위한 일련의 여러 가지 시도가 있었는데, 특히 피츠제랄드, 로렌츠 등은 다음과 같은 주장을 제시하였다. 즉, 어떤 이유에 의하여 물체가 에더 속을 운동할 때에는 그 운동방향으로 길이가 수축하게 되며(다시 말해서, 에더의 바람 방향으로는 물체의 길이가 수축하며), 이때 수축하는 길이의 비가 $\sqrt{1 - v^2/c^2}$이 된다는 것이다. 따라서 위의 계산과정에서 T_1을 계산할 때 l 대신 $l\sqrt{1 - v^2/c^2}$을 대입해야 하고, 이때, $T_1 = T_2$를 얻게 되어 실험결과와 일치하게 된다는 것이었다. 그러나 이러한 설명은 실험결과를 성공적으로 설명할 수는 있었지만 '길이의 수축'이라는 당시로서는 원인 모를 또 하나의 수수께끼를 낳고 말았다.

이상과 같은 빛의 속력에 대한 수수께끼를 해결할 수 있는 실마리를 제공한 것은 바로 맥스웰의 방정식이었다. 우리는 앞서 1장의 4절에서, 네 개의 맥스웰 방정식에서 출발하여 속력 c를 갖는 전자기파의 존재를 예언하는 파동방정식을 이끌어 낸 바가 있다. 이때 우리가 사용한 시공간의 좌표계인 (t, x, y, z)는 '임의의' 관찰자[19] S에 의한 좌표계이며, 어떤

---

18) 이 실험을 통해 에더의 존재를 부정하는 최초의 유력한 증거를 찾아낸 두 사람은 그 공로를 인정받아 1907년에 노벨상을 수여 받았다.

19) 이 장에서 '관찰자'라고 할 때에는 특별한 언급이 없는 한 항상 관성의 법칙이 성립하는 물리계, 즉 관성계에 있는 관찰자를 의미한다('관성계'의 의미에 대한 자세한 설명은 2.1절을 참조).

특정한 성향을 부여받은 좌표계가 아니었다. 따라서 만일 (t', x', y', z')의 좌표계를 사용하는 다른 관찰자 S'에 대해서도 동일한 전자기적 물리 법칙이 성립한다면(당연히 그래야 하겠지만) 이 좌표계에 대해서도 동일한 형태의 맥스웰 방정식이 성립해야한다. 즉,

1. $\nabla' \cdot E' = 0$
2. $\nabla' \times E' = -\dfrac{\partial B'}{\partial t'}$
3. $\nabla' \cdot B' = 0$
4. $c^2 \nabla' \times B' = \dfrac{\partial E'}{\partial t'}$

이 성립해야 한다.(단, 여기서 ∇'은 좌표 (x', y', z')에 대한 ∇－연산자이며, E', B'은 S'에 의해 관찰된 전기장과 자기장이다) 그러면 1장 4절에서와 똑같은 과정을 거쳐 우리는 다음과 같은 파동방정식을 얻어야 한다.

$$\frac{\partial^2 E'}{\partial x'^2} + \frac{\partial^2 E'}{\partial y'^2} + \frac{\partial^2 E'}{\partial z'^2} - \frac{1}{c^2}\frac{\partial^2 E'}{\partial t'^2} = 0$$
$$\frac{\partial^2 B'}{\partial x'^2} + \frac{\partial^2 B'}{\partial y'^2} + \frac{\partial^2 B'}{\partial z'^2} - \frac{1}{c^2}\frac{\partial^2 B'}{\partial t'^2} = 0$$

여기서 c는, 사용하는 전하량의 단위에 관계없이 항상 일정한 값인 $3.00 \times 10^8\,\text{m/s}$이 된다는 것은 앞에서 언급한 바 있다.

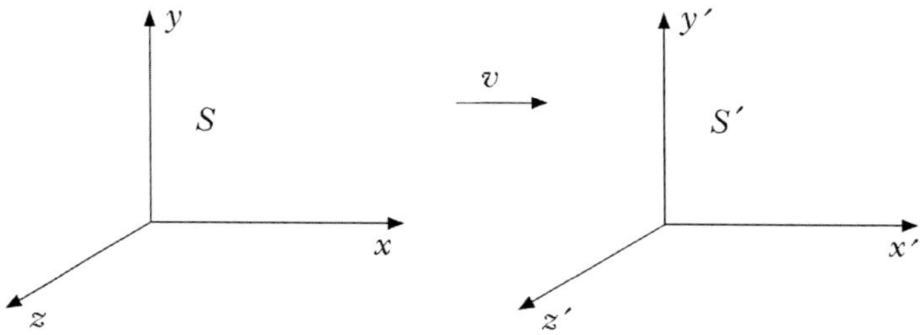

그림 2-3

즉, S'의 관점에서도 전자기파의 속력은 항상 $c = 3.00 \times 10^8\,\text{m/s}$으로 나타난다는 것이다. 그러나 이것은 우리의 직관과는 분명 위배되는 현상이다. 우리의 직관에 의하면, 관성

계의 한 관찰자 S와 이에 대해 v의 속력으로 운동하는 또 다른 관성계의 한 관찰자 S'가 있을 때 [그림 2−3 참조], 서로의 시공간 좌표계가 다음과 같은 갈릴레이 좌표 변환에 의해 주어진다.

$$
\begin{aligned}
t' &= t \\
x' &= x - vt \\
y' &= y \\
z' &= z
\end{aligned}
\tag{1.1}
$$

이 식에 의하면 $\dfrac{dx'}{dt'} = \dfrac{dx}{dt} - v$가 되고 이는 S 좌표계에서 물체의 속력이 c이면, S'좌표계에서는 물체의 속력이 $c-v$로 관찰됨을 의미한다.

결과적으로 맥스웰 방정식은 갈릴레이 좌표변환에 대해 그 형태가 불변일 수 없다 (즉, 좌표변환을 한 후에도 위의 1 ~ 4와 같은 형태일 수가 없다). 뿐만 아니라, 갈릴레이 좌표변환에 의하면, 특정한 순간 ($t = t'$)에 S나 S'이 관찰하는 x축 방향으로의 물체의 길이는 $dx' = dx$에 의해 같아짐을 알 수 있다. 그러나 이것은 1장 3절에서, 전류가 흐르는 도선 내부의 음전하밀도와 양전하밀도를 S'의 입장에서 계산했을 때, '길이 수축 효과'를 고려함으로써 전체 전하밀도가 0이 되지 않고 따라서 도선으로부터 전기장에 의한 전기력을 받는다는 논의와 부합하지 않는다. 즉 갈릴레이 좌표변환을 적용하면 S'의 좌표계에서 길이 수축효과는 일어나지 않고 따라서 도선은 여전히 전기적으로 중성이 되어, 대전된 입자가 도선으로 끌리는 현상을 더 이상 설명할 수가 없게 된다.

이상과 같은 논의에서, 우리가 시공간 좌표계에 대한 갈릴레이 좌표변환을 고집하는 한, 빛의 속도와 전자기현상에 대한 여러 가지 모순을 해결할 수 없는 난관에 봉착하게 됨을 알게 되었다. 그렇다면 우리의 직관과 잘 부합하는 갈릴레이 좌표변환에 어떤 문제가 있는 것이 아닐까? 만일 그렇다면 이것은 시간과 공간에 대한 우리의 직관적 이해에 어떤 문제가 있다는 얘기가 된다. 이러한 상황에서 아인슈타인은 과감하게 우리의 상식과 직관을 포기하고, 대신 올바른 시공간의 좌표 변환식을 제시하여, 인류가 수백 년 간 이어온 시간과 공간의 개념을 완전히 새로운 것으로 바꾸어 놓았다.

제2장 2절

로렌츠 변환식

2.1 두 가지 가설

앞 절에서 우리는 갈릴레이 변환식에 근거한 시공간의 개념이 맥스웰 방정식과 상충을 일으키고 빛의 속도에 대한 실험결과와도 모순을 일으킨다는 것을 살펴보았다. 이러한 문제를 해결하기 위해 아인슈타인은 다음의 두 가지 가설을 세우고 이로부터 새로운 시공간 변환식인 로렌츠 변환식을 유도하여, 시공간에 대한 기존의 관념을 완전히 바꾸어 놓게 된다.

먼저, 이 두 가지 가설부터 살펴보기로 하자.

① 상대성의 원리 : 모든 관성계는 서로 동일한 물리법칙을 갖는다.

관성계란, 뉴턴의 제1운동법칙인 '관성의 법칙'이 성립하는 관찰자의 좌표계라고 할 수 있다. 예를 들어 일정한 속도로 직선을 따라 운동하는 관찰자는 관성계에 있다고 할 수 있다.[20] 왜냐하면 이 관찰자에 의해 기술되는 물리현상은 관성의 법칙을 포함하고 있기 때문이다. 그러나 가령, 등속원운동을 하거나 가속도 직선운동을 하는 관찰자는 관성계에 있는 관찰자라고 할 수 없다. 이러한 관찰자의 입장에서는, 힘을 가하지 않은 물체라 하더라도 원심력[21]으로 인한 가속도를 경험하기 때문이다.

일반적으로, 관성계에 있는 한 관찰자에 대해 등속도 직선운동을 하는 다른 관찰자도 관성계에 있다고 할 수 있다. 예를 들어, 기차역에 정지해 있는 사람[22] S와 기차역에 대해 등속도로 달리는 기차 안에 있는 사람 S'은 모두 관성계에 있는 관찰자이다. 이때 만일

---

20) 뉴턴의 역학체계에서 관성계는 '절대공간'에 대해 등속도 직선운동을 하는 관찰자의 좌표계라고 할 수 있다.

21) 원심력은 중력이나 전자기력, 핵력 등과 같이 물리적으로 실재하는 힘이 아니라, 회전하는 계 안의 물체들이 관성에 따라 운동하는 현상(예를 들어, 가만히 있던 물체가 바깥으로 밀려나는 현상)을 그계 안의 관찰자의 입장에서 설명하기 위해 도입된 '가상의'(fictitious)힘이다.

22) 지구는 태양을 중심으로 회전하고 있지만 회전속도 v(30 km/s)에 비해 회전 반경 r(약 1억 5,000만 km)이 충분히 크기 때문에 지표면에 정지해 있는 관찰자는 '근사적으로' 관성계에 있다고 할 수 있다. 이 경우 지구의 관찰자는 구심력 Mv^2/r(M은 지구 질량)과 같은 크기의 원심력을 느끼지만, 이때 $v \ll cr$이므로 Mv^2/r은 거의 0에 가깝다. 그렇다면 태양 위에 정지해 있는 사람은 엄밀한 의미에서 관성계에 있다고 할 수 있을까? 태양계 역시 우리은하 내에서 등속도 직선운동을 하는 것은 아니며, 우리은하조차도 외부 은하에 대해 회전운동을 하고 있으므로 엄밀한 의미에서의 관성계라고 할 수는 없을 것이다. 이처럼 현실적으로 관성계를 정의하는 문제는 꽤 까다로운 논쟁의 대상이며, 이는 '마하의 원리'와도 관련되어 있다. 이에 대한 자세한 논의는 [Green]을 참조.

달리는 기차 안에 있는 사람이 기차의 커튼이 모두 내려져 바깥을 볼 수가 없다면 자신이 달리는 기차 속에 있는지 지면에 대해 정지해 있는 기차 속에 있는지를 분간할 수 있을까? 기차 속에서 어떤 물리적 실험을 하더라도 결코 이를 알아낼 수가 없다는 것이 '상대성의 원리'가 말하는 내용이다. 즉, 두 관성계에 있는 임의의 두 관찰자는 언제나 동일한 물리법칙을 관찰하기 때문에 두 관성계를 구별해 낼 수 있는, 특정 관성계에서만 성립하는 물리법칙이란 존재하지 않는다는 것이다.

어떤 의미에서 당연해 보이는 이러한 상대성의 원리는 '시간과 공간[23]의 균질성과 등방성'이라는 중요한 사실을 내포하고 있다. 가령, 공간의 한 지점과 또 다른 임의의 한 지점에 각각 정지해 있는 두 관찰자를 생각해보자. 이때 두 관찰자는 모두 관성계에 있으므로, 상대성의 원리에 의하면 한 관찰자에게 적용되는 물리법칙은 똑같이 다른 관찰자에게도 적용되며, 따라서 공간상의 임의의 두 지점은 물리법칙의 측면에서 아무런 차이가 없음을 알 수 있다. 다시 말해서, 물리법칙은 공간상의 특정 지점을 선호하거나 편애하지 않는다는 것이다. 이것을 '**공간의 균질성**(homogeneity)'이라고 말한다. 공간은 이처럼 균질할 뿐 아니라 '등방성'도 갖고 있다. 예를 들어 공간 상의 한 지점에서 서로 다른 방향을 향해 서 있는 두 관찰자를 생각해보면, 이들 역시 '상대성의 원리'에 의해 동일한 물리법칙을 관찰하게 될 것이다. 즉, 물리법칙은 공간 상의 특정 방향을 선호하는 법이 없다. 이를 '**공간의 등방성**(isotropy)'이라고 부른다.

이와 같은 논의는 시간의 경우에도 마찬가지로 적용될 수 있다. 즉, '상대성의 원리'에 의해, 어제의 관성계에 있던 관찰자에게만 성립하고 오늘의 관성계에 있는 관찰자에게는 성립하지 않는 물리법칙이란 없으므로, 시간 역시 물리법칙의 측면에서는 '균질한 물리량' 임을 알 수 있다.[24]

② 광속도 불변의 법칙 : 진공에서의 빛의 속도는 광원과 관찰자의 상대속도에 관계없이 항상 일정하게 관측된다.

맥스웰의 방정식이 예언했듯이 빛은 광원과 관찰자의 상대 속도에 관계없이 항상 진공 중에서 $c = 3.00 \times 10^8\,\mathrm{m/s}$이라는 일정한 속도를 갖는다는 것이다. 이것은 기존의 갈릴레이 변환에 의한 시공간의 개념을 과감히 포기하고, 마이클슨-몰리의 실험과 맥스웰의 이론적 결과를 존중한 혁신적인 가설로서, 특수상대성이론의 핵심적인 기반을 이루는 가설이라 할 수 있다.

---

23) 여기서의 '공간'은 관성계의 공간을 말한다.
24) 만일 물리법칙이 어제 다르고 오늘 다르다면, '물리학'이란 학문 자체가 의미를 상실하게 될 것이다.

2.2 로렌츠 변환식의 유도

이제 앞에서 소개한 두 가지 가설을 전제하고, 이로부터 어떻게 로렌츠 변환식이 유도되는지를 살펴보도록 하자.

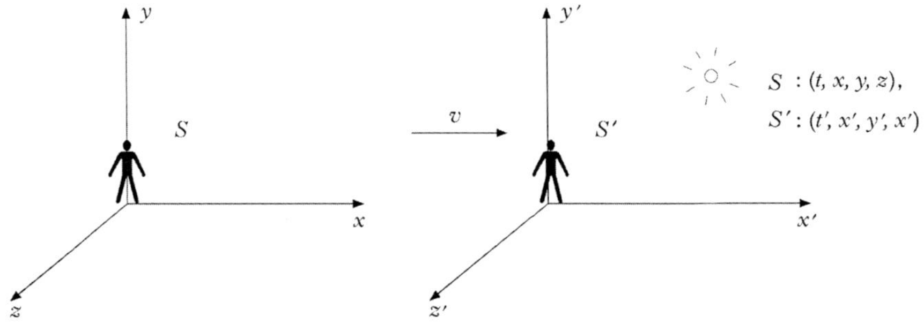

그림 2-4

우선 한 관찰자 S에 대해 등속도 v로 움직이는 또 다른 관찰자 S'을 생각하자[그림 2-4 참조]. 이때, v방향을 관찰자 S의 x-축 방향으로 잡아서 공간 상에 직교좌표계 (x, y, z)를 만들고, S' 역시 자신이 S로부터 멀어지는 v방향을 x'-축 방향으로 잡아 직교좌표계 (x', y', z')을 만들 수 있다. 만일 공간 상의 한 지점에서 특정 '사건'이 일어났을 때, 이 사건의 발생시간과 발생장소를 두 관찰자 S, S'에 의해 기술하게 한다면 각각 (t, x, y, z), (t', x', y', z')이 될 것이다(이때, 만일 갈릴레이 변환식을 적용한다면 두 좌표계 사이의 관계식은 식 (1.1)처럼 주어질 것이다). 편의상, 두 관찰자는 처음에 원점에서 서로의 시계를 똑같이 $t = t' = 0$으로 맞춘 직후에 S'이 S로부터 v의 속도로 멀어지기 시작했다고 가정하자(이러한 가정이, 주어진 상황의 일반성을 잃게 하지는 않는다). 다시 말해서, 우리는 다음과 같이 가정해도 좋다.

$$(t, x, y, z) = (0, 0, 0, 0) \Leftrightarrow (t', x', y', z') = (0, 0, 0, 0) \tag{2.1}$$

이제 우리가 구하는 변환식을 다음과 같이 표현하자.

$$\begin{aligned} t' &= t'(t, x, y, z) \\ x' &= x'(t, x, y, z) \\ y' &= y'(t, x, y, z) \\ z' &= z'(t, x, y, z) \end{aligned} \tag{2.2}$$

우선 첫 번째로, 위의 함수들이 모두 선형임을 다음과 같이 보일 수 있다.

가령, t'의 경우, $dt' = \frac{\partial t'}{\partial t}dt + \frac{\partial t'}{\partial x}dx + \frac{\partial t'}{\partial y}dy + \frac{\partial t'}{\partial z}dz$와 같이 쓸 수 있다. 이때, $\frac{\partial t'}{\partial t}(t, x, y, z) = \lim_{h \to 0} \frac{t'(t+h, x, y, z) - t'(t, x, y, z)}{h}$는 공간상의 주어진 한 지점 (x, y, z)에서 시각 t에, S의 시간 (즉, t)에 대한 S'의 시간(즉, t')의 순간 변화율을 측정한 값이다. 그런데 시공간의 균질성에 의해, 이러한 측정을 '다른 위치'에서 '다른 시각'에 했다고 해서 그러한 변화율의 측정값 (상대속도가 v인 두 관성계 사이의 시간적 흐름의 차이를 나타내는 일종의 물리법칙)이 달라져서는 안 된다. 이것은 곧 $\frac{\partial t'}{\partial t}(t, x, y, z)$가 (t, x, y, z)에 의존해서는 안 됨을 의미하고 따라서 $\frac{\partial t'}{\partial t}(t, x, y, z) = A$(상수)일 수밖에 없다. 마찬가지 이유로 $\frac{\partial t'}{\partial x}, \frac{\partial t'}{\partial y}, \frac{\partial t'}{\partial z}$도 모두 상수 B, C, D로 나타낼 수 있다. 즉,

$$dt' = A\,dt + B\,dx + C\,dy + D\,dz$$

이다. 따라서 이 식의 양변을 적분하고 식 (2.1)을 이용하면 다음을 얻는다.

$$t' = At + Bx + Cy + Dz$$

이상과 같은 논의는 x', y', z'에도 똑같이 적용되므로 결과적으로 식 (2.2)의 함수들은 모두 선형임을 알 수 있다.

다음 두 번째로, 우리는 식 (2.2)가 다음과 같이 좌표들을 서로 맞바꾸어도 여전히 성립함을 보인다.

$$t \leftrightarrow t',\ x \leftrightarrow -x',\ y \leftrightarrow y',\ z \leftrightarrow -z'$$

이를 보이기 위해 우선 [그림 2-5]와 같이, S_1과 등을 맞대고 반대쪽을 향해 있는 관찰자 S_2, 그리고 마찬가지로 S_1'과 등을 맞대고 서 있는 S_2'을 생각한다.

그러면 S_1에 대한 S_1'의 관계는 S_2'에 대한 S_2의 관계와 같고, 공간의 등방성에 의해 두 관계에서 성립하는 물리법칙은 동일해야 한다. 즉, (t, x, y, z)에 대한 (t', x', y', z')의 변환식은 $(t', -x', y', -z')$에 대한 $(t, -x, y, -z)$의 변환식과 같은 형태이어야 한다(예를 들어, $y' = At + Bx + Cy + Dz$가 성립하면 $y = At' - Bx' + Cy' - Dz'$이 성립해야 한다).

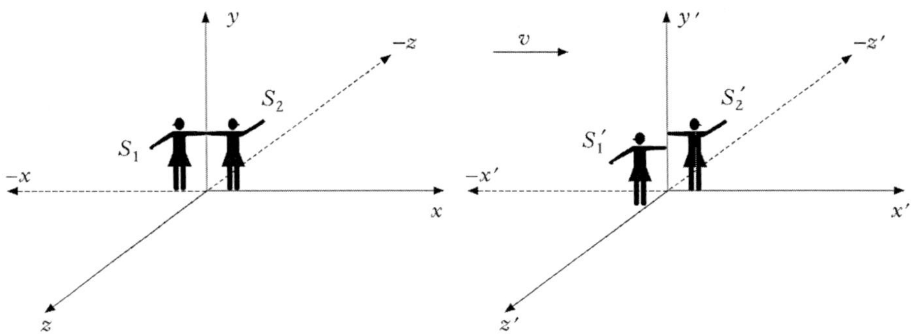

그림 2-5

이것은 곧 식 (2.2)가 $t \leftrightarrow t'$, $x \leftrightarrow -x'$, $y \leftrightarrow y'$, $z \leftrightarrow -z'$에 대해서도 여전히 성립함을 의미한다.

세 번째로 $y' = y$, $z' = z$임을 다음과 같이 보일 수 있다.

우선 $y'(t, x, y, z) = At + Bx + Cy + Dz$ 라 두면, 우리가 고려하고 있는 상황 [그림 2-4]로부터, 임의의 t, x, z에 대하여 $y'(t, x, 0, z) = 0$이 성립해야 한다.(두 관찰자 S와 S'은 같은 평면 위에서 움직이고 있음에 유의할 것) 따라서 $A = B = D = 0$일 수밖에 없다. 이제, $y' = Cy$가 성립하므로 위 두 번째 논의에 의해 $y = Cy'$이 성립해야 한다. 따라서 $C = \pm 1$을 얻게 되는데, $C = -1$이면, $v = 0$일 때 $y = y'$가 되어야 한다는 사실과 모순이 된다. 따라서 $C = 1$을 얻게 되고 결과적으로 $y' = y$이 항상 성립한다. $z' = z$도 같은 방법으로 보일 수 있다.

이제 마지막으로 $(t, x) \rightarrow (t', x')$의 변환식을 구해보도록 하자.

먼저 $x'(t, x, y, z) = At + Bx + Cy + Dz$라 두면, 앞의 경우와 같은 이유로 임의의 t, y, z에 대하여, $x'(t, vt, y, z) = 0$이 성립하므로, $C = D = 0$, $A + vB = 0$이라야 한다.

따라서

$$x' = B(x - vt) \tag{2.3}$$

이고 위 두 번째 논의에 의해

$$x = B(x' + vt') \tag{2.4}$$

도 성립해야 한다(이때 만일 $t = t'$이면, 두 식 (2.3)과 (2.4)를 더함으로써 $B = 1$을 얻는데 이를 식 (2.3)에 대입한 것이 바로 갈릴레이 변환식이다).

이제 두 번째 가설에 의해 다음 두 등식은 동시에 성립함에 유의하자.

$$x = ct \iff x' = ct' \text{ (단, } c\text{는 빛의 속도)}$$

만일 이것을 식 (2.3)과 (2.4)에 각각 대입하면,

$$ct' = Bt(c - v), \quad ct = Bt'(c + v)$$

을 얻는다. 여기서 이 두 식을 곱한 뒤 tt'으로 나누면, $B = \pm\dfrac{1}{\sqrt{1 - v^2/c^2}}$을 얻는다. 그러므로 식 (2.3)에 의해 $x' = \pm\dfrac{1}{\sqrt{1 - v^2/c^2}}(x - vt)$가 되고 이것을 식 (2.4)에 대입하여 t'을 구하면, $t' = \pm\dfrac{1}{\sqrt{1 - v^2/c^2}}(t - vx/c^2)$을 얻는다. 이때 $v = 0$이면 $t' = t$가 성립해야 하므로 '+'부호를 선택한다.

이로써 다음과 같은 로렌츠 변환식을 얻게 되었다.

$$t' = \frac{1}{\sqrt{1 - v^2/c^2}}(t - vx/c^2) \tag{2.5}$$

$$x' = \frac{1}{\sqrt{1 - v^2/c^2}}(x - vt) \tag{2.6}$$

$$y' = y \tag{2.7}$$

$$z' = z \tag{2.8}$$

위 변환식은 관찰자 S의 좌표계로부터, 관찰자 S'의 좌표계로의 시공간 좌표 변환식에 해당한다. 만일 위 식을 t, x, y, z에 대해서 풀면 다음과 같이 S'좌표계로부터 S좌표계로의 변환식을 얻게 된다.

$$t = \frac{1}{\sqrt{1-v^2/c^2}}(t' + vx'/c^2) \tag{2.9}$$

$$x = \frac{1}{\sqrt{1-v^2/c^2}}(x' + vt') \tag{2.10}$$

$$y = y' \tag{2.11}$$

$$z = z' \tag{2.12}$$

이는 관찰자 S가 관찰자 S'에 대해 $-v$의 속도로 움직이고 있으므로 식 (2.5) – (2.8)의 v 대신에 $-v$를 대입함으로써 식 (2.9) – (2.12)를 얻을 수 있다는 사실과 잘 부합함을 보여주고 있다.

또한, 로렌츠 변환식 (2.5)는 갈릴레이 변환식 ($t' = t$)과는 달리 더 이상 시간과 공간이 따로 존재하는 방정식이 아니라는 점에 주의를 기울일 필요가 있다. 마치 맥스웰 방정식에서, 전기장과 자기장이 같은 방정식 속에서 서로 영향을 주고받듯이, 시간과 공간 역시 서로 뒤얽혀, 한 관찰자 S의 공간(즉 x)에 해당하는 양이 다른 관찰자 S'에게는 시간(즉, t')상의 한 양으로 전환될 수가 있으며, 이러한 전환을 매개하는 상수가 바로 빛의 속도 c인 것이다.[25] 따라서 시간과 공간은 각각 절대적으로 존재하는 서로 독립적인 물리량이 아니라, 관찰자의 상대적인 운동속도에 따라 상대적으로 존재하고 서로 뒤섞일 수 있는 두 물리량으로 이해되어야 한다.

이러한 견지에서 기존의 '시간과 공간(space and time)'의 물리학은 '시공간(spacetime)'의 물리학으로 다시 태어나게 된 것이다.

25) 즉, 식 (2.5)의 우변 둘째 항에 있는 $vx/c^2\left(=\frac{v}{c}\cdot\frac{x}{c}\right)$에서 $\frac{v}{c}$는 단위가 없고 $\frac{x}{c}$의 단위는 시간의 단위가 되어 우변 첫째 항의 t와 연산이 가능해진다.

제2장 3절 로렌츠 변환의 결과들

3.1 속도의 변환

좌표계 (t, x, y, z)를 사용하는 관성계에 있는 관찰자 S에 의해 한 물체의 운동이 다음과 같이 기술되었다고 하자.

$$\vec{u}(t, x, y, z) = \left(\frac{dx}{dt}, \frac{dy}{dt}, \frac{dz}{dt}\right) \tag{3.1}$$

즉, 임의의 시각 t일 때의 물체의 속도에 대한 정보가 관찰자 S에 의해 주어진 것이다. 만일 같은 상황을 다른 관성계인 S'의 관점에서 기술하면 어떻게 될까? 먼저, S'의 관점에서 같은 물체의 속도를 다음과 같이 나타내자.

$$\vec{u}'(t', x', y', z') = \left(\frac{dx'}{dt'}, \frac{dy'}{dt'}, \frac{dz'}{dt'}\right) \tag{3.2}$$

만일 갈릴레이 변환식을 사용한다면 식 (3.1)과 (3.2) 사이의 관계식은 다음과 같이 나타날 것이다.

$$\frac{dx'}{dt'} = \frac{dx}{dt} - v, \quad \frac{dy'}{dt'} = \frac{dy}{dt}, \quad \frac{dz'}{dt'} = \frac{dz}{dt}$$

이제 로렌츠 변환식을 사용했을 때 위 관계식이 어떻게 바뀌어야 하는지 살펴보자. 먼저 식 (2.5)−(2.8)에 의하여 다음이 성립함을 알 수 있다.

$$\Delta t' = \frac{1}{\sqrt{1-v^2/c^2}}\,(\Delta t - v\Delta x/c^2) \tag{2.5$'$}$$

$$\Delta x' = \frac{1}{\sqrt{1-v^2/c^2}}(\Delta x - v\Delta t) \tag{2.6$'$}$$

$$\Delta y' = \Delta y \tag{2.7$'$}$$

$$\Delta z' = \Delta z \tag{2.8$'$}$$

따라서 (2.5)′으로 (2.6)′을 나누면 다음을 얻는다.

$$\frac{\Delta x'}{\Delta t'} = \frac{\Delta x - v\Delta t}{\Delta t - v\Delta x/c^2}$$

여기서 다시 우변의 분자와 분모를 Δt로 나누면,

$$\frac{\Delta x'}{\Delta t'} = \frac{\Delta x/dt - v}{1-\dfrac{v}{c^2}\Delta x/\Delta t} \quad \left(\Leftrightarrow \frac{\Delta x}{\Delta t} = \frac{\Delta x'/\Delta t' + v}{1+\dfrac{v}{c^2}\Delta x'/\Delta t'}\right)$$

을 얻는다. 이때, $\Delta t \to 0$이면 $\Delta x \to 0$이므로 식 (2.5)′에 의해 $\Delta t' \to 0$이다. 마찬가지 방법으로 $\Delta t' \to 0$이면 $\Delta t \to 0$임을 알 수 있다. 따라서 위 식의 양변에 각각 $\lim\limits_{\Delta t' \to 0}$ 와 $\lim\limits_{\Delta t \to 0}$ 을 취할 수 있고 이때 다음을 얻는다.

$$\frac{dx'}{dt'} = \frac{dx/dt - v}{1-\dfrac{v}{c^2}\,dx/dt}$$

마찬가지로 계산하여, $\dfrac{dy'}{dt'}$, $\dfrac{dz'}{dt'}$을 구해보면 결국 다음과 같은 속도 변환공식을 얻게 된다.

$$\frac{dx'}{dt'} = \frac{dx/dt - v}{1-\dfrac{v}{c^2}dx/dt}$$

$$\frac{dy'}{dt'} = \sqrt{1-v^2/c^2}\cdot\frac{dy/dt}{1-\dfrac{v}{c^2}dx/dt}$$

$$\frac{dz'}{dt'} = \sqrt{1-v^2/c^2} \cdot \frac{dz/dt}{1-\frac{v}{c^2}dx/dt}$$

위 변환식으로부터, 관찰자 S의 관점에서 x－축 방향을 향해 속도 c로 나가는 빛은 관찰자 S'의 관점에서도 여전히 c의 속도로 x'－축 방향을 향해 나가는 것으로 관찰됨을 알 수 있다.(연습문제 2)

3.2 동시성의 상대성

로렌츠 변환에 의하면, '동시에 일어난 두 사건'이라는 표현은 마치 '100 m/s로 달리는 기차'와 같이, 두 사건을 관찰한 관찰자를 명시해 주지 않으면 의미가 없는 표현임을 알 수 있다. 이것은 식 (2.5)로부터 쉽게 알 수 있는데, 만일 S에 의해 관찰된 두 사건 (t_1, x_1, y_1, z_1), (t_2, x_2, y_2, z_2)가 동시에 일어났다면, 즉 $t_1 = t_2$라면, 식 (2.5)에 의하여 다음이 성립함을 알 수 있다.

$$t_2' - t_1' = \gamma(v)(v/c^2)(x_1 - x_2) \quad \left(\gamma(v) = \frac{1}{\sqrt{1-v^2/c^2}} > 1\right)$$

따라서 만일 $x_1 \neq x_2$이면 $t_1' \neq t_2'$이므로 관찰자 S'의 입장에서는 두 사건이 동시가 아니게 된다. 다시 말해서 '동시'라는 개념은 관찰자에 따라 달라질 수 있는 개념으로서, 한 관찰자에게 동시에 관찰된 사건이라도 다른 관찰자에게는 동시가 아닐 수 있다는 것이다.

참고로, 그래프를 통해 한 관찰자에게 동시에 일어난 것으로 관찰되는 사건들이 시공간 좌표계에서 어떻게 표현되는지를 살펴보자. 먼저 관찰자 S의 시공간(spacetime)을 편의상 $t-x$ 좌표계 (y축과 z축은 생략)를 통해 [그림 2－6(a)]와 같이 나타낸다. 이 직교좌표계상에서 특정 시각 t_1 (또는 t_2)에 동시에 일어난 사건들의 집합은, x축에 평행하고 $t = t_1$(또는 $t = t_2$)를 지나는 직선상의 점들로 나타남을 알 수 있다.

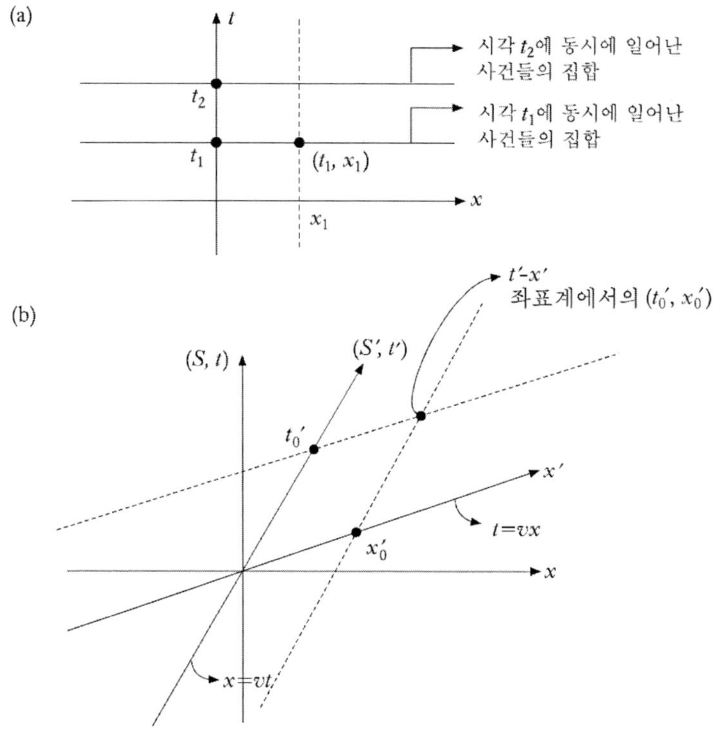

그림 2-6

만일 이러한 $t-x$좌표계에 S'의 자취를 그려 넣으면 어떻게 될까? 편의상 $c=1$로 두고서[26] 이를 살펴보자. S'은 $t=0$일 때 $x=0$를 출발하여 S로부터 속도 v로 멀어지고 있으므로, $t-x$좌표계에서는 당연히 $x=vt$를 만족시키는 직선으로 표현된다. 이때, $t'=0$인 사건들의 집합은 어떻게 나타날까? 이것은 식 (2.5)에서 $t'=0$로 두면, $t=vx$가 되므로 ($c=1$임을 상기) $x=vt$와는 $t=x$에 대칭인 직선이 된다[그림 2-6(b) 참고].

일반적으로 임의의 t_0'에 대해 $t'=t_0'$인 사건들의 집합은 역시 식 (2.5)에 의해 $t=vx+t_0'/\gamma(v)$가 되므로 이는 $t=vx$를 t축으로 $t_0'/r(v)$만큼 평행이동함으로써 얻을 수 있다.

결과적으로 로렌츠 변환에 의해 관찰자 S의 $t-x$ 직교 좌표계는 [그림 2-6(b)]의 $t'-x'$ 사교 좌표계로 변환되었고 이때, $x=t$의 그래프와 $x'=t'$의 그래프는 서로 일치한다는 것도 자명하다(즉, 어떤 물체가 한 관성계에서 빛의 속도로 움직이면 다른 관성계에서도 빛의 속도로 움직인다).

---

26) 이것은, 마치 빛이 1년 동안 가는 거리인 '$3\times10^8\times60\times60\times24\times365$미터'를 '1광년'이라고 하듯이, 단순히 단위의 선택에 관한 문제이다. 앞으로 시공간 좌표계에서 그래프를 다룰 때는 항상 이러한 단위 ($c=1$)을 사용하기로 한다.

3.3 시간지연

관찰자 S와 이에 대해 v의 속도로 움직이고 있는 관찰자 S' 사이의 시간의 흐름은 같다고 할 수 있을까? 예를 들어 관찰자 S'이 자신의 손목시계로 $\Delta t'$의 시간이 경과했음을 관찰했을 때, 관찰자 S가 자신의 손목시계로 관측한 시간경과, 즉 Δt는 얼마일까? 갈릴레이 변환식에서는 $t = t'$이므로 당연히 $\Delta t = \Delta t'$라야 한다. 그러나 로렌츠 변환식에서는 식 (2.9)를 사용해야 하므로 $\Delta t = \gamma(v)(\Delta t' + v\Delta x'/c^2)$이 된다. 그런데 관찰자 S'은 시계를 보는 동안 고정된 위치 즉, $x' = 0$에 머물러 있으므로 이 경우에는 $\Delta x' = 0$가 된다. 따라서 다음을 얻는다.

$$\Delta t = \gamma(v)\,\Delta t' \quad (\text{단, } \gamma(v) = \frac{1}{\sqrt{1 - v^2/c^2}} > 1)$$

이것은 관찰자 S의 시간이 더 많이 흘렀음을 의미하고 결국 관찰자 S의 입장에서 관찰자 S'의 시간이 더 천천히 간다는 것을 의미한다. 이것이 바로 특수상대성이론에서 말하는 '시간지연' 효과이다. 이러한 시간 지연 효과는 오늘날 다양한 실험에 의해 검증되었고, 빠른 속도로 지구 주위를 돌고 있는 인공위성과 지구와의 상호 시각을 맞추는 데 이용될 정도로 자명한 물리법칙으로 받아들여지고 있다. 그런데 이러한 시간지연효과와 관련해 한 가지 의문이 생길 수 있다. 즉, 운동하는 관찰자 S'의 시계가 정지한 관찰자 S의 시계보다 느리게 가는 것이 사실이라면, S'의 입장에서는 자신이 정지해 있고 S가 움직이고 있으므로, 상대성의 원리에 따라 똑같은 시간지연효과가 성립해야 하고 따라서 관찰자 S의 시계가 더 느리게 간다고 주장할 것이다. 그렇다면 누구의 주장이 옳은 것이며, 이러한 모순을 어떻게 해결할 수 있을까? 해답은 '동시성의 상대성'을 주의 깊게 관찰함으로써 얻을 수 있다. 이를 좀 더 자세히 설명하기 위해 [그림 2-7]과 같이 시공간 좌표계에 S ($t-x$ 좌표축)와 S'($t'-x'$ 좌표축)를 나타내어보자.

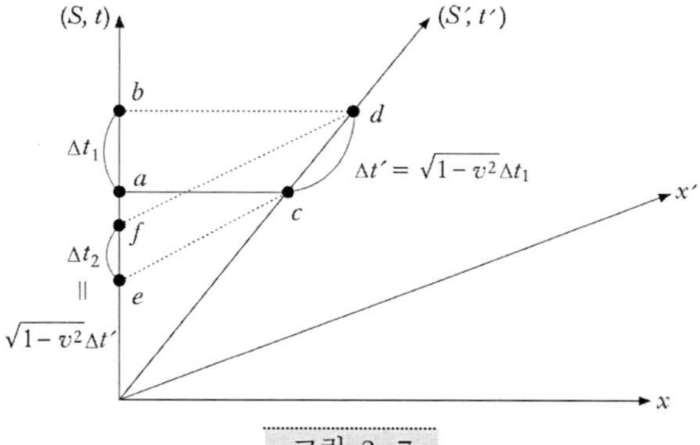

그림 2-7

우선, S의 주장을 자세히 분석해보면, 자신이 a와 b에서 각각 읽은 시계에 의해 Δt_1의 시간이 지났음을 확인했고, 이때 만일 자신이 a에서 시계를 읽는 동시에 (S의 입장에서) c에 있는 S'의 시계를 측정하고(이것은 S 옆에 앉아있는 조교를 시켜서 할 수 있는 일이다) 마찬가지로 b에서 시계를 읽는 동시에 (S의 입장에서) d에 있는 S'의 시계를 읽어서 이로부터 S'의 경과시간인 $\Delta t'$을 구했다면, 이 값은 자신의 경과시간인 Δt_1보다 짧다고 생각할 것이고 (즉, $\Delta t' = \sqrt{1-v^2}\,\Delta t_1$) 결과적으로 S'의 시계가 더 천천히 간다고 주장할 것이다. 이때 위의 모순에서 말하는 것과 같이 만일 S'의 입장에서 Δt_1이 $\Delta t'$보다 짧다고 주장한 것이라면 이것은 피할 수 없는 모순이 되고 만다. 다행히, S'의 주장은 이와는 다른 것이다. 즉, S가 자신의 시계와 S'의 시계를 비교할 때와 마찬가지로, S' 역시 자신이 자신의 시계를 읽는 c와 d에서 이와 동시에 (S'의 입장에서) e와 f에 있는 S의 시계를 읽었다면 이때의 S'이 관찰한 S의 경과시간은 Δt_1이 아닌 Δt_2가 된다. 따라서 시간지연효과를 주장하는 S' $\Delta t'$보다 Δt_2 (Δt_1이 아닌)가 더 짧다고 말하는 것이 되며 이것은 $\Delta t_2 = \sqrt{1-v^2}\,\Delta t'$으로 표현되어 위의 $\Delta t' = \sqrt{1-v^2}\,\Delta t_1$과도 모순되지 않는 사실이다.

결과적으로 서로 다른 내용을 관찰한 것이 되어 위와 같은 모순이 일어나지 않음을 알 수 있다.

3.4 길이수축

가령, 예를 들어 기차역에 정지해 있는 관찰자 S와 이에 대해 오른쪽으로 v의 속도로 지나가는 기차 안에 있는 관찰자 S'을 생각해보자.

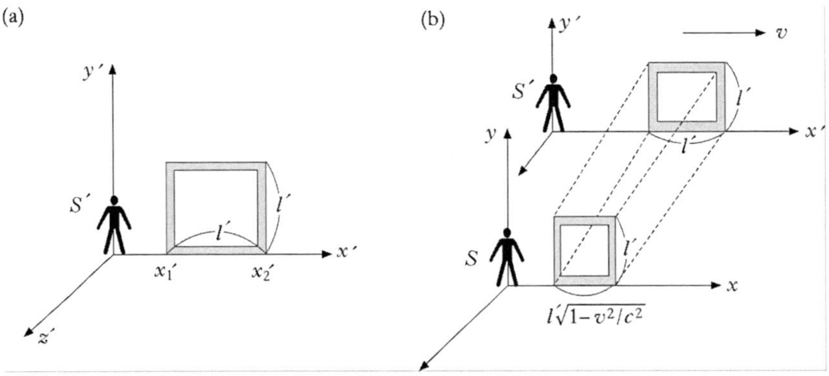

그림 2-8

만일 S'이 기차 안에서 본 기차의 창문이 가로, 세로가 l'인 정사각형의 모습이었다면 ([그림 2-8(a)] 참조), 기차 밖에서 이를 지켜본 S의 눈에는 어떻게 관찰될까?

우선 가로의 길이부터 살펴보도록 하자.

S의 입장에서 시각 t_1, t_2에 각각 창문의 앞쪽 끝과 뒤쪽 끝의 x좌표를 읽었을 때 x_1, x_2였다고 하자. 이때 식 (2.6)으로부터 $\Delta x' = \frac{1}{\sqrt{1-v^2/c^2}}(\Delta x - v\Delta t)$이 성립하고 우리의 경우 $\Delta x' = l'$이다. 여기서 한 가지 유의해야 할 것은, 관찰자 S가 자신의 공간 좌표를 이용해서 움직이는 물체의 길이를 측정할 때는 그 물체의 양끝의 좌표를 '동시에' 읽어서 그 길이를 구해야 한다는 것이다. 따라서 이 경우 위 식에서 $\Delta t = 0$을 대입해야 하고 이때 우리는 다음과 같은 결과를 얻는다.

$$\Delta x = l' \sqrt{1-v^2/c^2}$$

즉, S의 입장에서는 $\sqrt{1-v^2/c^2} < 1$만큼 '길이수축'이 일어난다[그림 2-8(b) 참조].

세로의 경우는 어떨까? 이 경우는 식 (2.7)에 의해 $\Delta y = \Delta y' = l'$로서 가로의 경우와 같은 길이 수축이 일어나지 않는 것이 자명하다(Δz의 경우에도 마찬가지이다).

결론적으로, **관찰자에 대해 v의 속도로 움직이는 물체는 그 진행방향으로 $\sqrt{1-v^2/c^2}$ 만큼의 '길이 수축'이** 일어난다고 할 수 있다.

이러한 길이수축 현상을 직접적인 방법을 통해 실험으로 검증하기란 쉬운 문제가 아니다. 실제로 길이수축효과를 확인하려면 물체의 속도가 빛의 속도에 상당히 근접해야하는데, 길이를 잴 수 있을만한 크기의 물체를 빛의 속도에 가깝게 만드는 것은 대단히 어려운 일이기 때문이다. 그런데 만일 실생활에서 이러한 길이수축을 경험할 수 있다면 대단히 이상한 현상들이 일어날 수 있을 것으로 예상되는데, 앞서 살펴본 시간 지연과 같은 역설적 상황이 그 중의 하나이다.

예를 들어, [그림 2-9](a)와 같이 기찻길의 한 터널 왼쪽 끝에 대해 정지해 있는 관찰자 S가 터널을 보았을 때 그 길이가 L이었다. 이때 한 대의 기차가 터널을 향해 달려오고 있었는데, 원래 이 기차는 정지해 있을 때는 관찰자 S의 관점에서 터널보다 더 긴 $L'(>L)$의 길이를 갖고 있었지만 빠른 속도로 터널을 향해 움직이고 있으므로 특수상대성이론의 길이수축효과에 의해 마침 터널의 길이와 똑같은 길이인 L로 관찰되었다. 따라서 기차가 터널을 통과하는 순간 기차가 정확히 터널에 가려 보이지 않게 되었다고 관찰자 S는 말할 것이다.

그런데 이 기차의 뒤쪽 끝에 서 있는 관찰자 S'의 얘기는 다르다. S'에 의하면, 기차가 자신에 대해 정지해 있으므로 그 길이는 L'으로 관찰되는 반면, 터널이 자신을 향해 운동하고 있으므로 길이 수축에 의해 L보다 더 작은 길이인 $l(l < L)$로 관찰될 것이라는 것이다. 따라서 기차가 터널을 통과하는 순간, 터널에 의해 기차가 완전히 가려지게 되는 일은 결코 일어날 수 없다는 것이 S'의 주장이다([그림 2-9](b) 참조). 어느 쪽이 맞는 것일까?

시간지연에서의 경우와 마찬가지로 이것은 '동시성의 상대성'에 대한 문제이며, 두 사람의 주장은 모두 타당함을 알 수 있다. 다시 시공간 좌표계를 통해 이것을 살펴보자. [그림 2-9(c)]는 관찰자 S의 입장에서 터널의 앞부분(A)과 뒷부분(B), 그리고 기차의 앞부분(C)과 뒷부분(D)의 운동의 자취를 $t-x$ 좌표계에 표현한 것이다.[27]

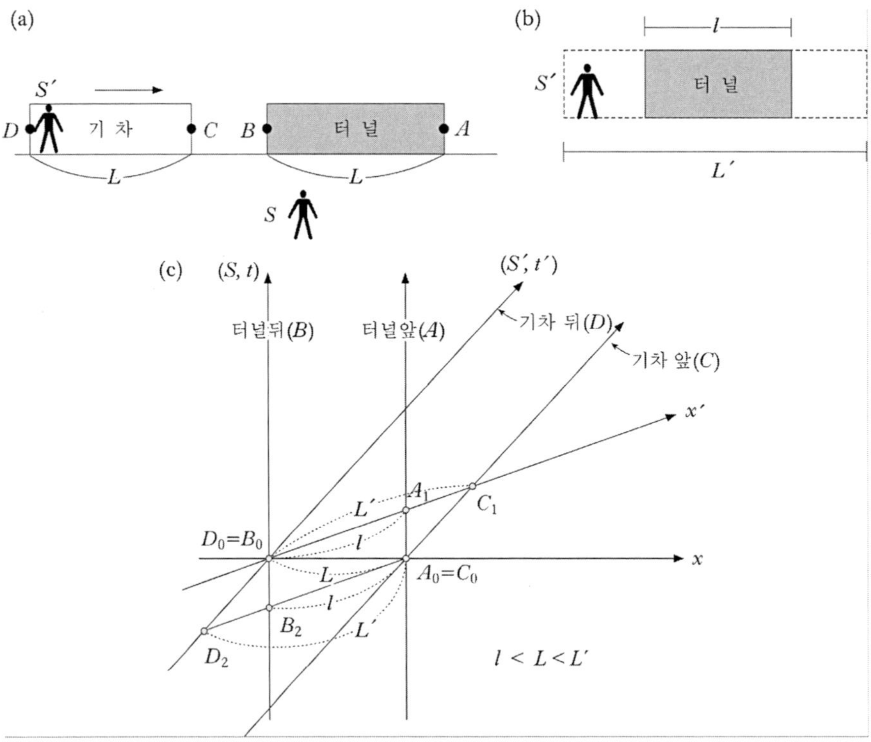

그림 2-9

이제, 기차가 터널을 통과하는 순간에 대한 두 사람의 주장을 그래프를 통해 분석해보자. 먼저, S의 관점에서 기차가 터널을 통과하는 $t=0$인 순간 (x축 상)에 터널 앞뒤의 길이인 A_0B_0와 기차 앞뒤의 길이인 C_0D_0는 정확히 일치하며 L 값으로 관찰된다.

이 L 값은 원래 기차의 길이인 L'이 길이수축을 통해 S에게 관찰된 길이이다. 즉, $L = \sqrt{1-v^2/c^2}\, L'$이다.

27) 이처럼 운동하는 물체의 자취를 한 관찰자의 시공간 좌표계에 나타낸 것을 그 물체의 '세계선(world line)'이라고 부른다.

그런데 기차 뒤인 D에 서 있는 관찰자 S'의 입장에서는 자신이 D_0에 있을 때 동시에 (x'축 상) 관찰한 기차 앞뒤의 길이는 $B_0C_1\,(=L')$이며 이것은 동시에 관찰한 터널 앞뒤의 길이인 $B_0A_1\,(=l)$보다 분명히 크다. 이것은 기차 뒤가 터널 뒤와 일치할 때의 상황 $(D_0=B_0)$이지만, 그 전에 기차 앞이 터널 앞과 일치할 때$(A_0=C_0)$에도 마찬가지 $(A_0D_2\,(=L')>A_0B_2\,(=l))$이며, 그 사이에서도 항상 같은 결과를 보여준다.

결국 관찰자 S의 길이에 대한 관찰은 x축 위의 동시 사건들의 모임에서 관찰한 것이고, 관찰자 S'의 길이에 대한 관찰은 자신의 동시 사건들의 모임인 x'축 위에서 관찰한 것이므로 각자의 동시 사건을 나타내는 x축과 x'축이 일치할 필요가 없는 특수상대성이론의 관점에서는 두 사람의 주장이 서로 충돌할 이유가 없는 것이다.

제2장 4절 특수상대성이론적 역학

4.1 상대론적 질량

우리는 앞 절에서 물체의 길이나 시간의 흐름 등이 관찰자에 따라 상대적으로 기술되는 물리량임을 살펴보았다. 그렇다면 물체의 질량은 어떨까? 이 역시 물체에 대한 관찰자의 상대적 속도에 따라 다르게 측정될 수 있는 물리량일지도 모른다.

이 절에서는 적절한 가정[28]하에, 물체의 질량이 관찰자에 대한 상대적 속도에 따라 어떻게 변할 수 있는지를 살펴보기로 하자.

먼저 관성계에 있는 관찰자에 대해 속도 v로 운동하고 있는 물체의 질량을 $m(v)$로 나타내기로 하자. 이때 속도 v에 따라 결정되는 이 $m(v)$를 **'상대론적 질량'**이라 부르고, 특히 관찰자에 대해 정지해 있는 물체인 경우의 $m(0)=: m_0$를 그 관찰자에 대한 **'정지 질량'**이라고 부른다.

이제 주어진 속력 $v\,(0<v<c)$에 대하여 함수 $m(v)$가 구체적으로 어떻게 표현되는지를 알아보기 위해 먼저 구간 $[0, c]$에서 단조증가하는 함수 $f(x)$를 다음과 같이 정의하자.

$$f(x)=\frac{2x}{1+x^2/c^2}$$

이때, $f(0)=0,\ f(c)=c$ 임을 쉽게 확인할 수 있다.

이제 주어진 속력 $v(0<v<c)$와 $f(V)=v$인 속력 V에 대하여 다음 상황을 생각해 보자. 정지해 있는 관찰자 S의 양쪽으로 같은 거리에서 정지질량이 m_0인 두 물체 A, B가 동일한 속력 V로 S를 향해 다가오고 있다. 이때, 관찰자 S에 대한 물체 A, B의 질량은 각각 $m(V), m(-V)$로 나타낼 수 있다. 잠시 후 두 물체는 관찰자 S의 위치에서 '완전비탄성 충돌'을 하여 하나로 합쳐진 뒤 정지해 있다고 하자.([그림 2-10](a))

---

28) 이 가정은 주로 상대론적 물리량(에너지, 운동량)들의 보존법칙에 관한 것으로, 실험에 의해 그 타당성이 인정되는 것들이다.

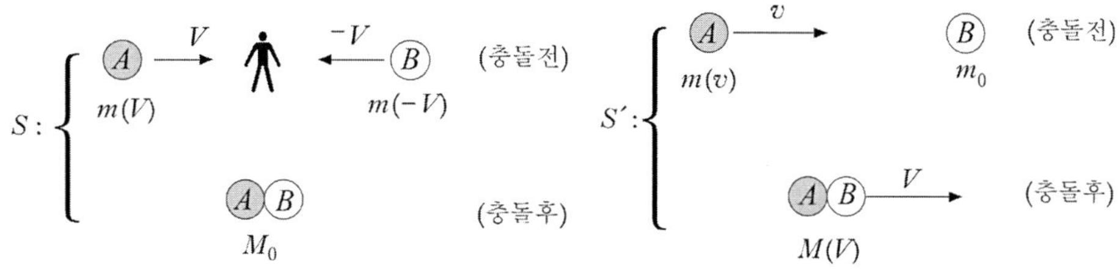

그림 2-10

한편, 같은 상황을 물체 B와 같은 속력으로 S를 향해 움직이는 관찰자 S'의 입장에서 서술해 보자. 먼저 물체 B는 m_0의 정지질량을 가지고 S'에 대해 정지해 있고, 물체 A는 특수상대성이론적 속도변환공식(3.1절)에 의해 $v = \dfrac{2V}{1+V^2/c^2}\,(=f(V))$의 속력으로 S'을 향해 다가오고 있다. 따라서 이때 S'에 대한 물체 A의 질량은 $m(v)$로 나타낼 수 있다. 잠시 후 충돌이 일어나면 두 물체는 하나로 합쳐져 S'에 대해 V의 속력으로 이동하게 되며 이때의 질량은 $M(V)$로 나타낼 수 있다. ([그림 2-10](b))

여기서 만일 충돌 전과 충돌 후에

① '상대론적 질량'의 합이 보존되고,
② '상대론적 운동량' (즉, 상대론적 질량×속도)의 합이 보존된다.

고 가정을 하면, 관찰자 S'의 입장에서 다음 두 식이 성립한다.

①′ $m(v)+m_0 = M(V)$
②′ $m(v)v+0 = M(V)V$

이로부터 $M(V)$를 소거하면 $m(v)= m_0\left(\dfrac{V}{v-V}\right)$를 얻는다.

한편, $v = \dfrac{2V}{1+V^2/c^2}$를 V에 대해 풀면 $V=\dfrac{c^2}{v}\left[1\pm\left(1-\dfrac{v^2}{c^2}\right)^{1/2}\right]$이 되는데 이를 $m(v)= m_0\left(\dfrac{V}{v-V}\right)$의 우변에 대입하면 다음을 얻을 수 있다.

$$m(v) = \mp\,\gamma(v)m_0 \quad (\text{단, } \gamma(v) = 1/\sqrt{1-v^2/c^2}\,)$$

이때 −부호는 $v=0$일 때 $m(0)=-m_0$를 의미하므로 적절치 않다. 따라서 다음을 얻는다.

$$m(v)=\gamma(v)m_0 \quad (\text{단}, \gamma(v)=1/\sqrt{1-v^2/c^2})$$

이로써, 관찰자에 대해 정지해 있는 물체보다 움직이는 물체의 질량이 $\gamma(v)$배 더 크다는 것을 알 수 있다. 물론 일상적인 경우에는 v가 c 보다 훨씬 작으므로 $\gamma(v)\sim 1$이고 따라서 $m(v)\sim m_0$라고 할 수 있다.

한편, $\lim_{v\to c-} m(v)=\infty$에 의해 물체의 속도가 빛의 속도에 다가갈수록 관찰자에 대한 물체의 질량은 무한대로 커진다는 것을 알 수 있다. 따라서 어떤 물체도 빛의 속도를 능가하도록 가속시키는 것은 불가능하다는 것이 특수상대성이론의 한 결과이다.

우리는 앞에서(1장 3절), 전기적으로 중성인 고체 구리 덩어리를 가열해도 전체 전하량은 변화가 없고 따라서 여전히 전기적으로 중성이 된다는 것을 언급한 적이 있다. 이제 이 구리 덩어리의 질량은 어떻게 될까? 전하량은 관찰자의 상대적 속도에 따라 변하지 않지만 질량은 속도가 증가하면 따라서 증가한다는 것을 알게 되었으므로, 가열된 전자들이 가속되어 이리저리 더 빠른 속도로 돌아다니는 뜨거운 구리덩어리가 그렇지 않은 차가운 구리덩어리보다 더 무겁다는 결론을 내릴 수 있다. 물론 이 효과는 매우 미미하여 일상적인 경우에는 관측되기 어려울 것이다.

4.2 상대론적 운동량과 에너지

앞 절에서 우리는 속도 $\vec{v}$로 운동하는 물체의 상대론적 질량은 $\gamma(v)m_0$으로 표현됨을 살펴보았다. 이로부터 다음과 같은 상대론적 3차원 운동량 $\vec{p}$를 정의할 수 있다.

$$\vec{p}=\frac{m_0\vec{v}}{\sqrt{1-v^2/c^2}}=(\gamma(v)m_0)\vec{v}$$

실험에 의해 이것이 충돌 전후에 보존되는 양임이 알려졌고, $v\ll c$일 때에는 근사적으로 고전적 운동량과 일치함을 알 수 있다. 이제, 위의 상대론적 3차원 운동량 $\vec{p}$를 이용하면 뉴턴의 제2운동법칙은 다음과 같이 쓸 수 있다.

$$\vec{f} = \frac{d\vec{p}}{dt} = \frac{d}{dt}\big((\gamma(v)\, m_0)\, \vec{v}\big)$$

이제, 이러한 물리량으로부터 '질량-에너지의 등가원리'를 알아보도록 하자.

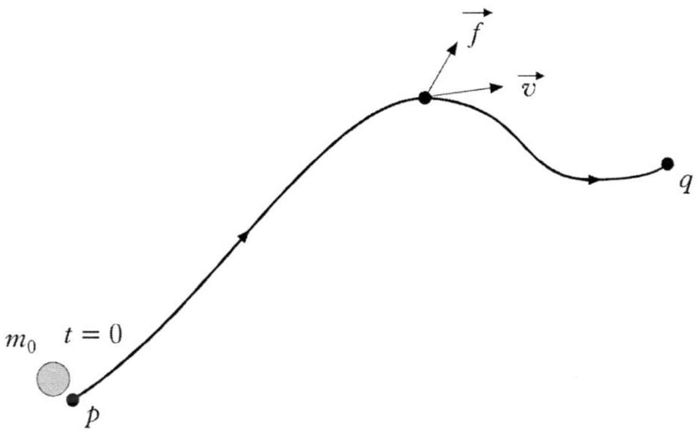

그림 2-11

가령, 정지질량이 m_0인 물체가 $t=0$일 때 정지해 있다가, 곧바로 힘 $\vec{f}$에 의해 [그림 2-11]에서와 같은 경로를 따라 이동한다고 하자. 만일 이러한 $\vec{f}$를 경로를 따라 선적분하면, 이 힘이 물체에 해준 일 W를 얻게 된다. 즉,

$$W = \int_p^q \vec{f} \cdot d\vec{s} = \int_0^t \frac{d\vec{p}}{dt} \cdot \vec{v}\, dt = \int_0^t \big(\gamma m_0 \vec{v}\big)' \cdot \vec{v}\, dt$$

여기서 간단한 계산에 의해, $\big(\gamma m_0 \vec{v}\big)' \cdot \vec{v} = \big(\gamma m_0 c^2\big)'$임을 확인할 수 있으므로(연습문제 6) 위 식의 맨 오른쪽 적분은 다음과 같이 쓸 수 있다.

$$\begin{aligned}\int_0^t \big(\gamma m_0 c^2\big)'\, dt &= \gamma(v(t))\, m_0 c^2 - \gamma(v(0))\, m_0 c^2 \\ &= \gamma(v(t))\, m_0 c^2 - m_0 c^2\end{aligned}$$

여기서, $v(0) = 0$임을 이용하였다.

한편, 물체에 힘을 가해 해준 일만큼 물체의 운동에너지가 증가하므로 위의 계산 결과를

'상대론적 운동에너지'로 해석하는 것이 합당할 것이다.

이때, 위의 에너지 중 $m_0 c^2$는 물체의 속도와는 무관한 양이므로 이를 '정지 에너지' 라고 부르고, '상대론적 총에너지' E를 다음과 같이 정의하자.

상대론적 총에너지 : = 정지 에너지 + 상대론적 운동에너지

따라서 다음을 얻는다.

$$E = \gamma(v) m_0 c^2 = \frac{m_0 c^2}{\sqrt{1 - v^2/c^2}}$$

여기서 $\dfrac{1}{\sqrt{1-(v/c)^2}} = 1 + \dfrac{1}{2}\left(\dfrac{v}{c}\right)^2 + \cdots$을 이용하면,

$$E = m_0 c^2 + \frac{1}{2} m_0 v^2 + \cdots$$

를 얻게 된다. 따라서 $v \ll c$인 경우는 근사적으로,

'상대론적 총에너지 $\simeq$ 정지에너지 + 고전적 운동에너지

라고 말할 수 있다.

이제, 4.1절에서 가정했던 상대론적 질량의 보존은 곧 상대론적 총에너지, 즉 $\gamma(v) m_0 c^2$의 보존을 의미하는 것이 자명하다.

그러나 유의할 것은 상대론적 총에너지를 구성하고 있는 정지 에너지나 상대론적 운동에너지 각각은 충돌 전후에 일반적으로 보존되는 것이 아니라는 것이다. 이때 정지에너지가 보존되지 않는다는 사실은 핵 분열시 질량결손이 일어나는 것으로 확인할 수 있고, 이러한 질량결손에 해당하는 에너지는 핵무기의 제조에 이용되기도 한다.(연습문제 7)

4.3 로렌츠 변환의 불변량과 4차원 운동량

① 로렌츠 변환의 불변량

특수상대성이론의 출발점이자 핵심이라고 할 수 있는 로렌츠 변환식은 다음과 같이 행렬 $(\Lambda_{\alpha\beta})_{0 \le \alpha,\ \beta \le 3}$을 이용하여 표현할 수 있다.

$$\begin{pmatrix} t' \\ x' \\ y' \\ z' \end{pmatrix} = (\Lambda_{\alpha\beta}) \begin{pmatrix} t \\ x \\ y \\ z \end{pmatrix}, \quad (\Lambda_{\alpha\beta}) = \begin{pmatrix} \gamma & -\gamma v/c^2 & 0 & 0 \\ -\gamma v & \gamma & 0 & 0 \\ 0 & 0 & 1 & 0 \\ 0 & 0 & 0 & 1 \end{pmatrix} \quad (\alpha,\ \beta = 0,\ 1,\ 2,\ 3)$$

만일 $c=1$인 단위를 사용하고, $x^0 = t,\ x^1 = x,\ x^2 = y,\ x^3 = z$로 쓰기로 한다면, 위 식은 다음과 같이 간단히 표현할 수 있다.

$$\begin{pmatrix} x^{0'} \\ x^{1'} \\ x^{2'} \\ x^{3'} \end{pmatrix} = \begin{pmatrix} \gamma & -\gamma v & 0 & 0 \\ -\gamma v & \gamma & 0 & 0 \\ 0 & 0 & 1 & 0 \\ 0 & 0 & 0 & 1 \end{pmatrix} \begin{pmatrix} x^0 \\ x^1 \\ x^2 \\ x^3 \end{pmatrix}$$

이와 같이, 로렌츠 변환식은 $\mathbb{R}^4$에서 $\mathbb{R}^4$로 가는 일종의 선형사상이라 할 수 있다. 그런데 이 선형사상은 다음과 같은 중요한 성질을 가짐을 확인할 수 있다(연습문제 8).

$$\begin{aligned} & -(t_2 - t_1)^2 + (x_2 - x_1)^2 + (y_2 - y_1)^2 + (z_2 - z_1)^2 \\ &= -({t_2}' - {t_1}')^2 + ({x_2}' - {x_1}')^2 + ({y_2}' - {y_1}')^2 + ({z_2}' - {z_1}')^2 \end{aligned}$$

여기서, 위 식을 간단히 표현하고 그 의미를 살펴보기 위해 다음 행렬을 소개하기로 하자.

$$(\eta_{\alpha\beta}) = \begin{pmatrix} -1 & 0 & 0 & 0 \\ 0 & 1 & 0 & 0 \\ 0 & 0 & 1 & 0 \\ 0 & 0 & 0 & 1 \end{pmatrix}$$

이제 이 행렬을 이용하여 위 식을 다시 쓰면 다음과 같이 된다.

$$\sum_{\alpha,\ \beta=0}^{3} \eta_{\alpha\beta}\,(x_2^{\alpha} - x_1^{\alpha})(x_2^{\beta} - x_1^{\beta}) = \sum_{\alpha,\ \beta=0}^{3} \eta_{\alpha\beta}\,(x_2^{\alpha'} - x_1^{\alpha'})\,(x_2^{\beta'} - x_1^{\beta'})$$

만일 $\Delta x^{\alpha} = x_2^{\alpha} - x_1^{\alpha}$, $\Delta x^{\beta} = x_2^{\beta} - x_1^{\beta}$로 두면 위 식은 더욱 간단히 나타낼 수 있다.

$$\sum_{\alpha,\,\beta=0}^{3} \eta_{\alpha\beta}\,\Delta x^{\alpha}\,\Delta x^{\beta} = \sum_{\alpha,\,\beta=0}^{3} \eta_{\alpha\beta}\,\Delta x^{\alpha'}\,\Delta x^{\beta'} \tag{4.1}$$

따라서 식 (4.1)에 의해, 로렌츠 변환은 $\sum_{\alpha,\,\beta=0}^{3} \eta_{\alpha\beta}\Delta x^{\alpha}\Delta x^{\beta}$를 보존하는 선형사상임을 알 수 있다. 이것은, $\mathbb{R}^3$에서의 등장사상(isometry)이 두 점 사이의 거리인 $\sum_{i,\,j=1}^{3} \delta_{ij}\Delta x^{i}\Delta x^{j}$를 보존하는 사상이라는 사실과 매우 유사하다(여기서 $(\delta_{ij}) = \begin{pmatrix} 1\,0\,0 \\ 0\,1\,0 \\ 0\,0\,1 \end{pmatrix}$이다).

이제 로렌츠 변환을 일종의 등장사상으로 이해하기 위해 다음과 같이 $\mathbb{R}^4$ 상에 정의된 내적 $<,>$을 생각하자.

$$<(x^0, x^1, x^2, x^3),\ (y^0, y^1, y^2, y^3)> := -x^0y^0 + x^1y^1 + x^2y^2 + x^3y^3$$
$$\left(= \sum_{\alpha,\,\beta=0}^{3} \eta_{\alpha\beta}x^{\alpha}y^{\beta}\right)$$

이때 공간에서의 회전변환을 제외하면, $\mathbb{R}^4$에서 위 내적을 보존하면서 행렬식이 양인 선형변환은 로렌츠 변환밖에 없다는 사실이 잘 알려져 있다.[29)]

② 4차원 운동량

앞 절에서 우리는 관성계 (t, x, y, z)에 있는 관찰자 S에 대해 속도 $\vec{v}$로 움직이는 물체의 상대론적 총에너지 E는 $\gamma(v)m_0c^2$이고, 상대론적 3차원 운동량은 $\gamma(v)m_0\vec{v}$와 같이 표현됨을 알아보았다. 또한 이 물체에 대해 정지해 있는(즉, 이 물체와 함께 움직이고 있는) 관찰자의 시간 τ는 '시간지연' 효과에 의해 $d\tau = \sqrt{1-v^2/c^2}\,dt$를 만족한다는 것을 알고 있다.

따라서 이로부터 다음과 같은 표현이 가능하다.

$$\gamma(v) = \frac{1}{\sqrt{1-v^2/c^2}} = \frac{dt}{d\tau}$$

29) [D'Inverno] pp.29～31 참조

이제 상대론적 총에너지 E와 운동량 $\vec{p}$를 이용해 다음과 같은 4차원 벡터 $\vec{P}=(P^0, P^1, P^2, P^3)$를 정의해보자.

$$\vec{P} := \left(\gamma(v)\, m_0 c,\ \gamma(v) m_0 \vec{v}\right) = \left(\frac{dt}{d\tau} m_0 c,\ \frac{dt}{d\tau} m_0 \vec{v}\right)$$

(여기서 $P^0 = E/c$임에 유의할 것)

한편, $\vec{v} = \left(\frac{dx}{dt}, \frac{dy}{dt}, \frac{dz}{dt}\right)$이고 $\frac{dt}{d\tau}\frac{dx}{dt} = \frac{dx}{d\tau},\ \frac{dt}{d\tau}\frac{dy}{dt} = \frac{dy}{d\tau},\ \frac{dt}{d\tau}\frac{dz}{dt} = \frac{dz}{d\tau}$이므로, $\vec{P}$는 다음과 같이 쓸 수 있다.

$$\vec{P} = m_0\left(c\frac{dt}{d\tau},\ \frac{d\vec{r}}{d\tau}\right) \quad (\vec{r} = (x, y, z))$$

만일 $c=1$인 단위를 쓰면 $\vec{P}$는 더욱 간단해진다.

$$\vec{P} = m_0 \frac{d\vec{R}}{d\tau},\ \ (\vec{R} = (x^0, x^1, x^2, x^3) = (t, x, y, z))$$

즉,

$$P^{\alpha} = m_0 \frac{dx^{\alpha}}{d\tau}\ (\alpha = 0, 1, 2, 3) \tag{4.2}$$

이다.

이제 관찰자 S에 대해 속도 $\vec{w}$로 움직이는 관찰자 S'과 그의 좌표계 (t', x', y', z')을 생각하자. 만일 위와 같은 물체의 운동을 S'의 좌표계로 기술하면,

$$P^{\alpha'} = m_0 \frac{dx^{\alpha'}}{d\tau}\ \ (\alpha = 0, 1, 2, 3) \tag{4.2$'$}$$

이 된다. 여기서 유의할 것은, $d\tau$가 로렌츠 좌표변환에 대해 불변이라는 사실이다.

왜냐하면, $d\tau = \sqrt{(1-v^2/c^2)dt^2} = \frac{1}{c}\sqrt{c^2dt^2 - v^2dt^2}$ 이고 $v^2dt^2 = dx^2 + dy^2 + dz^2$이므로, $d\tau = \frac{1}{c}\sqrt{-(-c^2dt^2 + dx^2 + dy^2 + dz^2)}$ 이 되는데, 이때 만일 $c=1$인 단위를 사용

하면 $d\tau = \sqrt{-(-dt^2+dx^2+dy^2+dz^2)}$ 이 된다. 여기서 근호 안의 양이 로렌츠 변환에 대해 불변임을 앞에서 이미 살펴보았다(식 (4.1)).

한편, $x^{\alpha'} = \sum_{\beta=0}^{3} \Lambda_{\alpha\beta} x^{\beta}$ 이고 $\Lambda_{\alpha\beta} = \Lambda_{\alpha\beta}(w)$는 τ에 의존하지 않으므로 식 (4.2)′은 다음과 같이 쓸 수 있다.

$$P^{\alpha'} = m_0 \frac{d}{d\tau}\left(\sum_{\beta=0}^{3} \Lambda_{\alpha\beta} x^{\beta}\right) = \sum_{\beta=0}^{3} \Lambda_{\alpha\beta}\left(m_0 \frac{dx^{\beta}}{d\tau}\right) = \sum_{\beta=0}^{3} \Lambda_{\alpha\beta} P^{\beta} \quad (\alpha = 0, 1, 2, 3)$$

그러므로 $\vec{P}$는 정확히 로렌츠 변환식에 따라 변환되는 4차원 벡터이다. 이러한 벡터는 한 관찰자에 대한 각 성분을 알면, 임의의 다른 관성계에 있는 관찰자에게 어떻게 변환되는지를 쉽게 알 수 있는 편리함이 있다.

일반적으로, 4차원 시공간의 한 벡터 $\vec{V}$가 로렌츠 변환 $(\Lambda_{\alpha\beta})$에 대해 $V^{\alpha'} = \sum_{\beta=0}^{3} \Lambda_{\alpha\beta} V^{\beta}$ $(\alpha = 0, 1, 2, 3)$을 만족시킬 때, 우리는 $\vec{V}$를 '4－벡터'라고 부른다.

상대론적 총에너지와 3차원 운동량으로 주어진 $\vec{P}$는 대표적인 4－벡터로서 특별히, '4차원 운동량'이라고 부른다.

이때 쉽게 확인할 수 있는 사실로서 다음이 성립한다(연습문제 9).

$$\sum_{\alpha,\beta=0}^{3} \eta_{\alpha\beta} P^{\alpha} P^{\beta} = -(P^0)^2 + \vec{p}\cdot\vec{p} = -m_0^2 c^2$$

따라서 $P^0 = E/c$임에 유의하면, 다음과 같은 유용한 결과를 얻을 수 있다.

$$E^2 = p^2c^2 + m_0^2 c^4 \quad (\text{단, } p^2 = \vec{p}\cdot\vec{p}) \tag{4.3}$$

제2장 5절 고유시간과 쌍둥이 역설

관찰자 S에 대해 $\vec{v} = \left(\frac{dx}{dt}, \frac{dy}{dt}, \frac{dz}{dt}\right)$의 등속도로 움직이고 있는 비행기가 있고, 이 비행기에 타고 있는 또 다른 관찰자 S'이 있다고 할 때, S는 자신의 시간인 dt보다 자신이 관찰한 S'의 시간 dt'_S가 $\sqrt{1-v^2/c^2}$ 배 더 느린 것으로 관찰하게 된다는 것은 이미 살펴보았다. 즉,

$$dt'_S = \sqrt{1-v^2/c^2}\, dt = \frac{1}{c}\sqrt{-(-c^2dt^2+dx^2+dy^2+dz^2)} \tag{5.1}$$

이다. 만일 또 다른 관찰자 $\bar{S}$가 있어서, S'의 속도를 $\bar{S}$의 입장에서 기술했을 때, $\vec{w} = \left(\frac{d\bar{x}}{d\bar{t}}, \frac{d\bar{y}}{d\bar{t}}, \frac{d\bar{z}}{d\bar{t}}\right)$와 같이 나타났다고 하자. 이때, S의 경우와 마찬가지로 $\bar{S}$도 자신의 시간 $d\bar{t}$보다 자신이 관찰한 S'의 시간 $dt'_{\bar{S}}$이 $\sqrt{1-w^2/c^2}$ 배 느리게 간다고 관찰할 것이다. 즉,

$$dt'_{\bar{S}} = \sqrt{1-w^2/c^2}\, d\bar{t} = \frac{1}{c}\sqrt{-(-c^2d\bar{t}^2+d\bar{x}^2+d\bar{y}^2+d\bar{z}^2)} \tag{5.2}$$

그런데 4.3절에서 우리는 식 (5.1)과 (5.2)의 우변이 로렌츠 변환에 대해 불변이라는 사실을 확인했고 이것은 dt'이 관찰자에 따라 변하지 않는 물리량임을 의미한다. 즉,

$$dt'_S = dt'_{\bar{S}}$$

이다. 그리고 이 물리량은, 관찰자에 대해 움직이고 있는 물체와 함께 움직이는(혹은 물체 위에 타고 있는) 시계의 시간을 나타내는 로렌츠 불변량이다. 이와 같이 물체와 함께 움직이고 있는 관찰자의 시간을 나타내는 로렌츠 불변량을 그 물체의 '고유시간(proper time)'이라고 부르고 관습적으로 t' 대신에 τ로서 나타낸다[그림 2-12].

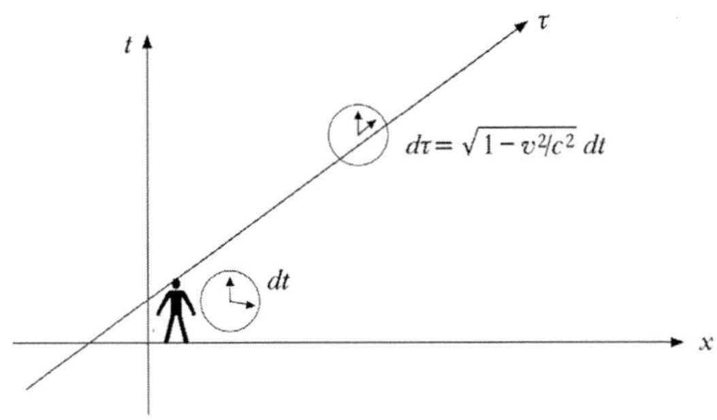

그림 2-12

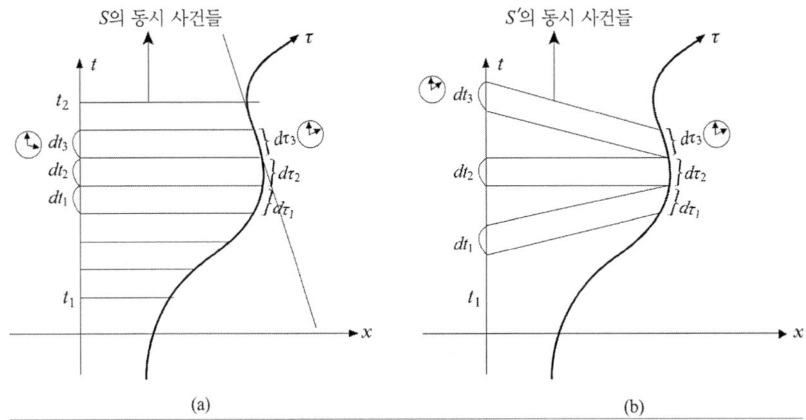

그림 2-13

이제 만일 물체가 한 관찰자 S에 대해 [그림 2-13](a)에서와 같이 임의의 가속도 운동을 하고 있다고 하자. 관찰자 S의 입장에서 $t_2 - t_1$의 시간이 흐르는 동안, 운동한 물체의 입장에서 경과한 고유시간 τ는 어떻게 나타날까?

우선 물체가 어떤 가속도 운동을 하더라도 S의 입장에서 전체 구간 $[t_1, t_2]$를 아주 짧은 시간 단위인 dt로 쪼개어 생각해보면 그 짧은 시간 dt 동안 물체의 운동은 S의 입장에서 거의 등속도 운동으로 근사시킬 수 있음에 유의하자. 따라서 만일 움직이는 물체의 시계가 가리키는 고유시간 $d\tau$가 S에 대한 물체의 속도 v에만 의존하여[30] 매 순간 식 (5.1)을 따른다면, 그 물체의 총 고유시간은 다음과 같이 나타날 것이다.

$$\tau = \int_{t=t_1}^{t=t_2} d\tau_{\text{고유}} = \int_{t_1}^{t_2} \sqrt{1 - v^2/c^2}\, dt \qquad (5.3)$$

30) 이러한 시계를 '이상적(ideal) 시계'라고 부른다. 실제로 시계의 제작방식에 따라, 움직이는 시계가 가리키는 시간이 속도뿐 아니라 가속도에도 의존하는 시계가 될 수도 있다([Rindler] 참조). 현재 특수상대론적 실험에서 표준적 시계로서 사용하는 '원자시계'는 거의 이상적 시계에 가깝다고 할 수 있다.

이때 유의할 것은 [그림 2-13](b)에서 보듯이, 이와 같은 논의를 가속도 운동을 하는 비관성계의 관찰자 S'에게 적용하여 S의 시간을 계산해서는 안 된다는 것이다.

이제 이와 관련하여 다음과 같은 '쌍둥이 역설'을 생각해보자.

쌍둥이인 형과 동생은 그들이 20세가 되던 날, 서로 작별인사를 하게 되었다. 형이 우주선을 타고 우주여행을 하고 돌아오기로 한 것이다. 만일 형이 일정한 속도인 $\frac{12}{13}c$로 동생으로부터 멀어지면서 우주여행을 한 뒤, 자신의 시간으로 5년이 흘렀음을 확인하고 다시 지구를 향해 같은 속도로 귀환을 했다고 하자. 이때, 서로 다시 만난 형과 동생의 나이는 각각 얼마나 될까?[그림 2-14(a) 참조].

여기서 우리가 구하고자 하는 것은 물론 형과 동생이 각각 경험한 자신들의 고유시간이다. 우주선에 대해 정지해 있는 관찰자인 형의 고유시간은 왕복 각각 5년이므로 합인 10년이다. 이제 이것을 동생의 관점에서 식 (5.3)을 이용하여 다음과 같이 구할 수 있다.

$$\tau = \int_0^{t_0} \sqrt{1 - v^2/c^2}\, dt = \int_0^{t_0} \sqrt{1 - (12/13)^2}\, dt = \frac{5}{13}\, t_0 = 10\text{년}$$

따라서 $t_0 = 26$년이 되는데 이는 동생의 고유시간에 해당한다. 결국 두 형제가 다시 만났을 때, 형은 30살이 되어 있고 동생은 46살이 되어 있다는 얘기가 된다.

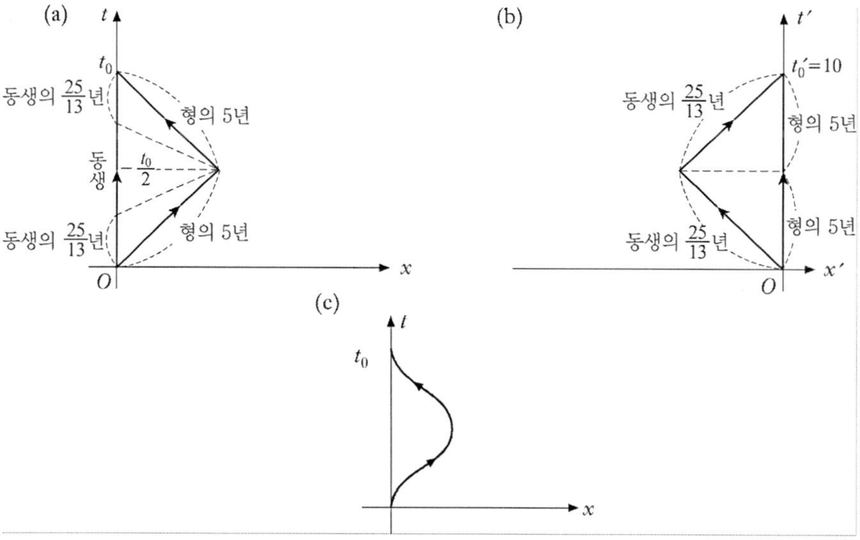

그림 2-14

그런데 만일 같은 상황을 형의 입장에서 서술하면 어떻게 될까? 형의 입장에서는 동생이 $-\frac{12}{13}c$의 속도로 멀어졌다가 다시 같은 속도로 돌아온 것이 될 것이고 [그림 2-14(b)] 이 경우에 위와 같은 방법으로 계산해보면 동생이 $20+\frac{50}{13}$살이 되고 형은 30살이 되어야 한다. 두 사람의 입장 중 어느 쪽이 맞는 걸까?

이것이 유명한 '쌍둥이 역설'의 내용인데, 특수상대성이론이 발표된 이후 오랜 기간 많은 논쟁이 계속되었던 문제이기도 하다. 구체적인 계산을 통해 이 문제를 분석하여 모순을 해결할 수도 있지만[31] 여기서는 논점의 핵심만을 언급함으로써, 실제로 아무런 모순이 없음을 살펴보도록 하자. 문제의 핵심은 '모든 운동이 다 상대적으로 동일한 것은 아니다'라는 데에 있다. 즉, 특수상대성이론이 가정한 상대성의 원리는, '관성계'에 있는 두 관찰자 사이의 물리법칙이 상대적으로 동일하다는 것임을 상기해야 한다. 위의 역설에서, 동생은 지구에 머물러 있었으므로 관성계에 있는 관찰자라고 할 수 있으며, 따라서 동생의 입장에서 특수상대성이론을 적용시키는 것은 아무런 문제가 없다(뉴턴의 운동법칙이든, 아인슈타인의 특수상대성이론이든 이들은 모두 관성계의 관찰자에 의해 기술된 물리법칙에 대한 이론임을 상기하자).

그러나 형이 우주선을 타고 여행을 하다가 다시 지구로 귀환하기 위해서는 우주선을 가속하거나 감속하는 과정이 반드시 필요하고 이때 가속에 의해 힘을 받게 되어 자신이 관성계에 있는 관찰자가 아님을 알 수 있다[32]. 따라서 관성계에 있지 않은 형의 좌표계에서 동생의 상대적 운동을 기술하여 특수상대성이론을 적용하는 것은 잘못된 것이다.[33] 결론적으로 형은 30살, 동생은 46살이 옳은 계산임을 알 수 있다.

참고문헌

R. D'Inverno, Introducing Einstein's Relativity, Oxford Univ. Press, 1992.

D. Griffiths, Introduction to Electrodynamics, 3rd ed., Prentice Hall, 1999.

R. Good, Jr., T. Nelson, Classical Theory of Electric and Magnetic Fields, Academic Press, 1971.

B. Green, The fabric of The cosmos, Random House, Inc., 2004.

W. Rindler, Relativity, Oxford Univ. Press, 2001.

31) 관심 있는 독자는 [Griffiths] p. 499, Problem 12.16을 참조할 것.

32) 물론 위에서는 상황을 단순화해서 형이 일정한 속도로 멀어졌다가 일정한 속도로 돌아오는 경우를 가정했고, 이 경우 반환점에서의 가속도가 무한대가 되지만, 실제로는 길이가 0인 이 한 점에서의 무한대에 해당하는 가속도가, 유한한 길이를 갖는 구간 동안 유한한 크기의 가속도로 재분배되어 있는 상황으로 이해해야 한다[그림 2-14(c) 참조].

33) 엄밀히 말해서, 관성계가 아닌 임의의 가속도 운동을 하는 관찰자인 경우에도, '국소적'으로는 특수상대성이론을 적용할 수는 있다. 실제로 일반 상대론에서는 이와 같은 의미에서 시공간에 대한 기술을 임의의 가속도 운동을 하는 관찰자에게까지 확장할 수 있도록 하여 특수상대성이론의 한계를 극복하고 있다.

제 2 장 연습문제

1. 특수상대성이론적 속도변환공식에서 $|v| < c$, $\left|\dfrac{dx}{dt}\right| < c$이면 $\left|\dfrac{dx'}{dt'}\right| < c$임을 보여라.

2. 한 관성계의 관찰자에 대해 빛의 속도로 움직이는 물체는 임의의 다른 관성계에 있는 관찰자에 대해서도 빛의 속도로 움직임을 보여라.

3. 지구에 대해 $0.6c$의 속도로 날아가는 우주선의 벽에 직사각형모양의 그림이 걸려 있다고 하자. (단, c는 빛의 속도) 우주선에 탑승해 있는 사람이 보았을 때 이 그림의 가로(우주선의 진행방향), 세로의 길이가 각각 1m, 2m라면 지구 위의 관찰자에게 이 그림의 가로와 세로는 각각 얼마로 보이는지를 특수상대성이론적 입장에서 구하여라.

4. 관성계에 있는 한 관찰자에 대해, 두 개의 우주선 A, B가 양 쪽에서 자신을 향해 일정한 속도로 다가오는 것을 관찰하고 있다고 하자. 이때 A, B 우주선의 속도가 각각 $\dfrac{4}{5}c$, $\dfrac{4}{5}c$라고 한다. 만일 A우주선에 있는 사람이 B우주선의 속도를 관찰하면 얼마가 되겠는가?

5. 두 관찰자 S, S'이 원점에서 시각 $t = t' = 0$일 때 헤어져 S'이 S에 대해 v의 속력으로 x축 방향으로 멀어지고 있다고 하자. 또 이때 S'의 좌표계로 $(t', 0)$에 해당하는 사건을 S의 좌표계로 나타내었을 때 (t, x)가 되었다고 하자.

   ① 이 상황을 시공간 좌표계상의 그래프로 나타내어 보아라.

   ② 로렌츠 변환식 $t' = \gamma(t - vx)$에 관계식 $x = vt$을 대입하여 특수상대성이론적 시간 지연을 유도하고 설명해 보아라.

6. 4.2절에서 $\left(\gamma(v)m_0\vec{v}\right)' \cdot \vec{v} = \left(\gamma(v)m_0c^2\right)'$임을 보여라.

7. 질량−에너지 등가 법칙인 $E = mc^2$이 원자력 발전과 핵무기 제조에 사용되는 원리를 조사해보아라.

8. 두 관성계의 좌표계 $(x^{\alpha'})_{\alpha = 0,1,2,3}$, $(x^{\beta})_{\beta = 0,1,2,3}$에 대하여 다음 물음에 답하여라.

① $\sum_{\alpha,\beta=0}^{3} \eta_{\alpha\beta}\, x^{\alpha'} x^{\beta'} = \sum_{\alpha,\beta=0}^{3} \eta_{\alpha\beta}\, x^{\alpha} x^{\beta}$임을 보여라.

② 위 ①을 이용하여 두 행렬 $\Lambda = (\Lambda_{\alpha\beta})$, $\eta = (\eta_{\alpha\beta})$에 대하여 $\eta = \Lambda^t \eta \Lambda$이 성립함을 보여라.

9. 4차원 운동량 $\overrightarrow{P}$에 대하여 다음이 성립함을 보여라.

$$\sum_{\alpha,\beta=0}^{3} \eta_{\alpha\beta} P^{\alpha} P^{\beta} \left(=-(P^0)^2 + \vec{p} \cdot \vec{p}\right) = -m_0^2 c^2$$

제 3 장

일반상대성이론

제3장 1절

휜 공간의 기하학

평면 위에 그려진 삼각형의 내각의 합이 180°가 된다는 것은 누구나 알고 있는 사실이다 [그림 3-1(a)]. 그러나 우리가 살고 있는 지구는 [그림 3-1(b)]와 같이 평면이 아닌 구면으로 표현되므로 실제로 그림에서와 같이 지구 위의 세 점 P, Q, R을 '곧바른 선'[34]을 따라 이어서 삼각형을 만든 뒤 내각의 합을 구해보면 180°가 아닌 270°가 될 수 있음을 알 수 있다.

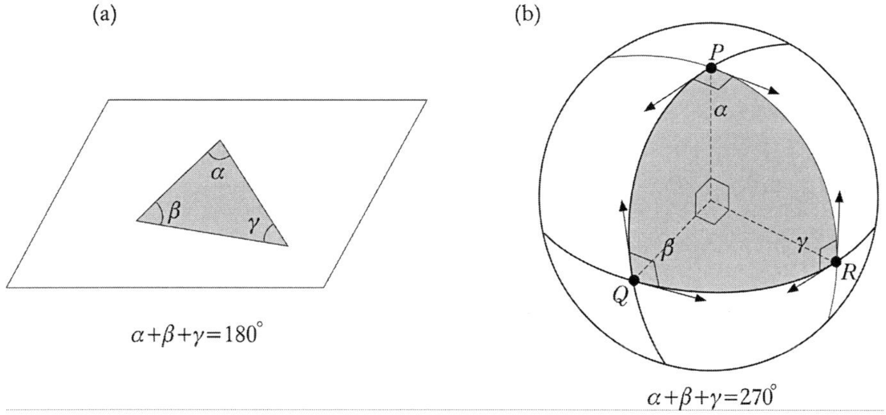

그림 3-1

따라서 우리가 실제로 살고 있는 지표면에 해당하는 구면 위에서의 기하학은 유클리드 기하학인 평면에서의 기하학과는 근본적으로 다름을 알 수 있다. 이와 같은 평면이 아닌 휜 공간에서의 기하학인 비 유클리드 기하학은 비단 지표면에 대한 기하학에만 국한되지 않는다.

가령, [그림 3-2]와 같이 태양 주위의 세 점 P, Q, R을 생각해보자. 만일 P 위치에서 Q 위치를 향해 곧바로 직진하는 빛을 발사하고 마찬가지로 Q에서 R로, R에서 P로 빛을 발사하면 우리는 세 개의 곧바른 선분으로 이루어진(빛은 진공 중에서 직진하므로) 삼각형을 얻게 된다. 이렇게 얻어진 삼각형 PQR의 내각의 합은 180°가 될까?

34) 가령, 북극에 있는 점 P에 서 있는 사람이 적도상의 점 Q를 향해 곧바로 앞으로 걸어가면 이 사람이 걸어간 길은 P, Q를 지나는 대원(great circle)의 일부가 된다. 또한 이 사람이 Q 점에서 자신의 왼쪽으로 90°로 방향을 바꾸어 경도 90°만큼 곧바로 걸어가면 마찬가지로 Q, R을 잇는 대원(적도) 위를 걸어가게 된다.

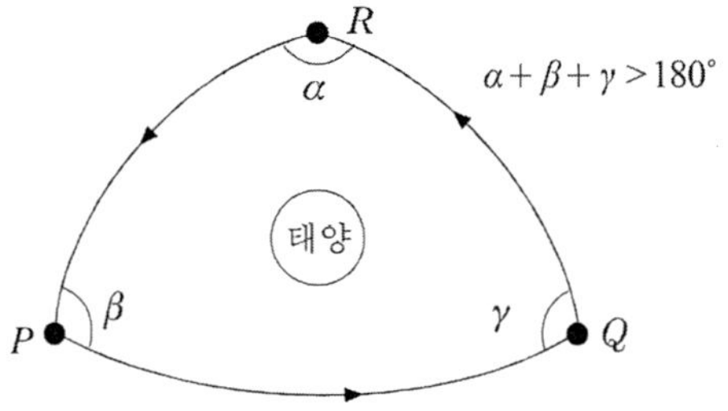

그림 3-2

일반 상대론에 의하면 이 삼각형의 내각의 합은 180°보다 크다. 실제로 위의 방법대로 P, Q, R을 잇는 삼각형을 빛의 궤적을 이용해 그리면 [그림 3-2]와 같이 됨을 확인 할 수 있다. 즉, 빛은 마치 [그림 3-1(b)]에서 구면 위를 걸어가는 사람처럼, 자신의 공간에서 '직진'하기는 하지만, 이러한 빛의 궤적은 우리가 생각하는 유클리드 공간속의 직선이 아닌 [그림 3-2]에서와 같은 '휘어진 직선'인 것이다.

이것은 태양 주위의 공간의 기하학적 구조가 유클리드 기하학이 적용 가능한 반듯한 구조라기보다는 구면의 경우와 같이 휘어진 구조임을 암시하며, 따라서 휜 공간에 대한 기하학인 비유클리드 기하학이 반드시 필요함을 알게 된다.

실제로 아인슈타인의 일반상대성이론을 이해하기 위해서는 휜 공간에서의 기하학에 대한 기본적인 이해가 선행되어야 한다.

1.1 곡면의 거리구조(metric structure)

그렇다면 평면과 같이 휘지 않고 편평한 공간과 구면과 같이 휜 공간의 본질적인 차이는 어디에서 오는 것일까? 그것은 간단히 말해서 '거리구조'의 차이[35]로부터 온다고 말할 수 있다.

이 절에서는 우선 몇 가지 예를 통해 곡면의 '거리구조'(metric structure)가 의미하는 바를 간단히 소개하기로 하자.

35) 이 책에서는 '편평한' 과 '휜'의 의미를 그 공간의 기하를 내재적인(intrinsic)인 관점에서 기술하고 있다. 따라서 엄밀한 의미에서 두 거리구조가 '다르다'라는 것은 등장사상(isometry)을 통해 두 거리구조를 서로 연결할 수 없음을 의미한다.

① 예 1: 늘어난 평면

[그림 3−3]과 같이 2차원 평면 위의 두 점 P, Q 사이의 거리를 생각해 보자. 이 경우 두 점 P, Q를 잇는 선분의 길이가 두 점 사이의 거리이므로 피타고라스정리에 의해 P, Q 사이의 거리 Δs는

$$\Delta s^2 = \Delta x^2 + \Delta y^2 = (x_2 - x_1)^2 + (y_2 - y_1)^2$$

에 의해 주어짐을 쉽게 알 수 있다.

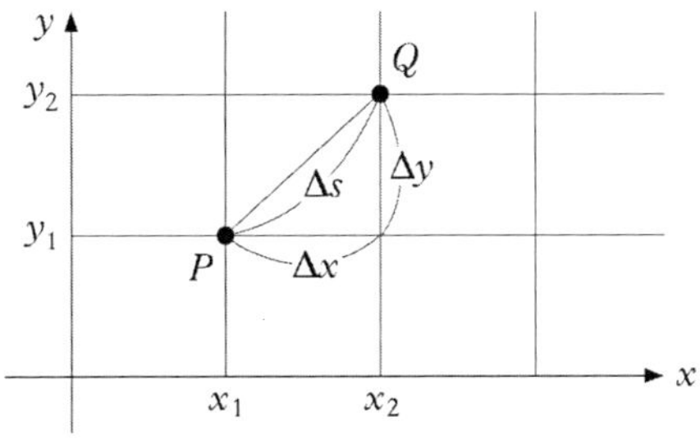

그림 3−3

그런데 만일 이 2차원 평면이 고무판으로 만들어져 있고 이를 x축으로 2배만큼, y축으로 3배만큼 늘어뜨린 새로운 2차원 평면이 주어졌다고 하자.

이와 같은 좌표축(또는 좌표계)의 변환은 다음과 같은 함수 X를 이용하여 표현할 수 있다.

$$X(x,\ y) = (2x,\ 3y)$$

즉, 늘어난 2차원 평면의 좌표 $(x',\ y')$과 원래의 2차원 평면의 좌표 $(x,\ y)$ 사이에 다음의 관계가 성립한다고 할 수 있다.

$$x' = 2x,\quad y' = 3y$$

그러면 이전의 평면에서의 두 점 P, Q는 새로운 평면에서의 P', Q'에 대응하게 되는데 이때 P', Q' 사이의 거리는 당연히 이전의 P, Q 사이의 거리와는 달라진다.

구체적으로, P'과 Q' 사이의 새로운 거리 $\Delta s'$을 이전의 좌표계 $(x,\ y)$를 이용하여 표현하면 다음이 성립함을 알 수 있다.

$$\Delta s'^2 = \Delta x'^2 + \Delta y'^2 = (2\Delta x)^2 + (3\Delta y)^2 = 4\Delta x^2 + 9\Delta y^2$$

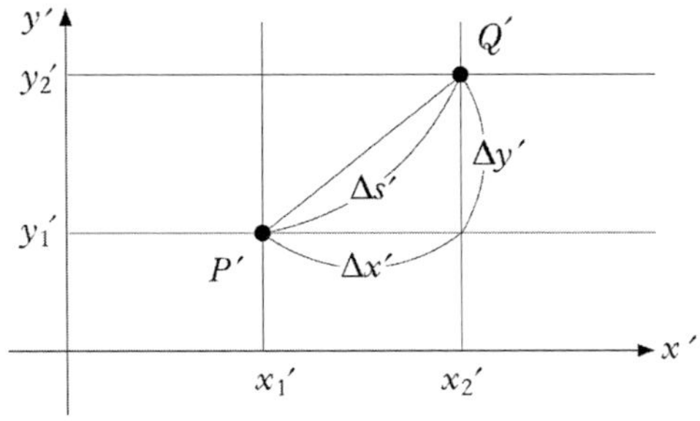

그림 3-4

② 예 2 : 두 좌표 축이 기울어진 평면

이번에는 [그림 3-4]의 좌표평면을 다시 변형시켜, [그림 3-5]에서와 같이 x''축과 y''축사이의 각이 θ_0가 되도록 해보자.

이와 같은 좌표축(또는 좌표계)의 변환은 x'축, y'축 방향의 단위벡터를 각각 $\overrightarrow{e_1}, \overrightarrow{e_2}$라 하고 x''축, y''축 방향의 단위벡터를 $\overrightarrow{f_1}, \overrightarrow{f_2}$라 했을 때 다음과 같은 함수 $X: \mathbb{R}^2 \to \mathbb{R}^2$를 이용하여 표현할 수 있다.

$$P' = x'\overrightarrow{e_1} + y'\overrightarrow{e_2} \stackrel{X}{\longmapsto} P'' = x'\overrightarrow{f_1} + y'\overrightarrow{f_2}\ (= x''\overrightarrow{e_1} + y''\overrightarrow{e_2})$$

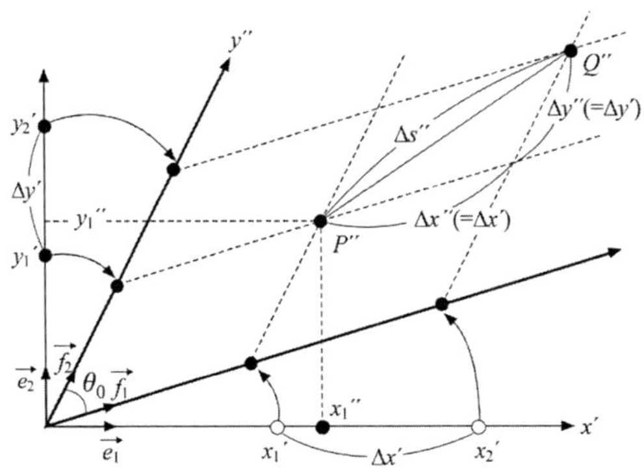

그림 3-5

이때 $\mathbb{R}^2$의 표준기저 $\overrightarrow{e_1}, \overrightarrow{e_2}$에 대한 P의 좌표 (x, y)와 P''의 좌표 (x'', y'') 사이에는 적당한 상수 a, b, c, d에 대해 다음과 같은 선형관계식이 성립함을 쉽게 알 수 있다.(연습문제 1)

$$x'' = ax + by, \quad y'' = cx + dy$$

(단, $a = 2\overrightarrow{f_1} \cdot \overrightarrow{e_1}$, $c = 2\overrightarrow{f_1} \cdot \overrightarrow{e_2}$, $b = 3\overrightarrow{f_2} \cdot \overrightarrow{e_1}$, $d = 3\overrightarrow{f_2} \cdot \overrightarrow{e_2}$ 이다)

따라서 $X(x, y) = (ax + by, cx + dy)$로 표현된다.

이제 P''과 Q'' 사이의 거리는 $\Delta s'$과는 또 다른 값인 $\Delta s''$을 갖게 되는데, 이 값은 코사인 제2정리에 의해,

$$\begin{aligned}\Delta s''^2 &= \Delta x'^2 + \Delta y'^2 - 2\Delta x' \Delta y' \cos(\pi - \theta_0) \\ &= 4\Delta x^2 + 9\Delta y^2 + 6\Delta x \Delta y \cos\theta_0\end{aligned}$$

로 주어짐을 알 수 있다.

③ 예3: 휘어진 평면

앞의 두 경우를 보다 일반적으로 다루기 위해 다음과 같은 일반적인 좌표변환 $X: \mathbb{R}^2 \to \mathbb{R}^3$을 생각해 보자.

$$X(x, y) = (X_1(x, y), X_2(x, y), X_3(x, y))$$

(여기서 함수 X는 무한 번 미분가능한 일대일 함수로서 $\dfrac{\partial X}{\partial x}$와 $\dfrac{\partial X}{\partial y}$가 항상 일차 독립이다.[36])

이 변환 X에 의해 좌표평면 $\mathbb{R}^2$ 위의 한 점 $p = (x_0, y_0)$는 곡면 $M(:= X(\mathbb{R}^2))$ 위의 한 점 $P = (X_1(x_0, y_0), X_2(x_0, y_0), X_3(x_0, y_0))$에 대응하게 된다([그림 3-6 참조]).

---

36) 미분기하학의 곡면이론에 의하면, 이 경우 $X: \mathbb{R}^2 \to X(\mathbb{R}^2)$는 $\mathbb{R}^2$와 곡면 $M := X(\mathbb{R}^2)$ 사이의 미분동형사상이 된다.([O'neil 1] p.146 참고) 또, 앞의 두 예 ①, ②는 $X_3(x, y) \equiv 0$인 특수한 경우에 해당한다. 한편, 함수 $X: \mathbb{R} \to \mathbb{R}^2$, $X(t) = \begin{cases} (e^{-1/t}, e^{-1/t}) & (t > 0) \\ (0, 0) & (t = 0) \\ (-e^{1/t}, e^{1/t}) & (t < 0) \end{cases}$는 모든 실수 t에 대해 무한 번 미분가능하지만 $X'(0) = 0$(즉, $X_*\left(\dfrac{d}{dt}\bigg|_0\right) = 0$)이고 이로 인해 곡선 $C := X(\mathbb{R})$은 원점에서 부드럽지 않고 꺾어질 수 있다. 본질적으로 곡면에서도 이런 일이 발생하는 것을 막기 위해 X_*이 $1-1$일 필요가 있고 이것은 $\dfrac{\partial X}{\partial x}$와 $\dfrac{\partial X}{\partial y}$가 항상 일차독립이라는 것과 동치이다.

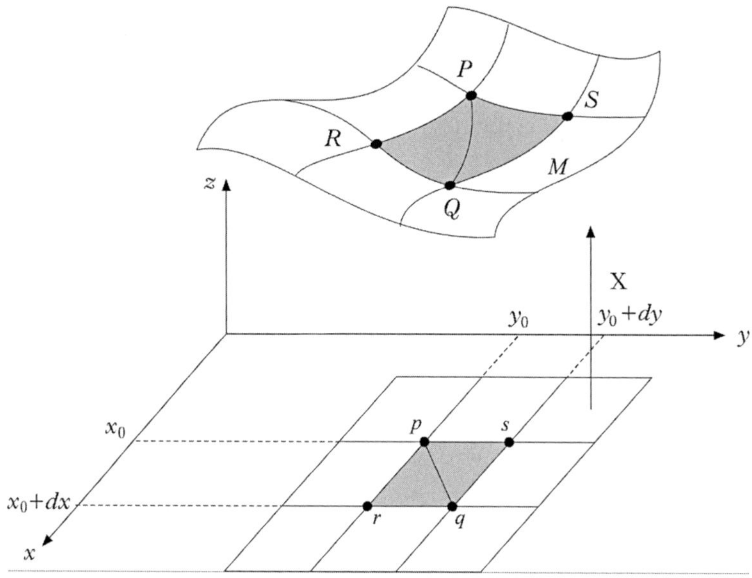

그림 3-6

이제 $p=(x_0,\ y_0)$와 아주 가까운 점 q의 좌표를 $q=(x_0+dx,\ y_0+dy)$로 두면, 이 두 점은 각각 $P=X(x_0,\ y_0)$, $Q=X(x_0+dx,\ y_0+dy)$에 대응된다. 또한 [그림 3-6]의 두 점 r과 s의 좌표가 각각 $r=(x_0+dx,\ y_0)$, $s=(x_0,\ y_0+dy)$이므로 이에 대응하는 곡면 상의 두 점 R, S의 좌표는 $R=X(x_0+dx,\ y_0)$, $S=X(y_0,\ y_0+dy)$가 된다.

여기서 우리의 관심은 편평한 xy 평면에서의 두 점 P, Q 사이의 거리가 함수 X를 통해 곡면 M상에서 어떻게 변하는지를 알아보는 것이다.

이를 위해 우선 P, Q 사이의 거리가 충분히 가깝다는 가정하에 곡면 M 위의 영역 $\square PRQS$를 다음과 같이 P에서의 곡면의 접 평면상에 있는 평행사변형 $\square P'R'Q'S'$로 일차근사를 시키자([그림 3-7] 참조, $P'=P$).

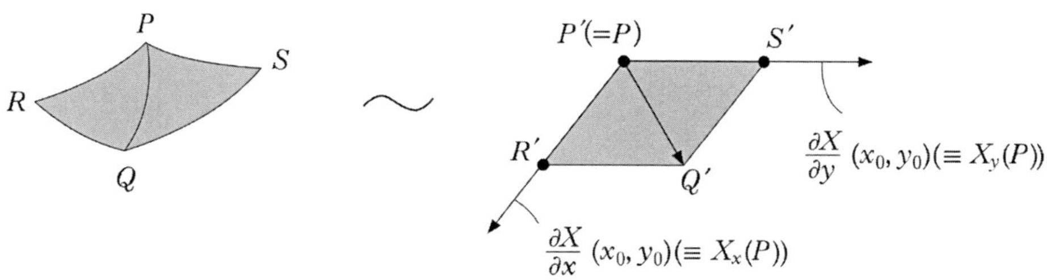

그림 3-7

즉,

$$R = X(x_0 + dx,\ y_0) \sim R' := X(x_0,\ y_0) + \frac{\partial X}{\partial x}(x_0,\ y_0)dx = P + \frac{\partial X}{\partial x}(x_0,\ y_0)dx,$$

$$S = X(x_0,\ y_0 + dy) \sim S' := X(x_0,\ y_0) + \frac{\partial X}{\partial y}(x_0, y_0)dy = P + \frac{\partial X}{\partial y}(x_0,\ y_0)dy$$

로 근사시킬 수 있다. 이로부터 우리는

$$\overrightarrow{P'R'} = \frac{\partial X}{\partial x}(x_0, y_0)dx,\ \ \overrightarrow{P'S'} = \frac{\partial X}{\partial y}(x_0, y_0)dy$$

로 쓸 수 있다($P' = P$ 임에 유의).

따라서, 다음을 얻는다.

$ds^2 :=$(곡면 M 상에서의 P, Q 사이의 거리)^2

(= P에서 출발하여 Q를 향해 곡면 위를 "곧바로"[37] 걸어갔을 때의 거리)^2

$$\begin{aligned}
&\sim \| \overrightarrow{P'Q'} \|^2 = \| \overrightarrow{P'R'} + \overrightarrow{P'S'} \|^2 \\
&= \left\| \frac{\partial X}{\partial x}(x_0,\ y_0)dx + \frac{\partial X}{\partial y}(x_0,\ y_0)dy \right\|^2 \\
&= \| X_x(P) \|^2 dx^2 + 2X_x(P) \cdot X_y(P)dx\,dy + \| X_y(P) \|^2 dy^2
\end{aligned}$$

(단, $X_x(P) := \frac{\partial X}{\partial x}(x_0,\ y_0)$, $X_y(P) := \frac{\partial X}{\partial y}(x_0,\ y_0)$이다).

즉, 곡면 위의 한 점 $P = X(x_0,\ y_0)$와 충분히 가까운 주위의 다른 점 $Q = X(x_0 + dx, y_0 + dy)$ 사이의 '거리구조' ds^2은

$$ds^2 = g_{xx}(P)dx^2 + 2g_{xy}(P)dxdy + g_{yy}(P)dy^2 \tag{1.1}$$

(단, $g_{xx}(P) = X_x(P) \cdot X_x(P)$, $g_{xy}(P) = g_{yx}(P) = X_x(P) \cdot X_y(P)$,

$g_{yy}(P) = X_y(P) \cdot X_y(P)$)

---

37) "곧바로"의 엄밀한 의미는 "geodesic 을 따라"라고 할 수 있는데, 이에 대해서는 1−4절에서 좀 더 자세히 다루게 된다. 여기서는 "P'과 Q'을 잇는 최단 경로를 따라" 정도로만 이해하도록 하자.

와 같은 형태로 나타난다.

예를 들어, 예 1에서는 $X(x, y) = (2x, 3y, 0)$이고 이때 $X_x(x, y) = (2, 0, 0)$, $X_y(x, y) = (0, 3, 0)$이다. 따라서 이 경우에 $g_{xx} = 4$, $g_{xy} = 0$, $g_{yy} = 9$임을 알 수 있다. 또 예 2에서는 $X(x, y) = (ax + by, cx + dy, 0)$이고 이때 $X_x(x, y) = (a, c, 0)$, $X_y(x, y) = (b, d, 0)$이다. 따라서 이 경우에 $g_{xx} = a^2 + c^2$, $g_{xy} = ac + bd$, $g_{yy} = b^2 + d^2$임을 알 수 있다.

여기서 한 가지 유의할 점은, 예1과 예2에서는 $g_{ij}\,(i, j \in \{x, y\})$들이 점 P에 관계없이 일정한 값을 갖는 상수임에 비해, 예 3에서는 $g_{ij}\,(i, j \in \{x, y\})$들이 점 P에 따라 그 값이 달라지는 함수로 나타난다는 것이다.

한편, 식 (1.1)은 2×2 행렬을 이용하면 다음과 같이 나타낼 수도 있다.[38)]

$$ds^2 = (dx\ dy)\begin{pmatrix} g_{xx} & g_{xy} \\ g_{yx} & g_{yy} \end{pmatrix}\begin{pmatrix} dx \\ dy \end{pmatrix}$$

특별히 $ds^2 = dx^2 + dy^2$ 의 거리구조를 갖는 2차원 xy 평면 $\mathbb{R}^2$의 경우에는

$$\begin{pmatrix} g_{xx} & g_{xy} \\ g_{yx} & g_{yy} \end{pmatrix} = \begin{pmatrix} 1 & 0 \\ 0 & 1 \end{pmatrix}$$

으로 나타난다.

1.2 곡선의 미분기하학

이 절에서는 1.1절의 예3에서 주어진 상황을 곡면에서의 미분기하학을 이용하여 보다 체계적으로 살펴보고 이를 보다 높은 차원으로도 일반화할 수 있음을 보이고자 한다.

38) 여기서 행렬 $(g_{ij})_{i, j \in \{x, y\}}$는 대칭행렬이고 동시에 '양 행렬'(positive definite)임을 쉽게 확인할 수 있다. 대칭행렬이란 $g_{ij} = g_{ji}$를 뜻하고, '양 행렬'이란 고윳값이 모두 양이라는 의미로서, 2×2행렬인 예3의 경우 $g_{xx} (= \|X_x\|^2) > 0$, $g_{xx}g_{yy} - g_{xy}g_{yx} (= \|X_x \times X_y\|^2) > 0$와 동치이다([김응태, 박승안] p.277 참고)

① 곡면에서의 좌표계와 접공간

먼저 예3에서 주어진 함수 $X=(X_1, X_2, X_3)$, $(X_i:\mathbb{R}^2\to\mathbb{R}\,(i=1,2,3))$을 다시 생각해 보자. 이 함수의 정의역은 $\mathbb{R}^2$ (또는 $\mathbb{R}^2$의 임의의 열린 집합 U)로서, 다음과 같이 정의되는 2차원 유클리드 공간이다.

$$\mathbb{R}^2=\{a\,|\,a=(a_1, a_2)\text{ 이고 } a_1, a_2\in\mathbb{R}\}$$

이때, '좌표함수' $r_i:\mathbb{R}^2\to\mathbb{R}\;(i=1,2)$는 $r_i(a)=a_i\;(i=1,2)$로 정의된다.

이제 곡면 $M(=X(\mathbb{R}^2)\subset\mathbb{R}^3)$ 상의 함수 $x_i=r_i\circ X^{-1}:M\to\mathbb{R}\;(i=1,2)$를 생각하면, 곡면 위의 임의의 점 P는 $\mathbb{R}^2$ 상의 좌표 $(x_1(P), x_2(P))$를 통해 나타낼 수 있음을 알 수 있다.

이런 의미에서 (x_1, x_2)를[39] '곡면 M의 좌표계(coordinate system)'라고 부른다. 이때, (x_1, x_2)는 함수 X에 의해 주어진 $\mathbb{R}^2$상의 한 좌표계로 이해할 수도 있다.

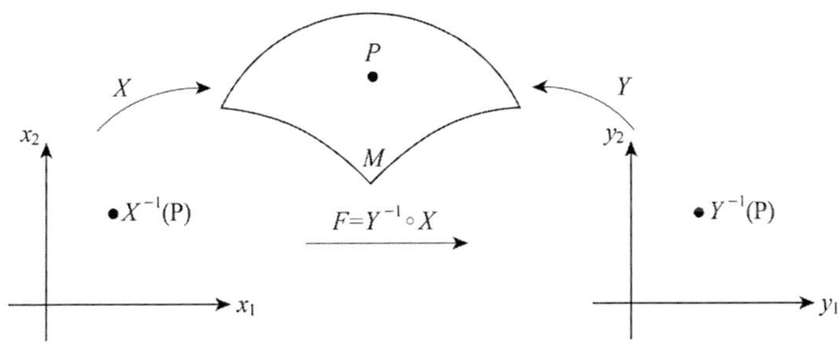

그림 3-8

만일 [그림 3-8]과 같이 $\mathbb{R}^3$의 한 부분집합인 곡면 M이 함수 X가 아닌 또 다른 함수 $Y:\mathbb{R}^2\to\mathbb{R}^3$에 의해 표현되었다면 위와 마찬가지로 함수 $y_i=r_i\circ Y^{-1}:M\to\mathbb{R}\,(i=1,2)$를 통하여 곡면 M은 또 다른 좌표계 (y_1, y_2)를 갖게 된다. (이 경우도 (y_1, y_2)는 함수 Y에 의해 정의된 $\mathbb{R}^2$상의 또 다른 좌표계로 이해할 수 있다).

이때, $(x_1(P), x_2(P))\xrightarrow{\;F\;}(y_1(P), y_2(P))$로 정의된 함수

$$F:=Y^{-1}\circ X:X^{-1}(M)(=\mathbb{R}^2)\to Y^{-1}(M)(=\mathbb{R}^2)$$

39) 함수로서 $(x_1, x_2):M\to\mathbb{R}^2$는 $X^{-1}:M\to\mathbb{R}^2$와 같다.

를 '좌표변환 함수'(coordinate change map)라고 부른다. (이때 함수 $F:\mathbb{R}^2 \to \mathbb{R}^2$는 미분동형사상이 된다([O'neil 1] p.146 참고). 이때 $X(x_1(P),\, x_2(P)) = Y(y_1(P),\, y_2(P)) = P$이고, 이를 줄여서 $X(x_1,\, x_2) = Y(y_1,\, y_2)$로 쓸 수 있음에 유의하자.

역으로, $\mathbb{R}^2$의 두 좌표계 $(x_1,\, x_2)$와 $(y_1,\, y_2)$에 대하여 미분동형 사상 $F:\mathbb{R}^2 \to \mathbb{R}^2$가[40) $F(x_1,\, x_2) = (y_1(x_1,\, x_2),\, y_2(x_1, x_2))$을 만족할 때 (즉, F가 **좌표변환 함수**일 때) 함수 $Y:\mathbb{R}^2 \to \mathbb{R}^3$를 $Y(y_1,\, y_2) := X \circ F^{-1}(y_1,\, y_2)$로 정의하면 $Y:\mathbb{R}^2 \to \mathbb{R}^3$는 곡면 M을 표현하는 또 다른 함수가 된다.(즉, $Y:\mathbb{R}^2 \to M$은 무한 번 미분가능한 일대일 함수로서 $\dfrac{\partial Y}{\partial y_1}$과 $\dfrac{\partial Y}{\partial y_2}$는 항상 일차독립이다).

따라서, 곡면 M을 표현하는 서로 다른 두 함수 X, $Y:\mathbb{R} \to \mathbb{R}^3$를 정의하는 것은 곡면 M 위의(또는 $\mathbb{R}^2$ 위의) 서로 다른 두 좌표계 $(x_1,\, x_2)$, $(y_1,\, y_2)$를 정의하는 것과 동치라고 할 수 있다. 앞으로 곡면 M상에 (또는 $\mathbb{R}^2$상에) 좌표계 $(x_1,\, x_2)$이 주어졌을 때 이를 $(M, (x_1,\, x_2))$(또는 $(\mathbb{R}^2, (x_1,\, x_2))$)로 표기하기로 하자.

이제 곡면 $M(= X(\mathbb{R}^2) \subset \mathbb{R}^3)$ 위의 한 점 P에서의 접공간 $T_P M$을 정의해 보자.

먼저, 함수 $X:(\mathbb{R}^2, (x_1,\, x_2)) \to M(\subset \mathbb{R}^3)$, $X = X(x_1,\, x_2)$에 대하여

$$\left.\frac{\partial}{\partial x_i}\right|_P := \frac{\partial X}{\partial x_i}(x_1, x_2)\ (i = 1,\, 2,\ p := (x_1,\, x_2) = X^{-1}(P)) \qquad (*)$$

로 정의한다. 같은 방법으로 함수 $Y:(\mathbb{R}^2, (y_1,\, y_2)) \to M(\subset \mathbb{R}^3)$, $Y = Y(y_1,\, y_2)$에 대해서도

$$\left.\frac{\partial}{\partial y_i}\right|_P := \frac{\partial Y}{\partial y_i}(y_1,\, y_2)\ (i = 1, 2,\ q := (y_1,\, y_2) = Y^{-1}(P))$$

로 정의한다. 이때 다음을 확인할 수 있다.

$$\begin{aligned}\left.\frac{\partial}{\partial y_i}\right|_P &= \frac{\partial Y}{\partial y_i}(y_1,\, y_2) = \frac{\partial X}{\partial y_i}(x_1,\, x_2) \\ &= \sum_{k=1}^{2} \frac{\partial X}{\partial x_k}(x_1,\, x_2)\frac{\partial x_k}{\partial y_i}(q) = \sum_{k=1}^{2} \frac{\partial x_k}{\partial y_i}(q)\left.\frac{\partial}{\partial x_k}\right|_P\end{aligned}$$

---

40) 예를 들면 직교 좌표계 $(x,\, y)$와 극 좌표계 $(r,\, \theta)$에 대하여 $F(r,\, \theta) = (r\cos\theta,\, r\sin\theta) = (x,\, y)$이다.

즉, $\left.\frac{\partial}{\partial y_i}\right|_P$ 는 $\left\{\left.\frac{\partial}{\partial x_k}\right|_P\right\}_{k=1,2}$ 들의 일차결합으로 나타낼 수 있고, 이때의 계수는 좌표변환 사상 $X^{-1}\circ Y:(y_1, y_2)\to(x_1, x_2)$의 야코비 행렬의 성분들로 이루어져 있음을 알 수 있다. 같은 방법으로 $\left.\frac{\partial}{\partial x_i}\right|_P=\sum_{k=1}^{2}\frac{\partial y_k}{\partial x_i}(p)\left.\frac{\partial}{\partial y_k}\right|_P$ 임도 보일 수 있다.

이제 한 점 $P\in M$에서의 '**접공간**' T_PM을 다음과 같이 정의하자.

$$T_PM:=\left\{\sum_{i=1}^{2}a_i\left.\frac{\partial}{\partial x_i}\right|_P : a_i\in\mathbb{R}\right\}\left(=\left\{\sum_{i=1}^{2}b_i\left.\frac{\partial}{\partial y_i}\right|_P : b_i\in\mathbb{R}\right\}\right)$$

이때, 위 논의에 의해 접공간 T_PM은 곡면 M의 좌표계와 무관하게 정의할 수 있음에 유의하자[41]. 이때, 접공간 T_PM의 한 원소 $v_P=\sum_{i=1}^{2}a_i\left.\frac{\partial}{\partial x_i}\right|_P$ 를 점 P에서의 '**접벡터**'라고 부른다. (위 정의 (*)에 의해 임의의 접벡터 $v_P\in T_PM$은 $\mathbb{R}^3$상에서 점 P를 시점으로 하는 한 벡터로 볼 수 있다(참고로, $\mathbb{R}^3$상에서 점 P를 시점으로 하는 모든 벡터들의 모임을 $T_P\mathbb{R}^3$로 표기한다).)

만일 접벡터 v_P가 두 좌표계 (x_1, x_2), (y_1, y_2)에 의해 각각 $\sum_{i=1}^{2}a_i\left.\frac{\partial}{\partial x_i}\right|_P$, $\sum_{i=1}^{2}a_i'\left.\frac{\partial}{\partial y_i}\right|_P$ 로 표현되었다면 a_i들과 a_i'들은 어떤 관계식을 만족할까?

관계식 $\left.\frac{\partial}{\partial x_i}\right|_P=\sum_{k=1}^{2}\frac{\partial y_k}{\partial x_i}(p)\left.\frac{\partial}{\partial y_k}\right|_P$ 을 이용하여 이를 다음과 같이 살펴볼 수 있다.

$$\begin{aligned} v_P &= \sum_{i=1}^{2}a_i'\left.\frac{\partial}{\partial y_i}\right|_P=\sum_{i=1}^{2}a_i\left.\frac{\partial}{\partial x_i}\right|_P \\ &= \sum_{i,k=1}^{2}a_i\frac{\partial y_k}{\partial x_i}(p)\left.\frac{\partial}{\partial y_k}\right|_P=\sum_{i=1}^{2}\left(\sum_{k=1}^{2}a_k\frac{\partial y_i}{\partial x_k}(p)\right)\left.\frac{\partial}{\partial y_i}\right|_P \end{aligned}$$

41) 접공간 T_PM을 곡면 M의 좌표계와 무관하게 표현하는 보다 추상적인 방법은 다음과 같다:

$$T_PM=\{v: C^\infty(M)\to\mathbb{R}\mid v\text{는 ① }\mathbb{R}-\text{linear, ② Leibnizian}\}$$

여기서 $C^\infty(M)$은 곡면 M에서 정의된 무한 번 미분가능한 함수들의 집합이고, ① $\mathbb{R}$-linear는 $v[af+bg]=av[f]+bv[g]$, ② Leibnizian은 $v[fg]=v[f]g(p)+f(p)v[g]$를 각각 의미한다. (자세한 내용은 [O'neil 2], p. 8 정리12 참고)

따라서 위 식으로부터 다음을 얻는다.

$$a_i' = \sum_{k=1}^{2} a_k \frac{\partial y_i}{\partial x_k}(p)$$

한편, 곡면 $(M, (x_1, x_2))$상에서 정의된 함수 $f: M \to \mathbb{R}$에 대하여 합성함수 $f \circ X: (\mathbb{R}^2, (x_1, x_2)) \to \mathbb{R}$가 무한 번 미분가능하면 함수 $f: M \to \mathbb{R}$를 '곡면 M상에서 무한 번 미분 가능하다'고 말한다. 이때 함수 $Y: (\mathbb{R}^2, (y_1, y_2)) \to \mathbb{R}^3$에 의한 곡면 상의 다른 좌표계 $(M, (y_1, y_2))$에 대하여 $f \circ Y = (f \circ X) \circ (X^{-1} \circ Y)$이므로 $f \circ Y: (\mathbb{R}^2, (y_1, y_2)) \to \mathbb{R}$ 역시 무한 번 미분가능함을 알 수 있다.

이처럼 무한 번 미분가능한 함수 $f: M \to \mathbb{R}$가 주어졌을 때 곡면 위의 한 점 P에서 접벡터 $\left.\frac{\partial}{\partial x_i}\right|_P$ 방향으로의 미분 $\frac{\partial f}{\partial x_i}(P)$를 다음과 같이 정의한다.

$$\frac{\partial f}{\partial x_i}(P) := \frac{\partial (f \circ X)}{\partial x_i}(x_1, x_2) \ (\text{단, } X(x_1, x_2) = P)$$

또 이를 이용하여 임의의 접벡터 $v_P = \sum_{i=1}^{2} a_i \left.\frac{\partial}{\partial x_i}\right|_P$ 방향으로의 미분 $v_P[f]$은 다음과 같이 정의할 수 있다.

$$v_P[f] := \sum_{i=1}^{2} a_i \frac{\partial f}{\partial x_i}(P)$$

② 접벡터의 내적과 거리구조

앞 절의 예3에서 우리는 $(x_1, x_2) \equiv (x, y)$ 로 표기하였고 이때,

$$X_x(P) = \left.\frac{\partial}{\partial x_1}\right|_P, \ X_y(P) = \left.\frac{\partial}{\partial x_2}\right|_P$$

임을 알 수 있다. 또 $T_P M (\subset T_P \mathbb{R}^3)$에 속하는 이 두 접벡터 $X_x(P)$와 $X_y(P)$ 사이의 내적을 $X_x(P) \cdot X_y(P)$와 같이 표기하였는데 이는 $T_P \mathbb{R}^3$에 속하는 임의의 두 벡터

$v=(v_1, v_2, v_3)_P$, $w=(w_1, w_2, w_3)_P$ 사이의 '표준내적' $v \cdot w \equiv \sum_{i=1}^{3} v_i w_i$를 이용하여 $T_P M$의 두 접벡터 v_P, w_P $(\in T_P\mathbb{R}^3)$의 내적$\langle v_P, w_P \rangle$을 다음과 같이 정의한 것에 해당한다.

$$\langle v_P, w_P \rangle \equiv v_P \cdot w_P$$

특별히, $\left\langle \left.\frac{\partial}{\partial x_i}\right|_P, \left.\frac{\partial}{\partial x_j}\right|_P \right\rangle \equiv X_{x_i}(P) \cdot X_{x_j}(P)$ $(i=1, 2)$이고[42], 앞의 식 (1.1)에서 이 값을 $g_{x_i x_j}(P)$로 표기하였다.(앞으로 $g_{x_i x_j}(P)$는 줄여서 $g_{ij}(P)$와 같이 표기하도록 한다)

따라서 $g_{ij}(P) = \left\langle \left.\frac{\partial}{\partial x_i}\right|_P, \left.\frac{\partial}{\partial x_j}\right|_P \right\rangle$를 이용하여 두 접벡터 $v_P = \sum_{i=1}^{2} a_i \left.\frac{\partial}{\partial x_i}\right|_P$, $w_P = \sum_{i=1}^{2} b_i \left.\frac{\partial}{\partial x_i}\right|_P$의 내적 $\langle v_P, w_P \rangle$를 다시 표현하면 다음과 같음을 알 수 있다.

$$\langle v_P, w_P \rangle = \sum_{i,j=1}^{2} g_{ij} a_i b_j \ \left(= (a_1, a_2) \begin{pmatrix} g_{11} & g_{12} \\ g_{21} & g_{22} \end{pmatrix} \begin{pmatrix} b_1 \\ b_2 \end{pmatrix}\right)$$

이와 같이 정의된 내적 $\langle , \rangle$을 이용하여 한 접벡터 v_P $(\in T_P\mathbb{R}^3)$의 '크기' $\|v_P\|$를 다음과 같이 표현할 수 있다.

$$\|v_P\| = \sqrt{\langle v_P, v_P \rangle} \ \left(\equiv \sqrt{v_P \cdot v_P}\right)$$

실제로 우리는 앞 절의 예3의 ds^2을 구하는 과정에서 이와 같은 접벡터의 내적과 크기의 개념을 이용하였고 그 결과 우리가 얻었던 ds^2는 다음과 같이 다시 표기할 수 있다.(식 (1.1) 참조)

$$ds^2 = \sum_{i,j=1}^{2} g_{ij} dx_i dx_j$$

그런데, 위에서 접공간 $T_P M$에서의 내적을 정의할 때 예3에서처럼 각 접벡터들이 속한 $T_P\mathbb{R}^3$에서의 표준내적을 '빌려와서' $\langle v_P, w_P \rangle \equiv v_P \cdot w_P$와 같이 정의한 것은 벡터공간

42) 아래 첨자들은 모두 편미분하는 변수들이다.

T_PM에서 내적을 정의하는 여러 가지 선택 중 하나일 뿐임을 강조할 필요가 있다.[43)]

이에 대한 자세한 논의에 앞서 먼저 간단히 선형대수학의 내적공간에 대한 다음 내용을 복습해 보자.

일반적으로, 주어진 벡터공간 V에 대하여 함수 $\langle , \rangle : V \times V \to \mathbb{R}$가

i) 쌍선형(bilinear)이고
ii) 대칭이면서 (즉, $\langle v, w \rangle = \langle w, v \rangle$),
iii) 양의 정부호를 가지면 (즉, $v \neq 0$ 일 때 $\langle v, v \rangle > 0$)

이때 $\langle , \rangle$를 벡터공간 V상의 '**내적**'이라고 부른다. 또 내적 $\langle , \rangle$이 주어진 벡터공간 V에 속하는 벡터 v의 '**크기**'(norm) $\|v\|$는 항상 다음과 같이 정의할 수 있다.

$$\|v\| := \sqrt{\langle v, v \rangle}$$

만일 벡터공간 V의 한 기저 $\{e_i\}$에 대해 $g_{ij} := \langle e_i, e_j \rangle$로 정의하면 두 벡터 $v = \sum_i v_i e_i$, $w = \sum_i w_i e_i$의 내적 $\langle v, w \rangle$는 항상 다음과 같이 표현된다.

$$\langle v, w \rangle = \sum_i g_{ij} v_i w_j$$

따라서 벡터공간 T_PM 상의 임의의 내적 $\langle , \rangle : T_PM \times T_PM \to \mathbb{R}$을 $T_P\mathbb{R}^3$에서의 표준내적과 무관하게 위 정의에 따라 새롭게 정의할 수 있고, 이때 T_PM의 한 기저 $\left\{ \left. \frac{\partial}{\partial x_i} \right|_P \right\}$에 대하여

$$g_{ij}(P) := \left\langle \left. \frac{\partial}{\partial x_i} \right|_P, \left. \frac{\partial}{\partial x_j} \right|_P \right\rangle$$

---

43) 예3에서처럼 $T_P\mathbb{R}^3$에서의 표준내적을 사용하여 T_PM 상의 내적을 정의한 것은 곡면 M을 유클리드공간 $\mathbb{R}^3$ 속에 등장매립(isometric embedding)시킨 것에 해당한다. 일반적으로 n차원 리만공간 $(M, \langle , \rangle)$이 유클리드공간 $\mathbb{R}^{n+1}$ 속에 (심지어 국소적으로도) 등장매립될 필요는 없다. ($\mathbb{C}P^2$ 혹은 Berger sphere등이 반례에 속한다. [Petersen] p.89 또는 p.94의 예 2.4, p.96의 정리 2.6 참고)
한편, 내쉬 매립정리에 의하면 임의의 n차원 리만공간 $(M, \langle , \rangle)$은 적당히 큰 자연수 N에 대해 유클리드공간 $\mathbb{R}^N$ 속으로 등장매립할 수 있다.

로 $g_{ij}(P)$를 '정의'하면 임의의 두 접벡터 $v_P = \sum_{i=1}^{2} a_i \frac{\partial}{\partial x_i}\bigg|_P$, $w_P = \sum_{i=1}^{2} b_i \frac{\partial}{\partial x_i}\bigg|_P$ 의 내적 $\langle v_P, w_P \rangle$를 좌표계 (x_i)를 이용하여 예 3에서와 같이 다음 식으로 표현할 수 있다. (아래 식에서 아래 첨자 P는 모두 생략하였다)

$$\langle v, w \rangle = \sum_{i,j=1}^{2} g_{ij} a_i b_j \;\; \left(= (a_1, a_2) \begin{pmatrix} g_{11} & g_{12} \\ g_{21} & g_{22} \end{pmatrix} \begin{pmatrix} b_1 \\ b_2 \end{pmatrix}\right) \tag{1.2}$$

(여기서 내적 $\langle , \rangle$의 표현이 행렬 (g_{ij})에 의해 주어졌음을 상기시키기 위해 $\langle , \rangle$ 대신 $\langle , \rangle_g$라고 표기하기도 한다)

한편 선형대수학의 잘 알려진 사실에 의하면, 내적 $\langle , \rangle$이 위 i)~iii)을 만족시킨다는 사실은 행렬 (g_{ij})가 대칭이고 (즉, $g_{ij} = g_{ji}$), 두 고윳값의 부호가 모두 양이라는 사실에 대응된다.[44] 즉, 고윳값이 모두 양인 임의의 대칭행렬 (g_{ij})에 대해 내적 $\langle , \rangle$를 좌표계를 통한 식 (1.2)와 같이 정의하면 이는 위 i)~iii)을 만족시키는 내적이 된다.

여기서 만일 다른 좌표계 (y_1, y_2)에 대해 정의된 $g'_{ij}(P) = \left\langle \frac{\partial}{\partial y_i}\bigg|_P, \frac{\partial}{\partial y_j}\bigg|_P \right\rangle$는 위에서 정의된 $g_{ij}(P)$와 어떤 관계가 있을까? 이는 다음과 같이 확인해 볼 수 있다.

$$\begin{aligned} g'_{ij}(P) &= \left\langle \frac{\partial}{\partial y_i}\bigg|_P, \frac{\partial}{\partial y_j}\bigg|_P \right\rangle = \left\langle \sum_{k=1}^{2} \frac{\partial x_k}{\partial y_i}(p) \frac{\partial}{\partial x_k}\bigg|_P, \; \sum_{l=1}^{2} \frac{\partial x_l}{\partial y_j}(p) \frac{\partial}{\partial x_l}\bigg|_P \right\rangle \\ &= \sum_{k,l=1}^{2} \frac{\partial x_k}{\partial y_i}(p) \frac{\partial x_l}{\partial y_j}(p)\, g_{kl}(P) \end{aligned}$$

이제 이를 이용하여 두 접벡터

$$v_P = \sum_{i=1}^{2} a_i \frac{\partial}{\partial x_i}\bigg|_P = \sum_{i=1}^{2} a'_i \frac{\partial}{\partial y_i}\bigg|_P, \quad w_P = \sum_{i=1}^{2} b_i \frac{\partial}{\partial x_i}\bigg|_P = \sum_{i=1}^{2} b'_i \frac{\partial}{\partial y_i}\bigg|_P$$

사이의 내적 $\langle v_P, w_P \rangle$에 대해 다음이 성립함을 알 수 있다.(연습문제2)

$$\langle v, w \rangle_g = \sum_{i,j=1}^{2} g_{ij} a_i b_j = \sum_{i,j=1}^{2} g'_{ij} a'_i b'_j = \langle v, w \rangle_{g'} \;\; (P\text{는 생략})$$

44) [이일해] pp.335~337 참고.

즉, 식 (1.2)에서의 두 접벡터의 내적에 대한 표현은 좌표계의 변환에 대해 불변임을 알 수 있다. (처음부터 두 접벡터의 내적 $\langle , \rangle : T_PM \times T_PM \to \mathbb{R}$은 조건 i)~iii)을 통해 좌표계와 무관하게 정의되었음을 상기할 것.)

일반적으로 곡면 M 위에 좌표계 (x_1, x_2)가 주어지고 각 점에서의 접공간에 임의의 한 내적 $\langle , \rangle_g$이 주어졌을 때 이 곡면을 **'리만곡면'**이라 부르고 $(M, (x_1,x_2), \langle , \rangle_g)$로 표기한다. 이제 리만공간 M에서 접공간 T_PM 위의 내적 $\langle , \rangle$를 이용하면 접벡터 $v_P = \sum_{i=1}^{2} a_i \left.\frac{\partial}{\partial x_i}\right|_P$의 크기 $\|v_P\|$를

$$\|v_P\| := \sqrt{\langle v_P, v_P \rangle} = \sqrt{\sum_{i,j=1}^{2} g_{ij}(P) a_i a_j}$$

로 정의할 수 있다.[45)]

또 리만곡면 $(M, (x_1,x_2), \langle , \rangle_g)$ 상의 두 점 $X(x_1, x_2)$, $X(x_1+dx_1, x_2+dx_2)$[46)] 사이의 거리 ds^2을 예3에서와 같은 과정을 거쳐 다음과 같이 표현할 수 있다.

$$ds^2 = \sum_{i,j=1}^{2} g_{ij} dx_i dx_j \ \left(\text{단, } g_{ij} := \left\langle \frac{\partial}{\partial x_i}, \frac{\partial}{\partial x_j} \right\rangle\right) \tag{1.3}$$

(내적 $\langle , \rangle_g$와 마찬가지로 위의 거리구조 ds^2 가 행렬 (g_{ij})에 의해 주어짐을 상기시키기 위해 ds^2 대신 ds_g^2 또는 '$ds^2 = (g_{ij})$'로 표기하기도 한다. 접벡터의 크기 $\|v_P\|_g$ 도 마찬가지이다)

이와 같이 리만곡면 M상의 '거리구조' ds^2과 접공간 T_PM상의 내적 $\langle , \rangle$은 모두, 적당한 좌표계 (x_1, x_2)에 대해 양의 고윳값을 갖는 대칭행렬 (g_{ij})을 이용하여 식 (1.3), (1.2)와 같이 표현 할 수 있고, 이때 내적 $\langle , \rangle$가 좌표계의 변환에 대해 불변이므로 이로부터 정의된 벡터의 크기와 거리구조 ds^2 역시 좌표계의 변환에 대해 불변이다.

즉, 서로 다른 두 좌표계 (x_1, x_2), (x_1', x_2')에 대하여 다음이 성립한다.

$$\|v_P\|_g = \|v_P\|_{g'},\ ds_g^2 = \sum_{i,j=1}^{2} g_{ij} dx_i dx_j = \sum_{i,j=1}^{2} g_{ij}' dx_i' dx_j' = ds_{g'}^2$$

---

45) 예3에서와 같이 접벡터의 내적이 $\mathbb{R}^3$의 표준내적을 이용하여 정의된 경우에는 $\|v_P\| = \sqrt{v_P \cdot v_P}$이다.

46) (x_1, x_2)은 '곡면 M의 좌표계'이기도 하기 때문에 이 두 점을 각각 (x_1, x_2), (x_1+dx_1, x_2+dx_2)로 표기할 수도 있다.

③ 곡면에서의 곡선의 길이

지금까지의 논의를 바탕으로 리만곡면 $(M, (x_1, x_2), \langle , \rangle_g)$ 상에 주어진 한 곡선 $\alpha(t)\ (a \le t \le b)$의 길이를 구하는 방법을 알아보자.

우선 구간 $[a, b]$의 한 분할 $a = t_0 < t_1 < \cdots < t_{N-1} < t_N = b$을 생각하고 이때 각 소구간 $[t_k, t_{k+1}]\ (0 \le k \le N-1)$들의 길이 $\Delta t = t_{k+1} - t_k$가 충분히 작다고 하자. 이때 곡선 α의 길이는 곡면 상의 두 점 $\alpha(t_k)$, $\alpha(t_k + dt)$ 사이의 거리 $\Delta s_k\ (0 \le k \le N-1)$들에 대한 리만합으로 나타낼 수 있다. 즉, 다음과 같다.

$$\alpha\text{의 길이} = \lim_{N \to \infty} \sum_{k=0}^{N-1} \Delta s_k$$

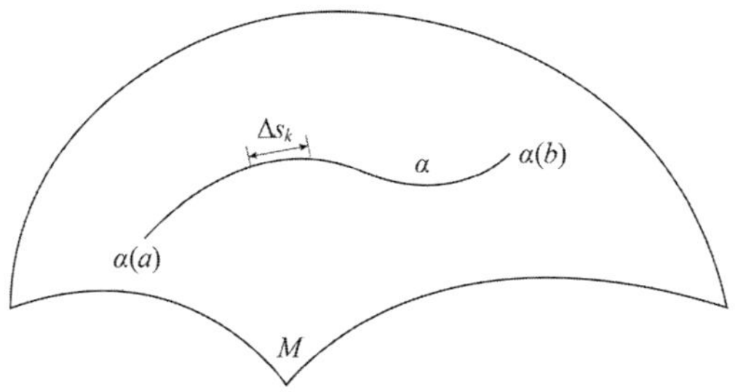

그림 3-9

이제 위 식에서 Δs_k의 구체적인 표현을 얻기 위해 $(\mathbb{R}^2, (x_1, x_2))$ 상의 곡선 $\tilde{\alpha}(t) = (x_1(t), x_2(t))$를 $\tilde{\alpha}(t) := X^{-1}(\alpha(t))$로 정의해 보자. 이때 곡면 상의 두 점 $\alpha(t_k)$, $\alpha(t_{k+1})$을 곡면 M의 좌표계 (x_1, x_2)를 이용하여 나타내면 각각

$$\tilde{\alpha}(t_k) = (x_1(t_k), x_2(t_k)),\ \tilde{\alpha}(t_{k+1}) = (x_1(t_k + \Delta t), x_2(t_k + \Delta t))$$

이 된다. 이때

$$\tilde{\alpha}(t_{k+1}) = (x_1(t_k + \Delta t), x_2(t_k + \Delta t)) \sim (x_1(t_k) + x_1{}'(t_k)\Delta t, x_2(t_k) + x_2{}'(t_k)\Delta t))$$

임에 유의하여 $\Delta x_1 := x_1{}'(t_k)\Delta t$, $\Delta x_2 := x_2{}'(t_k)\Delta t$로 두면 식 (1.3)에 의해 Δs_k는 다음과 같음을 알 수 있다.

$$\Delta s_k = \sqrt{\sum_{i,j=1}^{2} g_{ij}(\alpha(t_k)) x_i{}'(t_k) x_j{}'(t_k)}\ \Delta t$$

따라서 곡선 α의 길이는 다음과 같이 표현된다.

$$\alpha\text{의 길이} = \lim_{N\to\infty}\sum_{k=0}^{N-1}\Delta s_k = \int_a^b \sqrt{\sum_{i,j=1}^{2} g_{ij}(\alpha(t))x_i{}'(t)x_j{}'(t)}\; dt \tag{1.4}$$

위 식의 의미를 좀 더 음미해보기 위해 우선 위 적분함수가 접벡터 $\sum_{i=1}^{2} x_i{}'(t)\frac{\partial}{\partial x_i}\Big|_{\alpha(t)}$ 의 크기를 나타낸다는 사실에 유의하자.(접벡터 v_P의 크기 $\|v_P\|_g$의 정의를 상기할 것[47])

한편, $\alpha(t) = X(\tilde{\alpha}(t)) = X(x_1(t), x_2(t))$로부터 다음을 확인할 수 있다.

$$\alpha'(t) = \frac{d(X(x_1(t), x_2(t)))}{dt} = \sum_{i=1}^{2} x_i{}'(t)\frac{\partial X}{\partial x_i}(\tilde{\alpha}(t)) = \sum_{i=1}^{2} x_i{}'(t)\frac{\partial}{\partial x_i}\Big|_{\alpha(t)}$$

따라서 접벡터 $\sum_{i=1}^{2} x_i{}'(t)\frac{\partial}{\partial x_i}\Big|_{\alpha(t)}$ 은 바로 곡선 α의 속도벡터에 해당하고([그림 3-10]) 이로부터 위 적분식은 다음과 같이 다시 쓸 수 있다.

$$\alpha\text{의 길이} = \int_a^b \|\alpha'(t)\|\, dt$$

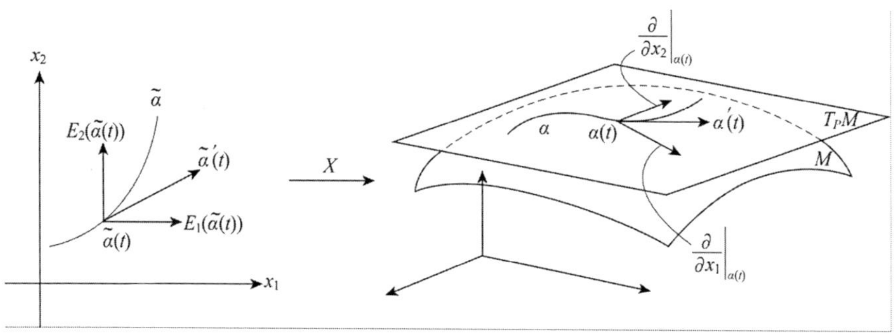

그림 3-10

47) 근호 안의 표현을 다음과 같이 다시 써보면 명백해진다.

$$\sum_{i,j=1}^{2} g_{ij}(\alpha(t_k))x_i{}'(t_k)x_j{}'(t_k) = \left\langle \sum_{i=1}^{2} x_i{}'(t_k)\frac{\partial}{\partial x_i}\Big|_{\alpha(t_k)},\ \sum_{j=1}^{2} x_j{}'(t_k)\frac{\partial}{\partial x_j}\Big|_{\alpha(t_k)} \right\rangle$$

④ 예: 구면에서의 곡선의 길이

이제 위 ③에서 다룬 내용을 구체적인 예를 통해 다시 한 번 확인해보도록 하자. 여기서는 가장 중요하면서 다루기 쉬운 구면을 가지고 직접 계산해보기로 한다.

먼저 극좌표 (θ, ϕ)로 표현되는 2차원 평면의 좌표계를 생각하고 함수 $X = X(\theta, \phi)$를 다음과 같이 정의하자.

$$\begin{aligned} X(\theta, \phi) &= (X_1(\theta, \phi), X_2(\theta, \phi), X_3(\theta, \phi)) \\ &= (R\cos\phi\cos\theta, R\cos\phi\sin\theta, R\sin\phi) \\ &\quad (\text{단}, \ 0 < \theta < 2\pi, \ -\frac{\pi}{2} < \phi < \frac{\pi}{2}) \end{aligned}$$

이것은 (θ, ϕ) 평면에서의 편평한 직사각형의 공간인 $(0, 2\pi) \times \left(-\frac{\pi}{2}, \frac{\pi}{2}\right)$을 변형시켜 반지름 R인 구면으로 만든 것에 해당한다. ([그림 3-11] 참고)

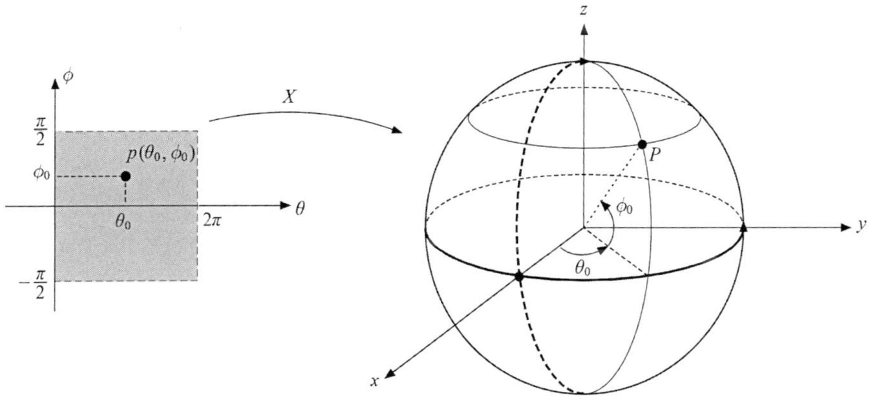

그림 3-11

이제 구면 위의 한 점 $P = X(\theta_0, \phi_0)$와 이로부터 충분히 가까운 $Q = X(\theta_0 + d\theta, \phi_0 + d\phi)$ 사이의 거리를 계산해 보자.([그림 3-12] 참조)

[그림 3-12]에서 충분히 작은 $d\theta$, $d\phi$에 대하여, 구면 위의 삼각형 $\triangle PQR$은 근사적으로 평면상의 직각 삼각형으로 볼 수 있고 따라서 이때의 P, Q 사이의 거리 ds는 피타고라스 정리에 의해 $ds^2 = R^2(d\phi^2 + \cos^2\phi_0 \, d\theta^2)$으로 표현됨을 알 수 있다.

이것을 식 (1.1)와 비교해 보면 $g_{\theta\theta}(P) = R^2\cos^2\phi_0$, $g_{\theta\phi}(P) = 0$, $g_{\phi\phi}(P) = R^2$임을 확인할 수 있다. 뿐만 아니라, [그림 3-12]에서 그려진 곡선 $\alpha(t) := X(t, \phi_0)$ $(0 < t < 2\pi)$의 길이를 다음과 같이 계산해 볼 수 있다.

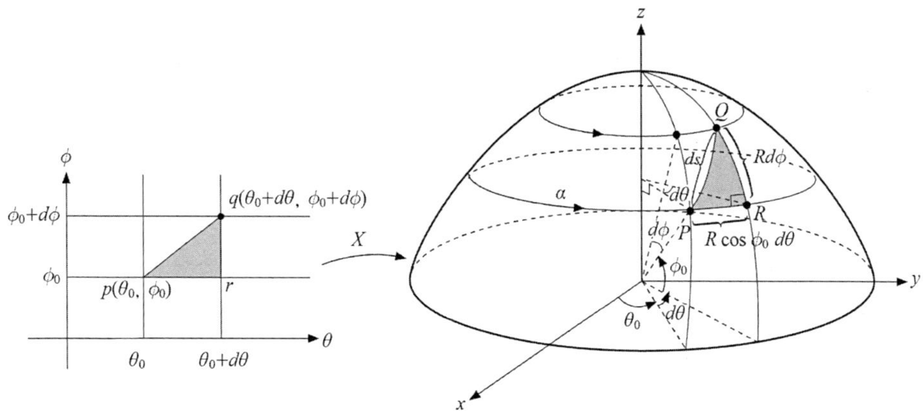

그림 3-12

먼저 곡선 α에 대응하는 (θ, ϕ)-평면 상의 곡선 $\tilde{\alpha}$는 $\tilde{\alpha}(t) = (\theta(t), \phi(t)) = (t, \phi_0)$ $(0 < t < 2\pi)$로 표현되므로 $\dfrac{d\theta}{dt} = 1,\ \dfrac{d\phi}{dt} = 0$를 얻게 된다.

따라서 α의 길이는 식 (1.4)에 의해 $\displaystyle\int_0^{2\pi} \sqrt{R^2\cos^2\phi_0}\,dt = 2\pi R\cos\phi_0$이다.[48)]

이 결과는 직접 $\|\alpha'(t)\|$를 계산함으로서 얻는 것과 일치함을 다음과 같이 확인해볼 수 있다.

$$\|\alpha'(t)\| = \|(X \circ \tilde{\alpha})'(t)\| = \|(-R\cos\phi_0 \sin t,\ R\cos\phi_0 \cos t,\ 0)\| = R\cos\phi_0$$

따라서 α의 길이는 $\displaystyle\int_0^{2\pi} \|\alpha'(t)\| dt = 2\pi R\cos\phi_0$가 된다.

⑤ 높은 차원으로의 확장

지금까지 우리는 함수 $X: (\mathbb{R}^2, (x_1, x_2)) \to \mathbb{R}^3$을 통해 $\mathbb{R}^3$ 상의 곡면 $(M, (x_1, x_2))$ 를 정의하고, 곡면 M 위의 각 점 P에서 접공간 T_PM을 벡터 $\left.\dfrac{\partial}{\partial x_i}\right|_P \left(:= \dfrac{\partial X}{\partial x_i}(x_1, x_2)\right)$ $(i = 1, 2)$ 들을 기저로 하는 벡터공간으로 정의하였다.

48) 물론, 곡선 α는 반지름이 $R\cos\phi_0$인 원 이므로, 그 길이가 $2\pi\cos\phi_0$가 되는 것은 당연하다.

또 접공간 T_PM에서 두 접벡터 $v_P=\sum_{i=1}^{2} a_i \frac{\partial}{\partial x_i}\Big|_P$, $w_P=\sum_{i=1}^{2} b_i \frac{\partial}{\partial x_i}\Big|_P$의 내적 $\langle v_P, w_P \rangle$를 양의 고윳값을 갖는 대칭행렬 (g_{ij})을 통해 다음과 같이 정의할 수 있었다.

$$\langle v, w \rangle = \sum_{i,j=1}^{2} g_{ij} a_i b_j = (a_1, a_2)\begin{pmatrix} g_{11} & g_{12} \\ g_{21} & g_{22} \end{pmatrix}\begin{pmatrix} b_1 \\ b_2 \end{pmatrix} \ (P\text{는 생략})$$

$$(\text{이때, 특히 } \left\langle \frac{\partial}{\partial x_i}, \frac{\partial}{\partial x_j} \right\rangle = g_{ij}\text{임을 알 수 있다})$$

이와 같이 정의된 내적을 $\langle , \rangle_g$로 표기하고 이로부터 벡터 v_P의 크기

$$\|v_P\|_g = \sqrt{\langle v_P, v_P \rangle_g}$$

와 거리구조 $ds_g^2 = \sum_{i=1}^{2} g_{ij} dx_i dx_j$를 정의하였다.

또 이를 이용하여 곡선 $\alpha(t) = X(x_1(t), x_2(t))$ $(a \le t \le b)$의 길이를 다음과 같이 계산할 수 있었다.

$$\alpha\text{의 길이} = \int_a^b \|\alpha'(t)\|_g dt = \int_a^b \sqrt{\sum_{i,j=1}^{2} g_{ij}(\alpha(t)) x_i'(t) x_j'(t)}\ dt$$

이상과 같은 모든 논의는, 임의의 좌표계 $(x_i)(=(x_1, \cdots, x_n))$을 갖는 n차원 유클리드 공간 $(\mathbb{R}^n, (x_i))$ 에서 정의된 함수 $X:(\mathbb{R}^n, (x_i)) \to \mathbb{R}^{n+k}$ $(k \in \mathbb{N})$으로 표현되는 공간 $M(:= X(\mathbb{R}^n))$에 대해서도 똑같이 적용될 수 있다.

이와 같이, 일반적으로 공간 M 상의 각 점에서 정의된 접공간

$$T_PM := \left\{ \sum_{i=1}^{n} a_i \frac{\partial}{\partial x_i}\Big|_P : a_i \in \mathbb{R} \right\}$$

에서의 내적 $\langle , \rangle_g$가 좌표계 $(x_1, \cdots, x_n)$에 대한 양의 고윳값을 갖는 임의의 대칭 $n \times n$ 행렬 $g_{ij} = \left\langle \frac{\partial}{\partial x_i}, \frac{\partial}{\partial x_j} \right\rangle_g$ $(i, j = 1, 2, \cdots, n)$에 의해 주어졌을 때 이 공간 M을 **n차원 리만공간**[49]이라고 부르고 $(M, (x_i), \langle , \rangle_g)$로 표기한다.

이제 이러한 리만공간 $(M, (x_i), \langle , \rangle_g)$을 약간 다른 관점에서 다음과 같이 기술해 보자.

3차원 공간 $(\mathbb{R}^3, (x_i))$와 리만공간 $(M, (x_i), \langle , \rangle_g)$ 위의 각 점들은 함수 X에 의해(즉, 동일한 좌표계 $(x_i) = (x_1, \cdots, x_1)$에 의해) 정확히 일대일 대응을 이루고[50], 각각의 접공간 $T_p\mathbb{R}^3$, T_PM (단, $P = X(p)$) 역시 $E_i(p) \overset{X_*}{\longmapsto} \left.\frac{\partial}{\partial x_i}\right|_P$ $(i = 1, 2, 3)$인 선형사상 X_* 에 의해 정확히 일대일 대응을 이룬다. (여기서 선형사상 X_*에 의한 두 벡터 $E_i(p)$와 $\left.\frac{\partial}{\partial x_i}\right|_P$의 대응은 여러 가지 측면에서 자연스럽다고 할 수 있다. 한 예로 우리는 앞서 ①에서 함수 $f: M \to \mathbb{R}$가 주어졌을 때 접벡터 $\left.\frac{\partial}{\partial x_i}\right|_P$ 방향으로의 미분 $\frac{\partial f}{\partial x_i}(P)$를 $\frac{\partial (f \circ X)}{\partial x_i}(p)$으로 정의한 바가 있다. 이때 함수 $\tilde{f} := f \circ X: (\mathbb{R}^2, (x_i)) \to \mathbb{R}$를 $f: M \to \mathbb{R}$에 대응하는 함수로 보면 위 $\frac{\partial f}{\partial x_i}(P)$의 정의는 정확히 함수 $\tilde{f}$의 $E_i(p)$ 방향으로의 미분, 즉 $E_i(p)[\tilde{f}]\left(= \frac{\partial \tilde{f}}{\partial x_i}(p)\right)$임을 알 수 있다.

따라서 두 공간 $(\mathbb{R}^3, (x_i))$과 $(M, (x_i), \langle , \rangle_g)$에서 각각 정의된 함수에 대한 두 벡터 $E_i(p)$, $\left.\frac{\partial}{\partial x_i}\right|_P$의 미분 작용소로서의 기능은 완전히 동일하게 대응된다고 할 수 있다)

따라서 이러한 사실들로부터 두 공간 $(\mathbb{R}^3, (x_i))$ 과 $(M, (x_i), \langle , \rangle_g)$의 '미분구조'는 같은 것으로 볼 수 있다. 즉, 둘 중 한 공간에서 정의된 함수의 미분과 관련된 모든 이론은 나머지 다른 공간에서 정의된 함수의 미분에 관한 이론과 정확히 일치하게 대응시킬 수 있다.

한편, 3차원 공간 $(\mathbb{R}^3, (x_i))$ 에서의 내적을 표준기저 벡터장 $E_i (1 \le i \le 3)$ 에 대해 $E_i \cdot E_j = \delta_{ij}$로 정의된 '표준내적' 대신 함수 $X: (\mathbb{R}^3, (x_i)) \to \mathbb{R}^{3+k}$ $(k \in \mathbb{N})$을 통해 정의된 리만공간 $(M, (x_i), \langle , \rangle_g)$에서의 내적을 사용하여 다음과 같이 정의할 수도 있다는 사실에 유의해보자.

$$\langle E_i, E_j \rangle_g := g_{ij} \left(= \left\langle \frac{\partial}{\partial x_i}, \frac{\partial}{\partial x_j} \right\rangle \right) \quad (i, j = 1, 2, 3)$$

---

49) 이 책에서는 '다양체이론'을 기술하지 않고 있기 때문에 여기서 정의한 리만공간은 사실상 유클리드 공간과 미분구조가 같은 '국소적' 리만다양체에 해당한다고 볼 수 있다. n차원 (대역적)리만다양체란, 각 점마다 2차원 '국소적'리만다양체와 isometric한 근방이 존재하는 $\mathbb{R}^2 (N > m)$의 부분집합을 말한다.

50)엄밀한 표현으로, 함수 $X: (\mathbb{R}^3, (x_i)) \to (M, (x_i))$은 미분동형이다.

만일 $(\mathbb{R}^3, (x_i))$의 접공간에서의 내적을 위와 같이 정의하면, 이는 두 공간 $(\mathbb{R}^3, (x_i))$과 $(M, (x_i), \langle , \rangle_g)$ 사이에 선형함수 X_*에 의해 서로 대응하는 벡터들 간의 내적이 완전히 일치함을 의미한다.

따라서 이 경우에 내적으로부터 정의되는 벡터의 크기나 각 공간에서의 거리구조 역시 서로 정확히 일치하게 대응된다. 물론 이 경우 $(\mathbb{R}^3, (x_i), \langle , \rangle_g)$ 상의 곡선 $\tilde{\alpha}$와 이에 대응하는 $(M, (x_i), \langle , \rangle_g)$ 상의 곡선 $\alpha = X \circ \tilde{\alpha}$의 길이도 정확히 일치한다.

결론적으로 두 리만공간 $(\mathbb{R}^3, (x_i), \langle , \rangle_g)$과 $(M, (x_i), \langle , \rangle_g)$은 본질적으로 같은 공간으로서 구별할 필요가 없다.[51] 따라서 우리는 앞으로 3차원 리만공간을 표현할 때 '$M = (\mathbb{R}^3, (x_i), \langle , \rangle_g)$'와 같은 표기법을 사용하도록 한다.

이러한 관점은 리만공간 $(M, (x_i), \langle , \rangle_g)$을 매우 단순한 방식으로 이해할 수 있게 하는 장점이 있다. 즉, 리만공간 $(M, (x_i), \langle , \rangle_g)$과 본질적으로 같은 공간인 $(\mathbb{R}^3, (x_i), \langle , \rangle_g)$을 기술하기 위해 필요한 것은 오직 $\mathbb{R}^3$의 좌표계 (x_i)와 양의 고윳값을 갖는 대칭행렬 함수 $(g_{ij}(x_k))$뿐이며, 이때 이 공간의 내적을 기술하기 위해서는 표준기저 벡터장 E_i $(1 \le i \le 3)$들의 내적을 $\langle E_i, E_j \rangle_g = g_{ij}$ $(1 \le i, j \le 3)$로 정의해 주기만 하면 된다는 것이다.

주의할 것은, 이렇게 해서 만들어진 리만공간 $M = (\mathbb{R}^3, (x_i), \langle , \rangle_g)$의 거리구조나 기하학적 성질들은 우리가 통상적으로 다루어온 표준내적 $\langle , \rangle_0$ (즉, $\langle v, w \rangle_0 := v \cdot w$) 을 갖는 유클리드 공간 $(\mathbb{R}^3, (x_i), \langle , \rangle_0)$의 그것들과는 전혀 다른 것일 수 있다는 것이다.

일반적으로 유클리드 공간 $(\mathbb{R}^3, (x_i), \langle , \rangle_0)$이 '편평한' 기하학적 구조를 갖는 데 비해 리만공간 $M = (\mathbb{R}^3, (x_i), \langle , \rangle_g)$는 임의로 '휘어진' 기하학적 구조를 가질 수 있는데(1.1절 예3에서의 곡면 $X(\mathbb{R}^2)$처럼) 이러한 차이를 엄밀히 기술하기 위해서는 '곡률' 이라는 개념이 필요하다.

이에 대한 자세한 설명은 다음 절로 미루기로 하고, 다만 표기법과 관련하여 한 가지만 언급하도록 하자.

앞서 언급한 바와 같이, 리만공간 $M = (\mathbb{R}^3, (x_i), \langle , \rangle_g)$의 바탕이 되는 공간은 $(\mathbb{R}^3, (x_i))$이지만 그 기하학적 구조는 '편평한' 유클리드 공간 $(\mathbb{R}^3, (x_i), \langle , \rangle_0)$와 전혀 다르게 임의로 '휘어질' 수 있으므로, 이를 구별하여 상기시키기 위해 리만공간 $(\mathbb{R}^3, (x_i), \langle , \rangle_g)$에서는 $(\mathbb{R}^3, (x_i))$의 표준기저 벡터장을 나타낼 때 E_i $(1 \le i \le 3)$라는 표기법 대신 이에 대응하는 '좌표벡터장'의 표기법 $\dfrac{\partial}{\partial x_i}$ $(1 \le i \le 3)$을 사용하기로 한다.([그림 3-13] 참조)

51)엄밀한 표현으로, 함수 $X: (\mathbb{R}^3, (x_i), \langle , \rangle_g) \to (M, (x_i), \langle , \rangle_g)$는 '리만 등장사상'(Riemannian isometry)이다.

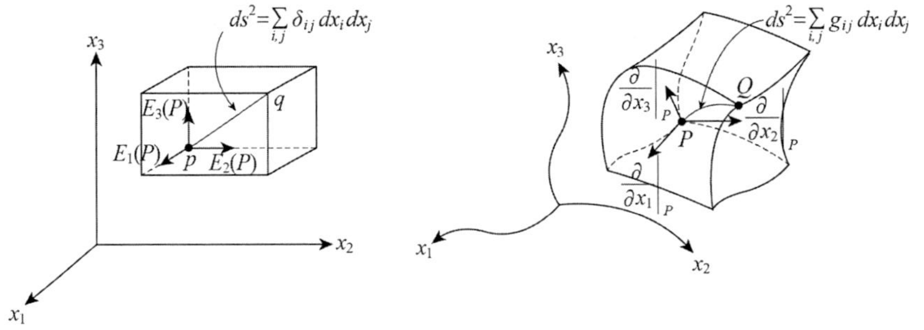

$\left(\mathbb{R}^3,\ (x_i),\ \langle\,,\rangle_0\right)$ $\left(\mathbb{R}^3,\ (x_i),\ \langle\,,\rangle_g\right)$

그림 3-13

즉, 리만공간 $M=\left(\mathbb{R}^3,\ (x_i),\ \langle\,,\rangle_g\right)$에서 $\frac{\partial}{\partial x_1}\Big|_P=(1,0,0)_P,\ \cdots,\ \frac{\partial}{\partial x_3}\Big|_P=(0,0,1)_P$ 이고 이때

$$\left\langle (1,\,0,\,0)_P,\,(1,\,0,\,0)_P\right\rangle_g=g_{11},$$
$$\left\langle (1,\,0,\,0)_P,\,(0,\,1,\,0)_P\right\rangle_g=g_{12},$$
$$\cdots$$
$$\left\langle (0,\,0,\,1)_P,\,(0,\,0,\,1)_P\right\rangle_g=g_{33}$$

임을 기억해야 한다.

또 $M=\left(\mathbb{R}^3,\ (x_i),\ \langle\,,\rangle_g\right)$의 한 점 P에서의 접공간은 유클리드 공간 $\left(\mathbb{R}^3,\ (x_i),\ \langle\,,\rangle_0\right)$에서의 접공간 $T_P\mathbb{R}^3$와 구별하기 위해 T_PM로 표기한다.

1.3 휜 공간의 곡률

① 곡률의 정의

앞 절에서 우리는 주어진 좌표계 (x_i)에 대해 리만공간 $(\mathbb{R}^n, (x_i), <,>_g)$의 거리구조 ds^2를 행렬 (g_{ij})를 통해 표현하는 방법에 대해 알아보았다. 가령, xy 좌표평면인 $\mathbb{R}^2$의 거리구조가 $(g_{ij}(x, y))=\begin{pmatrix}1 & 0\\ 0 & 1\end{pmatrix}$으로 표현되었다면 이는 $ds^2=dx^2+dy^2$을 의미한다.

그런데 이때 유의해야 할 점은 행렬 (g_{ij})의 표현방식이 좌표계 (x_i)의 선택에 따라 달라질 수 있다는 점이다.

예를 들어, $\mathbb{R}^2$의 좌표계로 직교좌표계 (x, y) 대신 극 좌표계 (r, θ)을 사용하면, 위의 $ds^2=dx^2+dy^2$은 $ds^2=dr^2+r^2d\theta^2$으로 다시 쓸 수 있다(이것은 $x=r\cos\theta$, $y=r\sin\theta$의 변환식으로부터 $dx=\cos\theta\, dr-r\sin\theta\, d\theta$, $dy=\sin\theta\, dr+r\cos\theta\, d\theta$를 얻고 이를 다시 dx^2+dy^2에 대입함으로써 쉽게 확인할 수 있다). 이 경우는 $(g_{ij}(r, \theta))=\begin{pmatrix}1 & 0\\ 0 & r^2\end{pmatrix}$이 된다([그림 3-14] 참조).

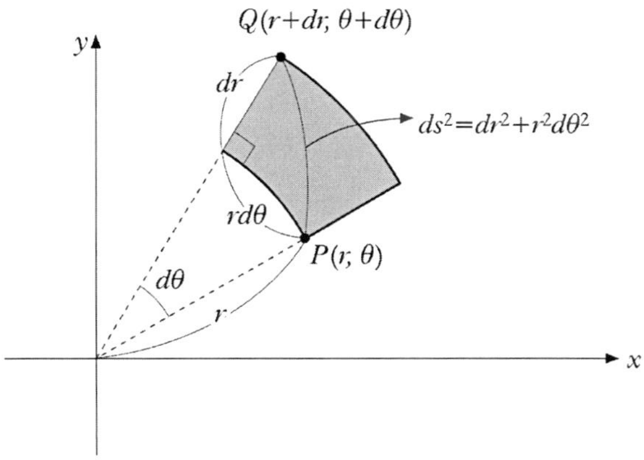

그림 3-14

이와 같이 공간의 거리구조를 표현하는 행렬 (g_{ij})이 공간의 좌표계에 따라 달라질 수 있다면, 어떻게 (g_{ij})로 표현된 거리구조로부터 그 공간이 휘었는지 편평한지를 알아낼 수 있을까? 다시 말해서 좌표계의 선택에 따라 표현이 달라지는 (g_{ij}) 대신에 좌표계의 선택과 관계 없이 오직 그 공간의 거리구조에 의해서만 결정되면서 동시에 그 공간이 얼마나 휘었는지를 나타내어 주는 양을 (g_{ij})로부터 어떻게 이끌어 낼 수 있을까?

이 질문에 대한 해답은 여러 가지 방법으로 접근할 수 있지만, 여기서는 앞에서 공부한 '곡선의 길이'를 이용하여 이 문제를 해결해보도록 하자. 먼저 [그림 3－15]와 같이 편평한 평면 H와 반지름 R인 구면 $S^2(R)$이 점 p에서 접하고 있는 상황을 생각해보자. 이때 p 위치에 있는 한 사람이 자신이 속한 공간이 평면 H인지 구면 $S^2(R)$인지를 어떻게 알 수 있을까?[52)]

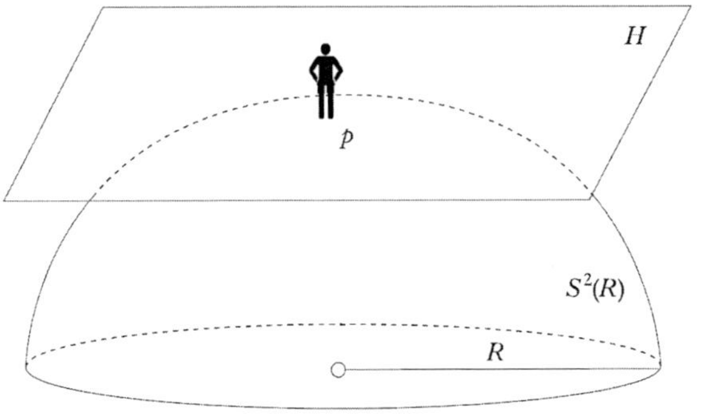

그림 3－15

한 가지 해결방법은, 자신을 중심으로 반지름 r인 원을 그려서 그 둘레의 길이를 측정하는 것이다. 만일 이 사람이 평면 H 위에 있었다면, 자신을 중심으로 평면 위에 그려진 반지름 r인 원의 둘레를 측정하면 $2\pi r$을 얻게 될 것이다[그림 3－16(a)]. 그러나 만일 이 사람이 구면 위에 있었다면 자신으로부터 r 만큼 떨어진 점들의 자취인 원의 둘레를 측정하면 [그림 3－16(b)], 앞 절에서 계산한 바에 의해 $2\pi R\sin(r/R)$을 얻게 된다($\frac{\pi}{2}-\phi_0=\frac{r}{R}$ 임에 유의).

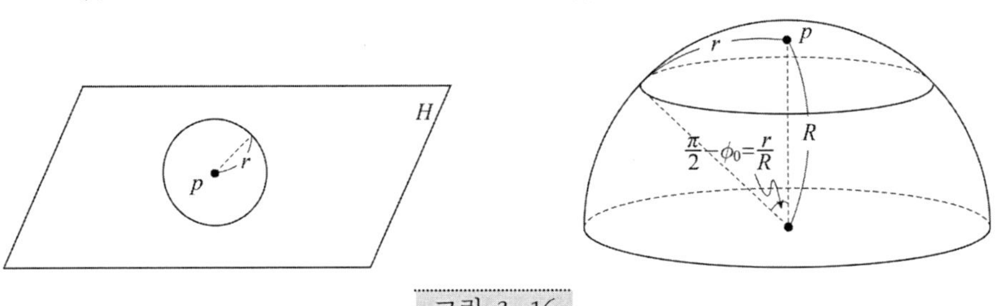

그림 3－16

52) 물론 이 사람은 자신이 속해 있는 공간 이외에는 어떤 공간도 볼 수 없는 상황에 있다고 가정하고 있다. 마치 우리가 3차원공간을 벗어난 공간을 볼 수 없듯이...

물론 $2\pi R\sin(r/R) < 2\pi R\left(\frac{r}{R}\right) = 2\pi r$이므로 결과적으로 $2\pi r$보다 작은 값을 얻게 된다. 이제 이 차이를 좀 더 자세히 분석해보도록 하자. 먼저 $\sin\frac{r}{R}$을 테일러 전개하면 다음을 얻는다.

$$2\pi R\sin\left(\frac{r}{R}\right) = 2\pi R\left(\frac{r}{R} - \frac{1}{3!}\left(\frac{r}{R}\right)^3 + O(r^5)\right)$$
$$= 2\pi\left(r - \frac{1}{6}\frac{1}{R^2}r^3 + O(r^5)\right)$$

따라서 $2\pi R\sin(r/R)$의 테일러 1차 근사는 $2\pi r$임을 알 수 있는데, 이는 기하학적으로 점 p에서 구면 $S^2(R)$에 '접하는 평면(일차근사)'에서의 반지름 r인 원의 둘레가 $2\pi r$이라는 사실에 대응한다.

다음으로 위 테일러 전개의 두 번째 항을 살펴보자. 이 항에서 우리는 구면의 반지름 R과 관련된 항인 $\frac{1}{R^2}$을 발견할 수 있다. 일반적으로 점 p에서 구면이 얼마나 휘었는가는 전적으로 구면의 반지름 R에 달려 있다는 사실과, 실제로 반지름 R이 클수록 구면이 p점에서 덜 휘어져 있다는 사실로부터, 우리는 $2\pi R\sin(r/R)$의 테일러 전개식 둘째항의 계수에 구면의 '곡률(曲率, curvature)'에 대한 정보가 담겨 있음을 알 수 있다. 이제, 이상과 같은 논의를 보다 일반화 하여 서술해보도록 하자.

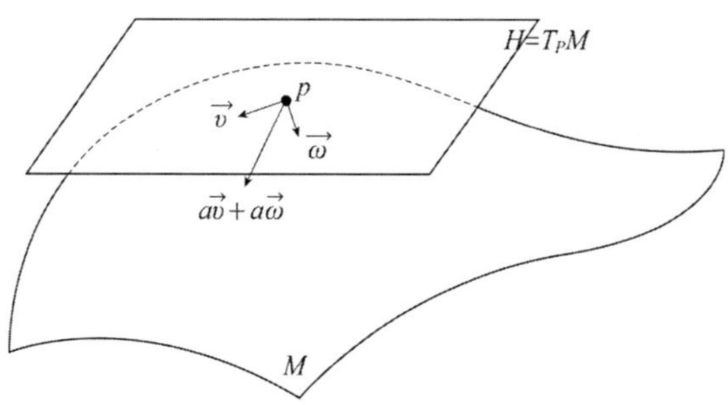

그림 3-17

[그림 3-17]과 같이 임의의 휘어진 곡면 M과 그 곡면 상의 한 점 p가 있다고 하자. 만일 $\{\vec{v}, \vec{w}\}$가 p점에서 곡면에 접하는 평면 공간 H(이것을 T_pM으로 생각할 수도 있다)의 한 기저라고 하면, p점으로부터 이 곡면 상의 다른 점을 향해 움직일 수 있는 임의의 방향은 적당한 상수 a, b에 대해, $a\vec{v}+b\vec{w}$의 형태로 표현할 수 있다([그림 3-17] 참조).

이제 각 방향 $a\vec{v}+b\vec{w}$으로 '곧바로' 거리 r만큼[53] 이동한 뒤 도착한 지점들을 모두 이으면, p점을 중심으로 반경 r인 곡면 위의 '원'이 그려지게 된다. 이 원을 $C_p(r)$이라 하고, 곡면의 거리구조를 이용해 이 원의 둘레를 계산한 뒤 그 값을 $L(p, r)$이라 하자[그림 3－18].

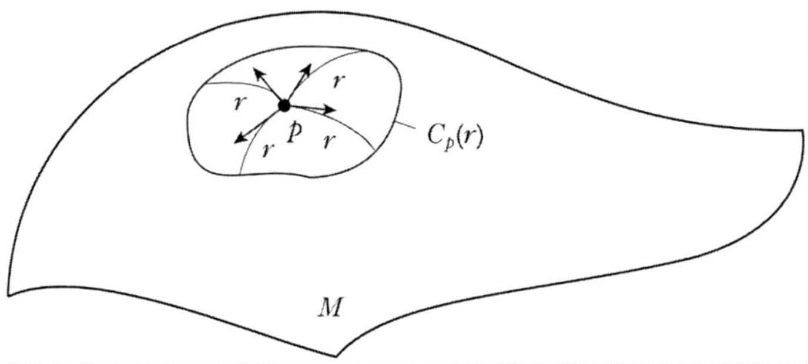

그림 3-18

만일 $L(p,r)$을 r에 대해 테일러 전개하면 항상 다음과 같은 형태를 취한다는 사실이 알려져 있다.[54]

$$L(p, r) = 2\pi\left(r - K_p\frac{r^3}{6} + O(r^5)\right) \tag{1.5}$$

(단, $O(r^5)$은 r에 대한 차수가 5차 이상인 모든 항들을 나타낸다).

이때, K_p는 r과 무관한 실수로서 곡면 M의 거리구조 (g_{ij})에 의해 결정되는 값이며, 위에서 살펴본 반지름 R인 구면의 경우 $\frac{1}{R^2}$에 해당한다.

이제, 식 (1.5)로부터 K_p를 다시 표현하면 다음과 같다.

$$K_p = \lim_{r\to 0}\frac{6}{r^2}\left(1 - \frac{L(p, r)}{2\pi r}\right)$$

위 식으로 계산된 K_p를 곡면 M의 p점에서의 **'곡률'**이라고 정의하는데, 이는 곡면 M이 p 위치에서 얼마나 휘었는지를 나타내는 양이다.

---

53) 이 거리 r은 곡면의 거리구조 ds^2에 따라 계산된 값이다. ('곧바로'의 엄밀한 의미는 다음 절인 1.4절에서 다루게 된다)

54) [Gallot, Hulin, Lafontaine] p.124 참고.

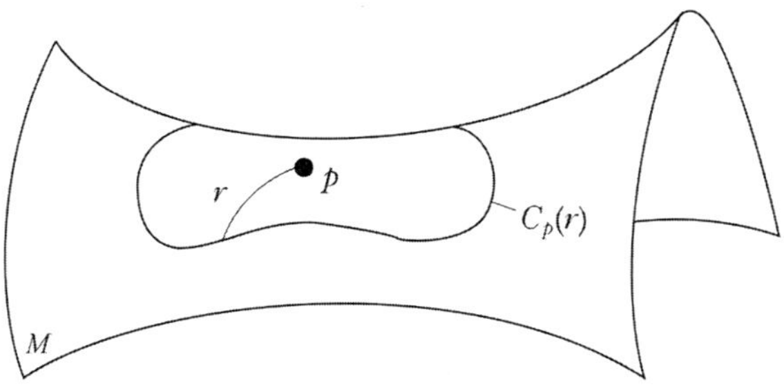

그림 3-19

가령, 곡면이 [그림 3-19]와 같이 말 안장처럼 생겼다면, p점을 중심으로 한 반경 r인 원의 둘레는 $2\pi r$보다 크게 되고, 이 경우에 항상 $\dfrac{L(p,r)}{2\pi r} > 1$이므로 $K_p \le 0$임을 알 수 있다. 또 이러한 곡률은 거리구조 ds^2에 의해 계산된 곡선의 길이 $\int_\alpha ds$를 통해 정의되었고 이때의 곡선의 길이 $\int_\alpha ds$는 좌표계의 선택에 무관하게 그 곡면의 거리구조 ds^2에만 의존하므로 위에서 정의한 곡률개념은 이 절에서 처음 우리가 제기한 질문에 대한 해답으로서의 자격이 있음을 알 수 있다.

② 섹션별 곡률과 스칼라 곡률

지금까지의 논의는 2차원의 휜 공간에서 진행되었지만, 3차원, 4차원 등 고차원에서도 동일한 방법으로 확장될 수 있다.

예를 들어, [그림 3-20]과 같이 임의의 3차원 리만공간 M을 생각하자.

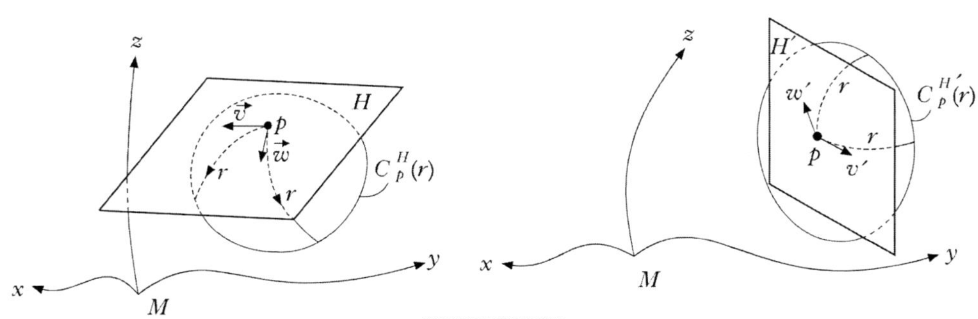

그림 3-20

이 공간 속의 한 점 p에 대해, 이 경우에는 무한히 많은 '접평면'들이 존재한다. 즉, 점 p에서 일차독립인 두 벡터 $\vec{v}$, $\vec{w}$에 의해 생성된 접벡터들의 공간 $<\{\vec{v}, \vec{w}\}> \equiv \{a\vec{v}+b\vec{w} \mid a, b \in \mathbb{R}\}$를 선택하는 방법은 $\{\vec{v}, \vec{w}\}$의 선택에 따라 무수히 많다. 가령, 그 중 하나를 $H = <\{\vec{v}, \vec{w}\}>$로 표시한다면, 이 H에 대해 위의 2차원 공간에서 했던 과정을 똑같이 반복하여[55] K_p를 얻을 수 있다. 이렇게 얻은 K_p는 $H = <\{\vec{v}, \vec{w}\}>$에 대한 p점에서의 곡률을 나타내므로 특별히 $K_p(H)$라고 표기하고 'H에 대한 섹션별 곡률(Sectional Curvature)'이라고 부른다.

이때 H는 이를 생성하는 두 일차독립인 벡터 $\vec{v}$, $\vec{w}$에 의해 표현되므로 $K_p(H)$를 편의상 $K_p(\vec{v}, \vec{w})$로 쓰기도 한다.

이러한 섹션별 곡률(Sectional Curvature)은 말 그대로, 3차원 공간의 휜 정도를 한 점을 지나는 여러 섹션(section)들로 잘라서 살펴보는 곡률개념이다. 만일 점 p에서 T_pM의 정규 직교 기저 $\{\vec{e_1}, \vec{e_2}, \vec{e_3}\}$ (단, $<\vec{e_i}, \vec{e_j}> = \delta_{ij}$)가 주어졌다면[56] 우리는 세 개의 섹션별 곡률(Sectional Curvature)을 생각할 수 있다. 즉, $K_p(\vec{e_1}, \vec{e_2})$, $K_p(\vec{e_1}, \vec{e_3})$, $K_p(\vec{e_2}, \vec{e_3})$이 그것들이다. 이때, 이 세 값의 평균을 'p점에서의 **스칼라 곡률**(Scalar Curvature)'이라고 부른다[그림 3-21].

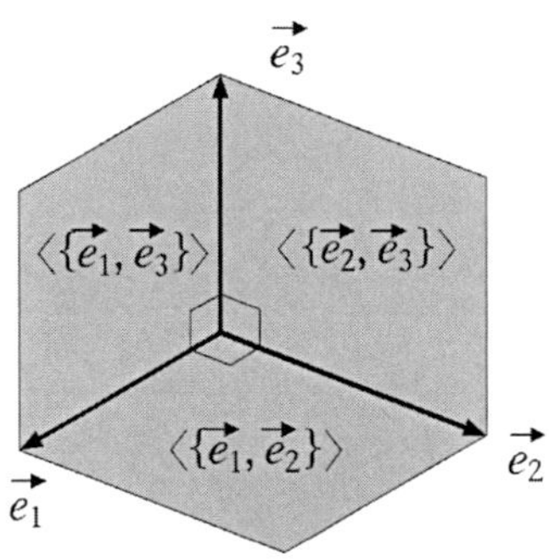

그림 3-21

즉,

$$S_p(\vec{e_1}, \vec{e_2}, \vec{e_3}) = \frac{1}{3}\sum_{i \neq j} K_p(\vec{e_i}, \vec{e_j}) = \frac{1}{3}\left(K_p(\vec{e_1}, \vec{e_2}) + K_p(\vec{e_1}, \vec{e_3}) + K_p(\vec{e_2}, \vec{e_3})\right)$$

이다.

이 경우에 만일 p점에서 다른 정규 직교 기저 $\{\vec{e'_1}, \vec{e'_2}, \vec{e'_3}\}$ (단, $<\vec{e'_i}, \vec{e'_j}> = \delta_{ij}$)을

55) 그림 3-20에서는 H에 대한 $C_p(r)$을 특별히 $C_p^H(r)$로 표기하였다.

56) Gram-schmidt의 정규직교화 과정에 의해 항상 이와 같은 정규 직교 기저를 잡을 수 있다.

잡았다면, 이로부터 얻은 $S_p(\overrightarrow{e'_1}, \overrightarrow{e'_2}, \overrightarrow{e'_3})$와 위에서 얻은 $S_p(\overrightarrow{e_1}, \overrightarrow{e_2}, \overrightarrow{e_3})$은 어떻게 다를까?

대답은, 정규 직교 기저의 선택에 관계없이 p점에서의 스칼라 곡률(Scalar Curvature)의 값은 항상 같다는 것이다.[57)]

즉, $S_p(\overrightarrow{e'_1}, \overrightarrow{e'_2}, \overrightarrow{e'_3}) = S_p(\overrightarrow{e_1}, \overrightarrow{e_2}, \overrightarrow{e_3})$이다. 따라서 한 점 p에서의 섹션별 곡률(Sectional Curvature)의 평균에 해당하는 스칼라 곡률(Scalar Curvature)은 오직 점 p에 따라서만 달라질 수 있으며 이것을 $S(p)$로 표기한다.

③ 리찌 곡률

일반 상대론에서 중요하게 사용되는 곡률 개념에는 위의 섹션별 곡률(Sectional Curvature)과 스칼라 곡률(Scalar Curvature) 이외에도 리찌 곡률(Ricci Curvature)이 있다.

가령, p점에서 단위 접벡터 $\vec{u} \in T_pM$를 생각해보자. 그러면 $\vec{u}$와 수직인 두 벡터 $\overrightarrow{e_2}, \overrightarrow{e_3}$를 선택하여, $\{\vec{u}, \overrightarrow{e_2}, \overrightarrow{e_3}\}$가 T_pM의 정규 직교 기저가 되도록 할 수 있다.

이때, $\vec{u}$를 포함하는 두 섹션(section)인 $H_2 = <\{\vec{u}, \overrightarrow{e_2}\}>$, $H_3 = <\{\vec{u}, \overrightarrow{e_3}\}>$에 대해 $K_p(H_2) = K_p(\vec{u}, \overrightarrow{e_2})$, $K_p(H_3) = K_p(\vec{u}, \overrightarrow{e_3})$의 평균값을 $Ric_p(\vec{u})$라고 쓰고 벡터 $\vec{u}$에 대한 '리찌 곡률(Ricci Curvature)'이라고 부른다[그림 3-22].

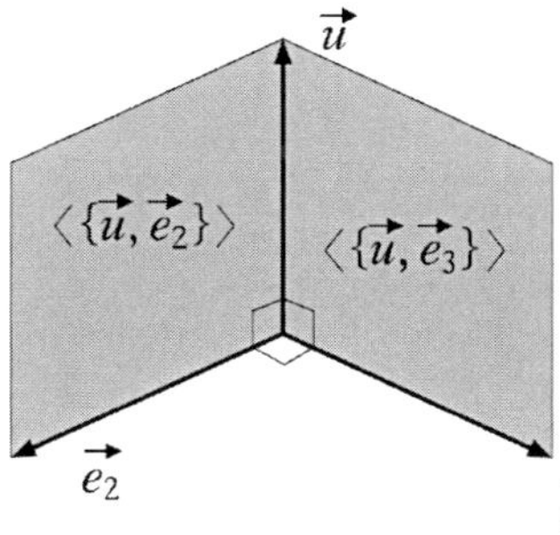

그림 3-22

즉,

$$Ric_p(\vec{u}) = \frac{1}{2}\left(K_p(\vec{u}, \overrightarrow{e_2}) + K_p(\vec{u}, \overrightarrow{e_3})\right)$$

이다.

57) 본질적으로 이것은 선형사상의 trace가 기저의 선택에 무관하다는 사실에 기인한다. 이에 대한 자세한 사항은 [Petersen] pp.31~32를 참조.

스칼라 곡률(Scalar Curvature)의 경우와 마찬가지로 이 값은 $\{\overrightarrow{e_2}, \overrightarrow{e_3}\}$의 선택에 관계없이 항상 일정하다. 즉, 임의의 다른 기저 $\{\overrightarrow{e'_2}, \overrightarrow{e'_3}\}$을 잡아 $\{\overrightarrow{u}, \overrightarrow{e'_2}, \overrightarrow{e'_3}\}$가 정규 직교 기저가 되도록 하고, 이로부터 $K_p(\overrightarrow{u}, \overrightarrow{e'_2})$, $K_p(\overrightarrow{u}, \overrightarrow{e'_3})$의 평균을 구하면 항상 그 값은 위에서 구한 값과 같게 됨을 확인할 수 있다.

더 나아가 일반적으로 임의의 단위벡터 $\overrightarrow{u} \in T_pM$를 T_pM의 적당한 기저 $\{\overrightarrow{f_1}, \overrightarrow{f_2}, \overrightarrow{f_3}\}$에 대해, $\overrightarrow{u} = u_1\overrightarrow{f_1} + u_2\overrightarrow{f_2} + u_3\overrightarrow{f_3}$로 표현했을 때 다음을 만족하는 3×3행렬 $(Ric_{ij}(p))$이 존재함을 보일 수 있다.[58]

$$Ric_p(\overrightarrow{u}) = (u_1, u_2, u_3)(Ric_{ij}(p))\begin{pmatrix} u_1 \\ u_2 \\ u_3 \end{pmatrix} = \sum_{i, j=1}^{3} u_iu_j\,Ric_{ij}(p)$$

위 식은 $\overrightarrow{u}$가 단위벡터가 아닌 임의의 벡터인 경우에도 의미를 가지므로, 앞서 1.2절에서 벡터의 '내적'을 정의한 것과 같은 방법으로, 임의의 두 접벡터 $\overrightarrow{v}, \overrightarrow{w}$에 대해

$$Ric_p(\overrightarrow{v}, \overrightarrow{w}) := (v_1, v_2, v_3)(Ric_{ij}(p))\begin{pmatrix} w_1 \\ w_2 \\ w_3 \end{pmatrix} = \sum_{i, j=1}^{3} v_iw_j\,Ric_{ij}(p)$$

로 정의하면, $Ric_p(\overrightarrow{v}, \overrightarrow{w})$는 $\overrightarrow{v}$와 $\overrightarrow{w}$에 대해 각각 선형이 되고[59], 특별히 $\overrightarrow{v} = \overrightarrow{w}$인 경우에

$$Ric_p(\overrightarrow{v}, \overrightarrow{v}) = \|\overrightarrow{v}\|^2\,Ric_p\left(\frac{\overrightarrow{v}}{\|\overrightarrow{v}\|}\right)$$

이 된다. 또한, 만일 $\overrightarrow{v} = \overrightarrow{f_i}$, $\overrightarrow{w} = \overrightarrow{f_j}$로 두면, $Ric_{ij}(p) = Ric_p(\overrightarrow{f_i}, \overrightarrow{f_j})$임을 알 수 있다. 섹션별 곡률(Sectional Curvature) K_p가 공간의 거리구조 (g_{ij})에 전적으로 의존하여 정의되었다는 점을 상기해보면, 이러한 K_p의 적당한 평균을 취해서 얻어진 리찌 곡률(Ricci Curvature)과 스칼라 곡률(Scalar Curvature) 역시 공간의 거리 구조에 의해 결정되는 양임을 잊어서는 안 된다.

---

58) [Petersen] p.31 참고.

59) 즉, $\overrightarrow{v}$에 대해 $Ric_p(a\overrightarrow{v_1} + b\overrightarrow{v_2}, \overrightarrow{w}) = a\,Ric_p(\overrightarrow{v_1}, \overrightarrow{w}) + bRic_p(\overrightarrow{v_2}, \overrightarrow{w})$가 성립하고, $\overrightarrow{w}$에 대해서도 마찬가지가 성립한다.

1.4 공미분과 측지선

앞 절에서 우리는 임의의 거리구조 ds^2를 갖고 있는 공간 M상의 한 점 p에서, 특정한 방향 $\vec{v}$를 향해 '곧바로' 이동해 나아가는 상황을 여러 번 만났다. 이 절에서는 이와 같은 '곧바로' 나아가는 경로인 '측지선'에 대해 좀 더 엄밀한 언어를 사용하여 기술해보도록 하자.

본질적인 측면에서 '곧바로' 나아간다는 것은, 출발 순간에 선택한 속도 벡터 $\vec{v}$가 그 길을 가는 도중에 아무런 변화를 겪지 않는다는 것을 의미한다.

예를 들어, 평면 위의 한 점 p에서 특정 방향 $\vec{v}$를 초기속도로 해서 출발하였다면, 도중에 이 속도 벡터 $\vec{v}$의 크기와 방향을 바꾸지 않는 한, 일정한 크기의 속력으로 '직선'을 따라 움직이게 될 것이고, 이처럼 속도를 바꾸지 않고 움직인 경로를 우리는 '측지선(geodesic)'이라고 부른다.

만일 구면 위의 한 점 p에서 특정 방향을 향해 '곧바로' 나아가면 어떻게 될까?

가령, 북극에 있는 사람이 전방을 향해 일정한 속도벡터를 유지하면서 나아가면, [그림 3-23]과 같이 대원을 따라 남극을 향해 갈 것이다. 이때 이 사람의 속도 벡터는 구면 바깥에서 이를 지켜보는 사람의 입장에서는 계속해서 변해 나가는 것처럼 보이겠지만, 구면 위에서 걸어가는 사람의 입장에서는 도중에 조금도 변하지 않았고, 결과적으로 이 사람은 자신이 전방을 향해 일정한 속도로 나아갔다고 생각할 것이다.

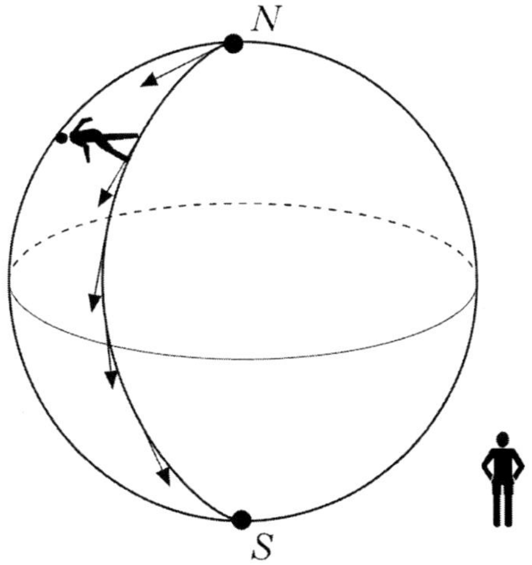

그림 3-23

이와 같이 한 점에서 주어진 벡터가 특정 경로를 따라 이동하면서 얼마나 변해가느냐 하는 문제는 그것을 기술하는 사람이 살고 있는 공간의 기하학적 구조에 따라 달라질 수가 있다. 이것은 마치 운동하는 한 물체에 대한 기술이 그것을 관찰하는 관찰자의 운동 상태에 따라 달라질 수 있는 것과 마찬가지다. 즉, 구면 S^2를 S^2 상에 살고 있는 관찰자가 보았을 때와 R^3에 살고 있는 관찰자가 바라보았을 때, 혹은 3차원 구면 $S^3 = \{(x, y, z, w) \in R^4 \mid x^2+y^2+z^2+w^2=1\}$에 있는 사람이 보았을 때, 각각 그 기하학적 구조가 다르게 기술될 수 있는 것이다.

그런데 앞서 2장에서 우리는 물체의 '고유시간(proper time)'이라는 개념이 로렌츠 불변량으로서 물체 바깥의 어느 관찰자가 기술하든 동일한 값으로 기술되고, 특별히 이 값은 물체 위에 타고 있는 관찰자 자신의 시간에 해당한다는 것을 살펴본 바가 있다. 마찬가지로 S^2라는 공간 위에 살고 있는 사람에 의해 기술되는 S^2의 기하학적 구조와 관련한 일종의 불변량, 즉 S^2를 어떤 공간 속에서 바라보더라도 같은 값으로 기술될 수 있는 양들이 중요한 의미를 지니며 이러한 불변량들에 의해 기술되는 S^2의 기하학적 구조를 S^2의 '**내재적 구조**(intrinsic structure)'라고 부른다.

따라서 우리는 앞으로 구면의 기하학적 구조에 대해 얘기할 때, 구면 밖에 있는 사람의 입장에서 서술된 구조[60]보다는 구면상에 살고 있는 사람의 입장에서 서술된 구조에 초점을 맞추어, 구면의 내재적 구조에 대해 살펴보고자 한다. 더 나아가 일반적으로 임의의 거리구조 ds^2을 갖는 공간 M의 기하학적 구조를 그 공간 M에 살고 있는 사람의 입장에서 기술하고자 하는 것이다.

따라서 우리는 주어진 거리구조 ds^2를 갖는 공간 M상에서 정의된 벡터장 V에 대해, 이 벡터장이 M상의 특정 경로를 따라 어떻게 변해 나가는지를 그 공간 M에 살고 있는 사람의 입장에서 기술할 수 있도록 하는 수학적 장치가 필요하다.

① 공미분의 정의

먼저 우리에게 익숙한 거리구조인 $ds^2 = dx^2+dy^2+dz^2$을 갖고 있는 3차원 유클리드 공간 $(\mathbb{R}^3, (x, y, z), <, >_0)$의 경우를 살펴보자. 만일 $\mathbb{R}^3$ 상의 각 점에서 정의된 벡터장 W가 [그림 3-24]와 같이 주어져 있고, 이때 W의 각 성분은 함수 $f_i: \mathbb{R}^3 \to \mathbb{R}$ $(i=1,2,3)$에 의해 주어졌다고 하자.

60) 이러한 구조를 구면의 '외재적 구조(extrinsic structure)'라고 한다.

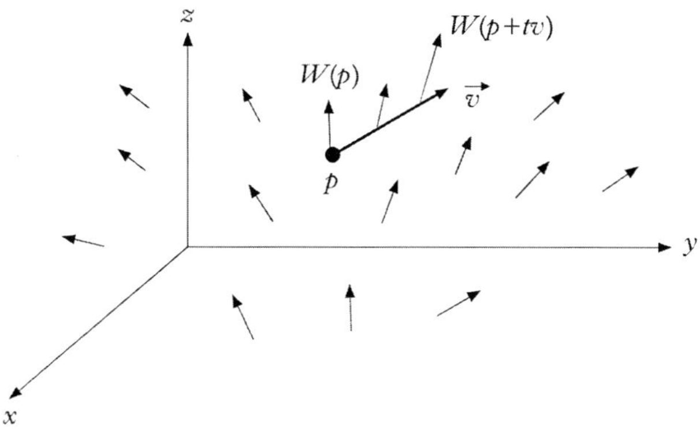

그림 3-24

즉, 표준 기저 벡터장 $E_1 = (1,0,0)$, $E_2 = (0,1,0)$, $E_3 = (0,0,1)$에 대해 다음과 같이 쓸 수 있다.

$$W = (f_1, f_2, f_3) = f_1 E_1 + f_2 E_2 + f_3 E_3$$

이때 $p \in \mathbb{R}^3$로부터 특정방향 $\vec{v}$를 따라 벡터장 W가 변해 나가는 모습은 $W(p+t\vec{v})$를 통해 들여다 볼 수 있고, 특히 점 p에서 W의 순간변화율은 $\left.\frac{d}{dt}\right|_{t=0} W(p+t\vec{v})$을 계산함으로써 얻을 수 있다.

구체적으로 계산해보면,

$$\begin{aligned}\left.\frac{d}{dt}\right|_{t=0} W(p+t\vec{v}) &= \left(\frac{df_1}{dt}(p+t\vec{v}),\ \frac{df_2}{dt}(p+t\vec{v}),\ \frac{df_3}{dt}(p+t\vec{v})\right)_{t=0} \\ &= \left(\nabla f_1(p)\cdot\vec{v},\ \nabla f_2(p)\cdot\vec{v},\ \nabla f_3(p)\cdot\vec{v}\right)\end{aligned}$$

가 됨을 알 수 있다.

이때, $\nabla f_i(p)\cdot\vec{v} = \sum_{j=1}^{3}\frac{\partial f_i}{\partial x_j}(p)v_j$는 함수 f_i의 $\vec{v}$ 방향으로의 순간변화율을 나타내는 '방향도함수'로서, 기호로는 $\vec{v}[f_i]$로 표기하기도 한다.[61)]

따라서 $\mathbb{R}^3$에서 정의된 벡터장 W의 $\vec{v}$ 방향에 대한 p점에서의 순간 변화율 $D_{\vec{v}}W$를 다음과 같이 정의할 수 있다[그림 3-25 참조].

61) $p+t\vec{v}$ 대신에 $\gamma(0)=p$, $\gamma'(0)=\vec{v}$인 임의의 곡선 $\gamma(t)$를 사용해도 항상 같은 결과를 얻는다.
즉, $D_{\vec{v}}W = \left.\frac{d}{dt}\right|_{t=0} W(r(t))$이다.(연습문제 3)

$$D_{\vec{v}} W = \left(\vec{v}[f_1],\ \vec{v}[f_2],\ \vec{v}[f_3]\right)_p \qquad (1.6)^{62)}$$

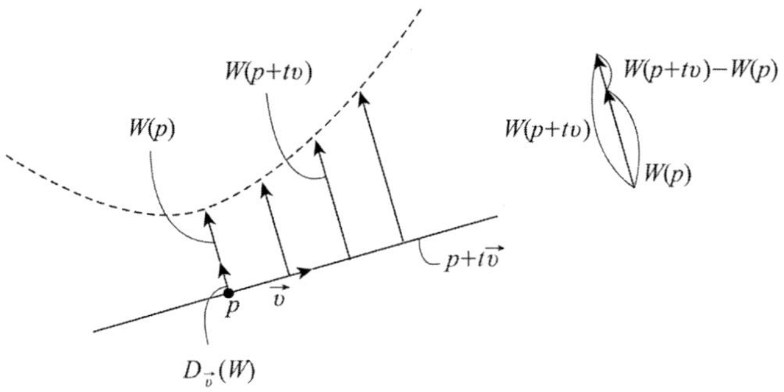

그림 3-25

이처럼 벡터장의 순간변화율을 나타내는 미분법을 '공미분(covariant derivative)'이라고 부른다.

한편, p점에서의 한 벡터 $\vec{v}$ 대신 $\mathbb{R}^3$ 전체에서 정의된 벡터장 V와 함수 $f:\mathbb{R}^3\rightarrow\mathbb{R}$ 에 대하여

$$(f\,V)(p) \equiv f(p)\,V(p)$$
$$V[f](p) \equiv V(p)[f]$$
$$(D_V W)(p) \equiv D_{V(p)} W$$

로 정의하면, fV와 $D_V W$는 각각 새로운 벡터장이 되고, $V[f]:\mathbb{R}^3\rightarrow\mathbb{R}$는 $\mathbb{R}^3$에서 정의된 새로운 함수가 된다.

이제 $\mathbb{R}^3$에서 정의된 임의의 함수 f와 벡터장 X, V_1, V_2, W_1, W_2 그리고 실수 a, b에 대하여, 다음이 성립함을 확인할 수 있다(연습문제 4).

⓪ $D_{V(p)} W \in T_p\mathbb{R}^3$

① $D_{(fV_1+V_2)} W = f D_{V_1} W + D_{V_2} W$

② $D_V(aW_1 + bW_2) = a D_V W_1 + b D_V W_2$

③ $D_V(fW) = V[f]\,W + f D_V W$

④ $V[W[f]] - W[V[f]] = (D_V W - D_W V)[f]$

⑤ $X[< V, W >_0] = < D_X V,\ W >_0 + < V,\ D_X W >_0$

62) 여기서 아래 첨자 p는 벡터 $(\vec{v}[f_1], \vec{v}[f_2], \vec{v}[f_3])$가 p를 시점으로 하는 벡터임을 나타낸다.

이 중 ⑤에 나오는 두 벡터장 $V=(f_1, f_2, f_3)$, $W=(g_1, g_2, g_3)$의 내적 $< V, W >_0$은 물론 $\mathbb{R}^3$의 거리구조인 $ds^2 = dx^2 + dy^2 + dz^2$ 즉, $g_{ij} = \delta_{ij}$에 따라 다음과 같이 계산되는 양임을 상기하자.

$$< V, W >_0 = \sum_{i, j=1}^{3} \delta_{ij} f_i g_j = f_1 g_1 + f_2 g_2 + f_3 g_3$$

따라서 조건 ⑤는 본질적으로 미분의 곱의 법칙에 해당함을 알 수 있다.

이상과 같이 3차원 유클리드 공간 $(\mathbb{R}^3, (x, y, z), <, >_0)$에서 정의된 벡터장의 공미분은 임의의 n차원 리만공간 $M=(\mathbb{R}^n, (x_i), <, <_g)$에도 그대로 일반화하여 적용할 수 있다. 실제로 미분기하학의 잘 알려진 정리에 의하면[63], 주어진 거리구조 $ds^2 = (g_{ij})$를 갖는 공간에서 정의된 임의의 함수와 벡터장들에 대해, 위 여섯 가지 조건을 만족시키는 공미분이 항상 유일하게 존재함을 알 수 있는데, 이를 'M 상에서의 공미분'이라고 부른다(단, 이 경우 ⓪에서의 $T_p\mathbb{R}^3$는 T_pM으로 바뀌어야 하고 ⑤의 내적은 거리구조 $ds^2 = (g_{ij})$에 의해 주어진 $<,>_g$로 바뀌어야 한다). 따라서 위 식 (1.6)으로 정의된 벡터장의 미분법은, 3차원 유클리드 공간$(\mathbb{R}^3, (x_i), <, >_0)$상에서 위의 조건 ⓪~⑤를 만족시키는 유일한 벡터장의 미분법이라 할 수 있다.

또 다른 예로서, 앞 절에서 살펴본 바와 같이 거리구조 $ds^2 = d\phi^2 + \cos^2\phi\, d\theta^2$을 갖는 구면 S^2 상에서 정의된 임의의 벡터장들과 함수들에 대해 조건 ⓪~⑤를 만족시키는 유일한 공미분은 어떻게 주어지는지를 살펴보자.

먼저 구면 S^2 위에서 정의된 임의의 접벡터장 V, W는 각 점 $p \in S^2$에서 구면에 접하는 접벡터들로 이루어져 있고 따라서 이들은 $\mathbb{R}^3$상의 벡터들로 이해할 수 있다[그림 3-26].

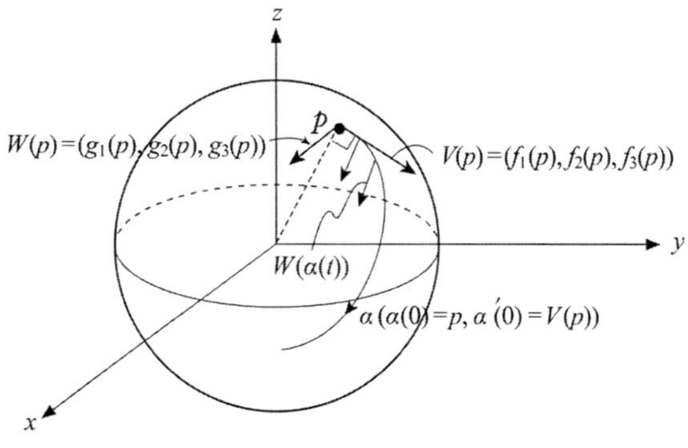

그림 3-26

63) [Gallot, Hulin, Lafontaine] p.67 참고.

즉, V, W는 각각 $V=(f_1, f_2, f_3)$, $W=(g_1, g_2, g_3)$으로 표현할 수 있다.

따라서 만일 벡터장 W의 $V(p)$ 방향에 대한 미분을 식 (1.6)을 따라 계산하면,

$$D_{V(p)}W=\left.\frac{d}{dt}\right|_{t=0} W(\alpha(t))=(V(p)[g_1],\ V(p)[g_2],\ V(p)[g_3])$$

을 얻는다.

일반적으로 이렇게 얻은 $D_{V(p)}W$는 점 p에서 정의된 $\mathbb{R}^3$상의 한 벡터로서, 다시 구면에 접하는 접벡터가 될 필요는 없다. 즉, 일반적으로 $D_{V(p)}W \notin T_pS^2$이므로 위 여섯 조건 중 ⓪번이 만족될 필요가 없다.

그러나 $D_{V(p)}W$를 점 p에서의 구면의 접공간(혹은 접평면)에 투영시켜 얻는 벡터를 $(D_{V(p)}W)^T$로 표기하면[그림 3-27] 이는 다시 구면에 접하는 접벡터가 된다.

이제, 구면 위에서 정의된 두 벡터장 V, W에 대해 공미분 $\overline{D}_{V(p)}W$을

$$\overline{D}_{V(p)}W:=(D_{V(p)}W)^T$$

으로 정의하면, 이것은 위 여섯 가지 조건을 만족시킴을 쉽게 확인할 수 있고, 따라서 구면 위의 유일한 공미분이 된다고 할 수 있다.

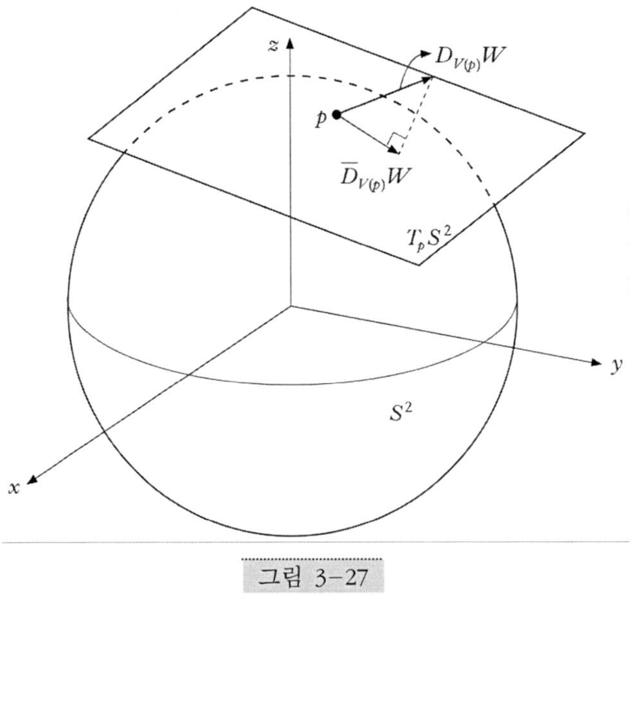

그림 3-27

특별히, 만일 벡터장 W가 대원을 따라 일정한 속력으로 움직이는 곡선 $\alpha = \alpha(t)$의 속도벡터 $\alpha'(t)$로 주어졌다면, 식 (1.6)에 의해 $D_{\alpha'(t)}W$는 $\alpha(t)$의 가속도 벡터 $\alpha''(t)$에 해당함을 알 수 있다. 그런데 이 가속도 벡터는 항상 구면 S^2의 중심을 향해 있으므로(연습문제 5) 이 경우 $(D_{\alpha'(t)}W)^T = 0$가 된다. 따라서 구면 S^2상에서의 공미분 $\overline{D}_{\alpha'(t)}W = 0$이고 이것은 대원을 따라 일정한 속력으로 움직이는 물체는 구면 위에 사는 사람의 입장에서 그 속도벡터가 변하지 않고 있음을 보여주는 것이라 할 수 있다.

② 측지선

이제 우리는, 임의의 거리구조 $ds^2 = (g_{ij})$를 갖는 리만공간 M에서 정의된 벡터장 W의 특정 방향 $\vec{v}$에 대한 변화율을 M상에서의 공미분 $D_{\vec{v}}W$를 통해 표현할 수 있게 되었다.

따라서 이를 이용하면 일반적으로 공간 M상의 임의의 곡선 $\gamma = \gamma(t)$에 대해 그 속도벡터인 $\gamma'(t)$가 곡선을 따라가면서 어떻게 변해 나가는지를 다음과 같이 살펴볼 수 있다. 가령 $\gamma(t_0)$인 위치에서 그 곡선의 속도 벡터인 $\gamma'(t_0)$ 방향으로 $\gamma'(t)$가 어떻게 변해가는지를 알기 위해서는 순간 변화율인 $D_{\gamma'(t_0)}\gamma'$를 계산해야 한다.

특별히 우리가 원하는 '곧 바른' 곡선 $\gamma(t)$는 처음 출발할 때의 속도 벡터를 도중에 바꾸지 않고 '곧바로' 나아가는 곡선이므로 매순간 t에서

$$D_{\gamma'(t)}\gamma' = 0 \tag{1.7}$$

을 만족해야 한다.

이제 식 (1.7)을 좀 더 분석하기 위해 우선 다음 사실들을 유념하자.

먼저, 벡터장 $\frac{\partial}{\partial x_1}$, $\frac{\partial}{\partial x_2}$, $\frac{\partial}{\partial x_3}$들은 M상의 모든 점에서 정의되는 벡터장이므로 각 벡터장 $\frac{\partial}{\partial x_j}$에 대한 $\frac{\partial}{\partial x_i}$ 방향으로의 공미분 $D_{\frac{\partial}{\partial x_i}}\frac{\partial}{\partial x_j}$을 생각할 수 있다. 이때, $D_{\frac{\partial}{\partial x_i}}\frac{\partial}{\partial x_j}$은 리만곡면 M상에서 정의된 새로운 벡터장이므로 (조건 ⓪), 적당한 함수들 $\Gamma_{ij}^k : M \to \mathbb{R}$ $(i,\ j,\ k = 1, 2, 3)$을 이용하여, 다음과 같이 표현할 수 있다.

$$D_{\frac{\partial}{\partial x_i}}\frac{\partial}{\partial x_j} = \sum_{k=1}^{3}\Gamma_{ij}^k\frac{\partial}{\partial x_k} \tag{1.8}$$

이제 식 (1.8)과 공미분의 기본 성질 ①~⑤를 이용하여, 식 (1.7)을 다음과 같이 다시 쓸 수 있다.

$$
\begin{aligned}
0 = D_{\gamma'(t)}\gamma' &= D_{\gamma'(t)}\left(\sum_{j=1}^{3}\gamma_j'(t)\frac{\partial}{\partial x_j}\right) \\
&= \sum_{j=1}^{3} D_{\gamma'(t)}\left(\gamma_j'(t)\frac{\partial}{\partial x_j}\right) && \text{(성질 ②에 의해)} \\
&= \sum_{j=1}^{3}\left\{\gamma'(t)[\gamma_j']\frac{\partial}{\partial x_j}\bigg|_{\gamma(t)} + \gamma_j'(t)\, D_{\sum_{i=1}^{3}\gamma_i'(t)\frac{\partial}{\partial x_i}\big|_{\gamma(t)}}\frac{\partial}{\partial x_j}\right\} && \text{(성질 ③에 의해)} \\
&= \sum_{j=1}^{3}\left\{\gamma_j''(t)\frac{\partial}{\partial x_j}\bigg|_{\gamma(t)} + \sum_{i=1}^{3}\gamma_j'(t)\gamma_i'(t)\, D_{\frac{\partial}{\partial x_i}\big|_{\gamma(t)}}\frac{\partial}{\partial x_j}\right\} && \text{(성질 ①에 의해)} \\
&= \sum_{j=1}^{3}\left\{\gamma_j''(t)\frac{\partial}{\partial x_j}\bigg|_{\gamma(t)} + \sum_{i=1}^{3}\gamma_i'(t)\gamma_j'(t)\left(\sum_{k=1}^{3}\Gamma_{ij}^{k}(\gamma(t))\frac{\partial}{\partial x_k}\bigg|_{\gamma(t)}\right)\right\} \\
& && \text{(식 (1.8)에 의해)} \\
&= \sum_{k=1}^{3}\left\{\gamma_k''(t) + \sum_{i,j=1}^{3}\gamma_i'(t)\gamma_j'(t)\,\Gamma_{ij}^{k}(\gamma(t))\right\}\frac{\partial}{\partial x_k}\bigg|_{\gamma(t)}
\end{aligned}
$$

따라서 다음을 얻는다.

$$\frac{d^2\gamma_k}{dt^2} + \sum_{i,\,j=1}^{3}\frac{d\gamma_i}{dt}\frac{d\gamma_j}{dt}\Gamma_{ij}^{k} = 0 \quad (1 \le k \le 3) \tag{1.9}$$

이 식은 각 $\gamma_k = \gamma_k(t)$ $(1 \le k \le 3)$에 대한 연립 2계 미분방정식으로서 초기조건인 $\gamma(0)$, $\gamma'(0)$만 주어지면 적당한 구간 $0 \le t \le T$에 대해 항상 유일한 해를 갖는다. 이것은, 적당한 위치 (즉, $\gamma(0)$)에서 적당한 방향 (즉, $\gamma'(0)$)이 주어지면, 리만공간 M상에서 '곧바로' 그 방향을 향해 나아가는 경로 ($\gamma(t)$)가 항상 유일하게 존재함을 의미한다. 이러한 '곧바른' 경로 $\gamma(t)$를 '**측지선**(geodesic)'이라고 부르는데, 측지선은 공간의 기하학적 구조를 연구하는 데 있어 매우 중요한 역할을 한다.

③ 측지선과 곡률

측지선이 하는 중요한 역할의 한 예로서, 공간상의 한 점에서의 곡률을 그 점을 통과하는 측지선들의 모양을 관찰함으로써 계산해 낼 수가 있다. 이에 대한 설명을 간단히 하기 위해 [그림 3-28]과 같이 구면 위의 다음과 같은 상황을 생각해보자.

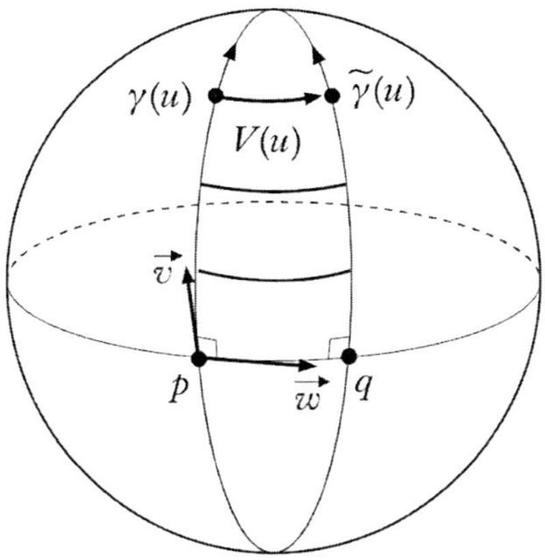

그림 3-28

먼저, 구면 위의 한 점 p에서 단위벡터 $\vec{v}$ 방향으로 향하는 측지선인 $\gamma(u)$를 생각하고, p점으로부터 $\vec{w}$ 방향으로 충분히 가까이 있는 q점에서 γ와 나란히 나아가는 또 다른 측지선인 $\tilde{\gamma}(u)$를 생각한다.

이때, $V(u)=\tilde{\gamma}(u)-\gamma(u)$라 하면, [그림 3-29]에서 보듯이, u가 증가함에 따라, $V(u)$의 크기는 점점 감소하게 된다. 이것을 $\gamma(u)$의 입장에서 해석하면, u가 증가함에 따라 $\tilde{\gamma}(u)$가 점점 $\gamma(u)$ 쪽으로 다가오는 것이 된다.

더 나아가 만일 $\gamma(u)$를 따라 $V(u)$를 두 번 미분한 $D_{\gamma'}(D_{\gamma'}V)$를 계산하면, 이것은 $\tilde{\gamma}(u)$가 $\gamma(u)$ 방향으로 향하는 가속도에 해당하고, 따라서 $\gamma(u)$쪽으로 끌려들어가는 힘에 비례하는 값이 된다.

만일 동일한 상황이 평면에서 일어났다면, 두 측지선은 서로 평행한 직선에 해당하므로 이 힘은 0이라고 할 수 있을 것이다. 또 구면의 반지름이 작을수록 더 빨리 $\tilde{\gamma}(u)$가 $\gamma(u)$ 쪽으로 다가감을 알 수 있으므로, **이 힘은 구면의 반지름**에 **반비례**한다고 말할 수 있다. 그런데 구면의 **반지름은 구면의 곡률**에 **반비례**하는 양이므로 결과적으로, **이 힘은 구면의 곡률**에 **비례**하는 힘이라는 사실을 알게 된다. 실제로 이러한 관계를 분석하여, 이 힘으로부터 p점에서의 곡률을 계산할 수 있음이 잘 알려져 있는데, 여기서는 우선 측지선들에 의해 곡률이 결정될 수 있음에 대한 개연성을 살펴본 것으로 만족하기로 하고 좀 더 구체적인 얘기는 뒤로 미루기로 한다.

제3장 2절

시공간의 기하학

2.1 관성계의 시공간과 거리구조

이제까지 우리는 주어진 공간의 거리구조가 달라짐에 따라 그 공간이 휘어질 수 있음을 살펴보았고 이와 같은 공간의 휘어짐을 '곡률'을 통해 표현하는 방법에 대해서도 살펴보았다.

일반상대성이론은 이러한 휜 공간의 기하학을 단지 3차원 공간에만 적용한 것이 아니라, 시간이라는 1차원을 더한 '4차원 시공간'의 기하학으로 일반화하여 적용한 것이라 할 수 있다. 이것은 시간과 공간이 서로 분리되어 절대적으로 존재하는 물리량이 아니라 '4차원 시공간(spacetime)'이라는 하나의 틀 속에서 서로 얽혀 있어 함께 다루어야 할 대상임을 상기할 때 자연스러운 일반화라고 할 수 있다.

우리는 이미 2장의 3.2절에서 이러한 4차원 시공간을 소개한 바가 있는데, 빛의 속도 c를 1로 하는 단위를 사용하여, (t, x, y, z)의 좌표계로 표현된 관성계가 그것이다. 여기서 편의상, 공간을 나타내는 3차원 좌표 (x, y, z)중 z좌표를 생략하고 나머지 (t, x, y)로 표현되는 3차원 시공간의 그림을 그리면 아래와 같을 것이다[그림 3-29].

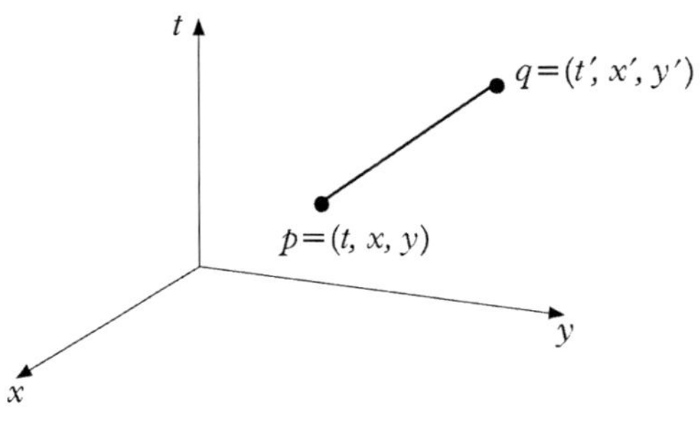

그림 3-29

이러한 시공간 속의 한 점을 특별히 '사건'이라고 부르기로 하면, [그림 3-30]에서 점 p는 '시각 t에 위치 (x, y)에서 일어난 사건'에 해당하고, 점 q는 '시각 t'에 위치 (x', y')에서 일어난 사건'에 해당한다.

앞에서 논의한 3차원 공간의 좌표계인 (x, y, z)에서는, 두 점 $p=(x, y, z)$, $q=(x', y', z')$가 주어지면 이들 사이의 거리를 피타고라스정리를 이용하여

$$\sqrt{(x-x')^2+(y-y')^2+(z-z')^2}$$

으로 표현할 수 있었고 이는 두 점 p, q를 잇는 최단 경로인 선분의 길이에 해당하지만, [그림 3-30]에서와 같은 '시공간' 좌표계 (t, x, y)에서는 이와 같이 계산된

$$\sqrt{(t-t')^2+(x-x')^2+(y-y')^2}$$

이 아무런 물리적 의미를 가지지 못한다.

뿐만 아니라, 이와 같은 시공간 좌표계에서는 두 사건 p, q를 잇는 선분의 물리적 의미부터 다음과 같이 다시 해석해야 한다.

첫째로, 만일 $(x-x')^2+(y-y')^2<(t-t')^2$인 경우라면, 시각 t에서 (x, y)를 출발하여 등속도 $v=\sqrt{(x-x')^2+(y-y')^2}/|t-t'|$으로 움직인 후 시각 t'에 (x', y')에 도착한 물체의 경로를 시공간 좌표계에 나타낸 것이 선분 $\overline{pq}$가 된다. 이 경우 우리는 앞서 제2장의 4.3절에서 살펴 본 로렌츠 불변량 $\Delta\tau_{고유}=\sqrt{(t-t')^2-(x-x')^2-(y-y')^2}$에 물리적 의미를 부여할 수 있음에 주목해야 한다. 즉, 그 물체 위에 매달린 시계의 '고유시간'을 나타내는 물리량이 바로 $\Delta\tau_{고유}$이며, 이 양은 다른 관성계에서 계산해도 그 값이 변하지 않는다(2장 5절 참고).

또한, 만일 $\Delta s^2=(x-x')^2+(y-y')^2$, $\Delta t=t-t'$로 두면,

$$\Delta\tau_{고유}=\sqrt{\Delta t^2-\Delta s^2}=\sqrt{1-(\Delta s/\Delta t)^2}\,\Delta t=\sqrt{1-v^2}\,\Delta t$$

이 되고 이는 관찰자에 대해 움직이는 물체의 시간이 느리게 간다는 사실을 말해주고 있음도 살펴보았다.

둘째로, 만일 $(x-x')^2+(y-y')^2>(t-t')^2$인 경우는 어떤 얘기를 할 수 있을까?

우선, 논의의 편의상 공간 좌표계를 x만으로 표현하여 (t, x) 좌표계에서 이를 살펴보기로 하자. [그림 3-30]에서 직선 pq와 나란하고 원점을 지나는 직선인 $\tilde{p}\,\tilde{q}$을 생각하면

이는 $t_{\widetilde{S}}$축을 따라 움직이는 관성계에 있는 관찰자 $\widetilde{S}$에게 $t_{\widetilde{S}}=0$에 해당하는 공간의

표현임을 앞에서 언급한 바 있다(2장 3.2절 참조).

마찬가지로 직선 pq는 관찰자 $\widetilde{S}$에게 $t_{\widetilde{S}} = \widetilde{t_1}$에 해당하는 공간의 표현이며, 이때 로렌츠 불변량인 $\Delta\tau = \sqrt{-(t-t')^2 + (x-x')^2}$의 의미를 다음과 같이 살펴볼 수 있다.

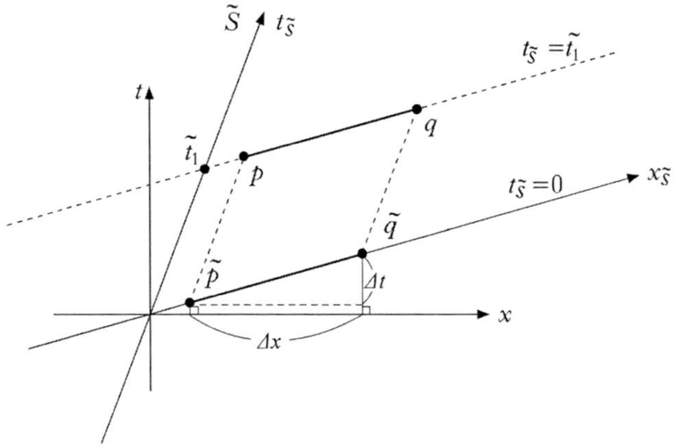

그림 3-30

우선, $\Delta\tau$에 대해 다음과 같이 쓸 수 있음에 유의하자.

$$\Delta\tau = \sqrt{-\Delta t^2 + \Delta x^2} = \sqrt{-\frac{1}{(\Delta x/\Delta t)^2} + 1}\,\Delta x = \sqrt{1-v^2}\,\Delta x$$

(단, $v = \Delta t / \Delta x = (t,\, x)$-좌표계의 관찰자에 대한 $\widetilde{S}$의 속도이다)

그런데 이 식에서 $\sqrt{1-v^2}\,\Delta x$은 2장의 3.4절에서 논의한 '길이 수축' 효과에 의해, 공간 상의 두 위치 $x,\, x'$ 사이의 거리인 Δx를 관찰자 $\widetilde{S}$ 입장에서 측정한 (공간적) 거리에 해당함을 알 수 있다. 결과적으로 이 경우의 $\Delta\tau$는 운동하는 한 관찰자에 의해 관찰된 공간적 거리를 의미한다고 할 수 있다.

마지막으로, $(x-x')^2 + (y-y')^2 = (t-t')^2$이면, 이때의 선분 pq는 빛의 속도로 움직이는 물체의 경로를 나타내며 이 경우는 항상 $\Delta\tau^2 = -(t-t')^2 + (x-x')^2 + (y-y')^2 = 0$이 된다.

이상에서 살펴 본 바와 같이 관성계의 관찰자에 대한 시공간의 좌표계 $(t,\, x,\, y,\, z)$에서는 $d\tau^2 = -dt^2 + dx^2 + dy^2 + dz^2$으로 정의된 양이 물리적 의미를 가지며, 앞서 2장에서 이 양이 로렌츠 불변량(즉, 관성계의 관찰자에 따라 변하지 않는 양)임을 배운 바가 있다.

이것은 앞서 1절에서 리만공간의 거리구조 ds^2이 좌표계의 변환에 대해 불변이라는 사실에 대응한다고 볼 수 있다.

따라서 우리는 $d\tau^2$을 시공간의 '거리구조'를 나타내는 양으로 사용하고, 특별히 1절에서 다룬 리만공간에서의 '거리구조'와 구별하기 위해 **'로렌츠 거리 구조'**라고 부르기로 한다.[64)]

관례에 따라 관성계의 관찰자에 대한 시공간 좌표계를 $(\xi_0, \xi_1, \xi_2, \xi_3)$로 쓰기로 하면 이 시공간의 로렌츠 거리구조 $d\tau^2$은 $d\tau^2 = \sum_{\alpha,\beta=0}^{3} \eta_{\alpha\beta} d\xi_\alpha d\xi_\beta$로 표현되는데, 여기서 $\eta = (\eta_{\alpha\beta})$는 2장의 4.3절에서 소개된 다음 행렬임을 상기하자.

$$(\eta_{\alpha\beta}) = \begin{pmatrix} -1 & 0 & 0 & 0 \\ 0 & 1 & 0 & 0 \\ 0 & 0 & 1 & 0 \\ 0 & 0 & 0 & 1 \end{pmatrix}$$

이제 관성계의 관찰자에 대한 4차원 시공간을 보다 수학적으로 기술하기 위해, 좌표계 $(\xi_\alpha) = (\xi_0, \xi_1, \xi_2, \xi_3)$가 주어진 4차원 시공간 $(\mathbb{R}^4, (\xi_\alpha))$ 위의 각 사건 P에서 '접공간' $T_P\mathbb{R}^4$를 리만공간에서와 마찬가지로 좌표벡터 $\left.\frac{\partial}{\partial \xi_\alpha}\right|_P$ $(\alpha = 0, \cdots, 3)$을 이용하여 다음과 같이 정의하자.

$$T_P\mathbb{R}^4 := \left\{ \sum_{\alpha=0}^{3} v_\alpha \left.\frac{\partial}{\partial \xi_\alpha}\right|_P : v_\alpha \in \mathbb{R} \right\}$$

이때 시공간 $(\mathbb{R}^4, (\xi_\alpha))$의 로렌츠 거리구조 $d\tau^2$ 가 행렬 $(\eta_{\alpha\beta})$에 의해 표현된다는 사실은 두 접벡터 $v_P = \sum_{\alpha=0}^{3} v_\alpha \left.\frac{\partial}{\partial \xi_\alpha}\right|_P$ 와 $w_P = \sum_{\beta=0}^{3} w_\beta \left.\frac{\partial}{\partial \xi_\beta}\right|_P$ 사이의 **'로렌츠 내적'** $\langle , \rangle$이 다음과 같이 정의됨을 의미한다.

$$\langle v_P, w_P \rangle := \sum_{\alpha,\beta=0}^{3} \eta_{\alpha\beta} v_\alpha w_\beta$$

64) 거리구조 $d\tau^2 \in \mathbb{R}$으로부터 고유시간 $d\tau_{고유}$를 구할 때는 $d\tau_{고유} = \sqrt{-d\tau^2}$ 임에 유의해야 한다.

특별히, $\left\langle \left.\frac{\partial}{\partial \xi_\alpha}\right|_P, \left.\frac{\partial}{\partial \xi_\beta}\right|_P \right\rangle = \eta_{\alpha\beta}$임을 알 수 있다.

또 접벡터 v_P의 '크기' $\|v_P\|$도 리만공간에서와 비슷한 방식으로 다음과 같이 정의할 수 있다.

$$\|v_P\| := \sqrt{|\langle v_P, v_P \rangle|}$$

실제로 이러한 정의들이 리만공간에서와 같이 서로 자연스럽게 잘 연결되어 있음을 다음과 같이 음미해 볼 수 있다:

시공간 $(\mathbb{R}^4, (\xi_\alpha))$ 위의 두 사건 $P = (\xi_\alpha)$와 $Q = (\xi_\alpha + \delta\xi_\alpha)$가 매우 가까운(즉, $\delta\xi_\alpha \ll 1$) 좌표거리에 있다고 하자.

이때 접벡터 $v_P := \sum_{\alpha=0}^{3} \delta\xi_\alpha \left.\frac{\partial}{\partial \xi_\alpha}\right|_P$는 시공간 $(\mathbb{R}^4, (\xi_\alpha))$에서 두 사건 P, Q를 잇는 벡터이고 위 정의에 의해 이 접벡터의 크기는 다음과 같이 계산된다.

$$\begin{aligned}\|v_P\|^2 = |\langle v_P, v_P \rangle| &= \left| \left\langle \sum_{\alpha=0}^{3} \delta\xi_\alpha \left.\frac{\partial}{\partial \xi_\alpha}\right|_P, \sum_{\beta=0}^{3} \delta\xi_\beta \left.\frac{\partial}{\partial \xi_\beta}\right|_P \right\rangle \right| \\ &= \left| \sum_{\alpha,\beta=0}^{3} \delta\xi_\alpha \delta\xi_\beta \left\langle \left.\frac{\partial}{\partial \xi_\alpha}\right|_P, \left.\frac{\partial}{\partial \xi_\beta}\right|_P \right\rangle \right| = \left| \sum_{\alpha,\beta=0}^{3} \eta_{\alpha\beta} \delta\xi_\alpha \delta\xi_\beta \right| = |d\tau^2|\end{aligned}$$

따라서 이 계산식으로부터 두 사건 P, Q를 잇는 벡터의 크기가 곧 두 사건사이의 로렌츠 거리에 해당함을 알 수 있다.

이처럼 좌표계 $(\xi_\alpha) = (\xi_0, \xi_1, \xi_2, \xi_3)$에 대해 로렌츠 거리구조가 $d\tau^2 = \sum_{\alpha,\beta=0}^{3} \eta_{\alpha\beta} d\xi_\alpha d\xi_\beta$로 표현되는 4차원 시공간을 $(\mathbb{R}^4, (\xi_\alpha), (\eta_{\alpha\beta}))$로 표기하고 '민코브스키(Minkowski) 시공간'이라고 부른다. 이는 편평한 3차원 유클리드 공간 $(\mathbb{R}^3, (x_i), (\delta_{jk}))$에 대응하는 로렌츠 시공간으로 볼 수 있는데 여기서 유의할 점은 $(\mathbb{R}^3, (x_i), (\delta_{jk}))$의 거리구조 $ds^2 = (\delta_{ij})$에서는 행렬 (δ_{ij})의 고윳값이 모두 양수임에 비해 $(\mathbb{R}^4, (\xi_\alpha), (\eta_{\alpha\beta}))$의 로렌츠 거리구조 $d\tau^2 = (\eta_{\alpha\beta})$를 나타내는 대칭행렬 $(\eta_{\alpha\beta})$는 고윳값의 부호가 $(-, +, +, +)$로 나타난다는 것이다.

2.2 일반적인 시공간과 거리구조

이제 관성계와 비관성계의 관찰자를 모두 포함하는 일반적인 관찰자 S의 좌표계 $(x_\mu)=(x_0, x_1, x_2, x_3)$에 의한 시공간의 기술에 대해 생각해 보자. 이는 임의의 중력장 속에서 임의의 가속도 운동을 하는 관찰자 S의 좌표계를 통해 시공간을 기술함을 의미한다고 볼 수 있다.

먼저 시공간 $(\mathbb{R}^4, (x_\mu))$ 상의 두 사건 $P=(x_\mu)$와 $Q=(x_\mu+\delta x_\mu)$가 매우 가까운 좌표거리(즉, $\delta x_\mu \ll 1$)에 있다고 하자. 이때 이 두 사건 사이의 로렌츠 거리구조 $d\tau^2$이 좌표계 (x_μ)에 의해 어떻게 표현되는지를 알아보는 것이 우리의 목표가 될 것이다.

이를 위해 우리는 두 사건 P, Q를 지나는 세계선을 따라 운동하는 임의의 한 물체를 생각하고 이 물체의 고유시간 $d\tau_{고유}$(즉, 물체의 입장에서 경과한 시간)을 좌표계 (x_μ)를 이용해서 나타내고자 한다.(2장의 5절에서 했던 논의를 상기할 것)

우선, 이 물체의 고유시간 $d\tau_{고유}$를 표현하기 위해 사건 P를 지나면서 자유 낙하하는 임의의 관찰자 S'과 그의 좌표계 $(\xi_\alpha)=(\xi_0, \xi_1, \xi_2, \xi_3)$를 생각하자.

이 관찰자 S'은 시각 x_0에 대응하는 자신의 시각 ξ_0에, 위치 (x_1, x_2, x_3)에 대응하는 자신의 위치좌표 (ξ_1, ξ_2, ξ_3)를 지나면서 중력의 영향만으로 자유 낙하하는 관찰자이다. ([그림 3-31]참조)

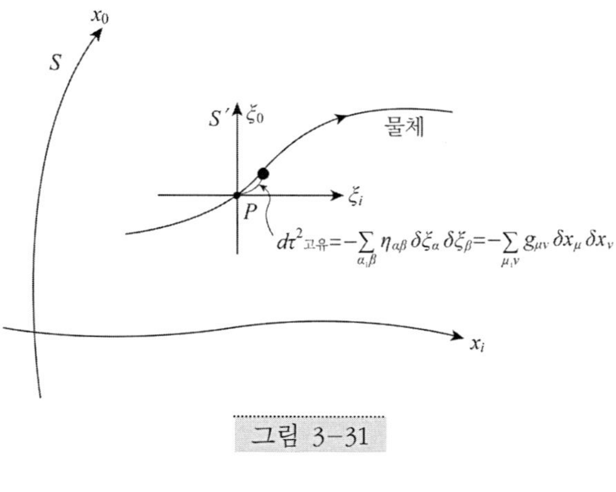

그림 3-31

여기서 중요한 포인트는 일반적으로 자유 낙하하는 관찰자는 일종의 '무중력상태'를 경험하게 되고 이는 곧 이 관찰자가 일종의 관성계에 속함을 의미한다는 것이다. 이것은 지표면으로부터 높은 곳으로 올라가 뛰어내린 사람이 도중에 손에 들고 있던 물체를 가만히

놓은 채로 아무런 힘을 가하지 않고 있을 때를 생각해보면 자명해 진다. 이 경우 자유 낙하하는 모든 물체는 질량에 관계없이 동일한 중력가속도를 경험하기 때문에 이 물체와 사람은 서로에 대해 정지해 있는 상태로 자유 낙하를 하게 된다.

이처럼 '무중력 상태'를 경험하면서 자유 낙하하는 관찰자 S'은 적어도 짧은 시간동안의 자신의 주변에 국한된(즉, 국소적인) 물리계에 한해서는 관성계의 관찰자와 거의 구별할 수 없다는 것이 소위 아인슈타인의 '등가원리'이다. 이 등가원리에 대한 보다 자세한 설명은 3절로 미루기로 하고 여기서는 일단 위에서와 같은 직관적인 의미 정도로만 이해하고 논의를 진행하도록 하자.

이제 이 '국소적 관성계'[65]의 관찰자 S'의 좌표계로 두 사건 P, Q의 좌표가 각각 (ξ_α), $(\xi_\alpha + d\xi_\alpha)$라고 하면 이때 이 물체의 고유시간 $d\tau_{\text{고유}}$는 2장의 5절에서 했던 논의를 적용하여 사건 P에서 다음과 같이 표현될 것이다.

$$d\tau^2_{\text{고유}} = d\xi_0^2 - d\xi_1^2 - d\xi_2^2 - d\xi_3^2$$

이때, 두 좌표계 $(\xi_0,\ \xi_1,\ \xi_2,\ \xi_3)$와 $(x_0,\ x_1,\ x_2,\ x_3)$ 사이의 일반적인 변환식인 $d\xi_\alpha = \sum_{\mu=0}^{3} \frac{\partial \xi_\alpha}{\partial x_\mu} dx_\mu (\alpha = 0,\ \cdots,\ 3)$을 이용하여 위 식의 우변을 계산하면 다음을 얻는다.

$$d\tau^2_{\text{고유}} = -\sum_{\alpha,\beta,\mu,\nu=0}^{3} \eta_{\alpha\beta} \frac{\partial \xi_\alpha}{\partial x_\mu}(P) \frac{\partial \xi_\beta}{\partial x_\nu}(P) dx_\mu dx_\nu$$

여기서 $g_{\mu\nu}(P) = \sum_{\alpha,\beta=0}^{3} \eta_{\alpha\beta} \frac{\partial \xi_\alpha}{\partial x_\mu}(P) \frac{\partial \xi_\beta}{\partial x_\nu}(P)$로 두면 위 식은 다음과 같이 다시 쓸 수 있다.

$$d\tau^2_{\text{고유}} = -\sum_{\mu,\nu=0}^{3} g_{\mu\nu}(P)\, dx_\mu dx_\nu$$

65) 엄밀하게는 $h_{\alpha\beta} := \left\langle \frac{\partial}{\partial \xi_\alpha}\Big|_P,\ \frac{\partial}{\partial \xi_\beta}\Big|_P \right\rangle$에 대해, $h_{\alpha\beta}(P) = \eta_{\alpha\beta}$, $\frac{\partial h_{\alpha\beta}}{\partial \xi_\gamma}(P) = 0\ (\alpha,\ \beta,\ \gamma = 0,\ \cdots,\ 3)$이 성립하는 좌표계를 의미한다. 수학적으로 이런 좌표계 (ξ_α)를 '정규좌표계'(normal coordinate)라고 부른다. 만일 P에서 $h_{\alpha\beta}$의 이계도함수까지 0이 되면 사건 P에서 이 시공간 $(\mathbb{R}^4, (\xi_\alpha), (h_{\alpha\beta}))$의 '곡률'(거리구조의 2계 도함수까지의 값에 의존)은 0이 된다.

한편, 만일 사건 P를 지나는 또 다른 국소적 관성계의 관찰자 $\widetilde{S}$의 좌표계를 $(\widetilde{\xi_\alpha})$라 하면 위의 $g_{\mu\nu}(P)$와 $\widetilde{g_{\mu\nu}}(P) = \sum_{\alpha,\beta=0}^{3} \eta_{\alpha\beta} \frac{\partial \widetilde{\xi_\alpha}}{\partial x_\mu}(P) \frac{\partial \widetilde{\xi_\beta}}{\partial x_\nu}(P)$는 같다고 할 수 있을까?

이를 알아보기 위해 먼저 사건 P에서 좌표벡터 $\left.\frac{\partial}{\partial x_\alpha}\right|_P$ 는 두 국소적 관성계의 좌표 (ξ_α)와 $(\widetilde{\xi_\alpha})$의 좌표벡터들에 의해 다음과 같이 표현할 수 있음에 유의하자.

$$\left.\frac{\partial}{\partial x_\mu}\right|_P = \sum_{\alpha=0}^{3} \frac{\partial \widetilde{\xi_\alpha}}{\partial x_\mu}(P) \left.\frac{\partial}{\partial \widetilde{\xi_\alpha}}\right|_P = \sum_{\beta=0}^{3} \frac{\partial \xi_\beta}{\partial x_\mu}(P) \left.\frac{\partial}{\partial \xi_\beta}\right|_P$$

여기서 기저 $\left\{\left.\frac{\partial}{\partial \widetilde{\xi_\alpha}}\right|_P\right\}$에 대한 벡터성분 $\left(\frac{\partial \widetilde{\xi_\alpha}}{\partial x_\mu}(P)\right)_\alpha$ 와 기저 $\left\{\left.\frac{\partial}{\partial \xi_\beta}\right|_P\right\}$에 대한 벡터성분 $\left(\frac{\partial \xi_\beta}{\partial x_\mu}(P)\right)_\beta$ 는 로렌츠 변환식 $\frac{\partial \widetilde{\xi_\alpha}}{\partial x_\mu}(P) = \sum_{\beta=0}^{3} \Lambda_{\alpha\beta} \frac{\partial \xi_\beta}{\partial x_\mu}(P)$ (행렬 $\Lambda = (\Lambda_{\alpha\beta})$는 2장 4.3절 참고)를 따르므로 이를 $\widetilde{g_{\mu\nu}}(P)$에 대입하고 관계식 $\eta = \Lambda^t \eta \Lambda$를 이용하면 $\widetilde{g_{\mu\nu}}(P) = g_{\mu\nu}(P)$를 얻는다.

결론적으로, $g_{\mu\nu}(P)$는 사건 P에서의 특정한 국소적 관성계의 선택과 무관하게 정의되며 이때 사건 P에서의 로렌츠 거리구조 $d\tau^2$은 다음과 같이 표현할 수 있음을 알 수 있다.

$$d\tau^2 = \sum_{\mu,\nu=0}^{3} g_{\mu\nu}(P)\, dx_\mu\, dx_\nu \tag{2.1}$$

이로부터 접공간 $T_PM = \left\{ \sum_{\mu=0}^{3} a_\mu \left.\frac{\partial}{\partial x_\mu}\right|_P : a_\mu \in \mathbb{R} \right\}$에서 두 접벡터 $v_P = \sum_{\mu=0}^{3} a_\mu \left.\frac{\partial}{\partial x_\mu}\right|_P$, $w_P = \sum_{\mu=0}^{3} b_\mu \left.\frac{\partial}{\partial x_\mu}\right|_P$ 의 로렌츠 내적 $\langle , \rangle : T_PM \times T_PM \to \mathbb{R}$은 다음과 같이 표현된다.

$$\langle v_P, w_P \rangle := \sum_{\mu,\nu=0}^{3} g_{\mu\nu}(P)\, a_\mu b_\nu \tag{2.2}$$

특별히, $\left\langle \left.\frac{\partial}{\partial x_\mu}\right|_P, \left.\frac{\partial}{\partial x_\nu}\right|_P \right\rangle = g_{\mu\nu}(P)$임을 알 수 있다.

또, 접벡터 v_P의 크기 $\|v_P\|$도 $\|v_P\| := \sqrt{|\langle v_P, v_P \rangle|}$와 같이 정의할 수 있다.

위의 정의들은 모두 좌표계에 무관하게 정의된다는 것을 앞의 리만공간에서와 같이 확인할 수 있다. 즉, 로렌츠 내적 $\langle , \rangle$와 접벡터의 크기 $\|\cdot\|$, 로렌츠 거리구조 $d\tau^2$은 모두 좌표변환에 대해 불변량이다.

이처럼 일반적인 관찰자 S의 좌표계 $(x_{\mu\nu})$로 표현된 $d\tau^2 = (g_{\mu\nu})$를 로렌츠 거리구조로 갖는 4차원 시공간을 $M = (\mathbb{R}^4, (x_\mu), (g_{\mu\nu}))$로 표기하고 4차원 로렌츠 시공간이라고 부른다.

이제 우리는 앞서 2.1절에서 소개한 관성계의 시공간인 Minkowski 시공간 $(\mathbb{R}^4, (\xi_\alpha), (\eta_{\alpha\beta}))$으로부터, 비관성계를 포함하는 일반좌표계의 시공간인 로렌츠 시공간 $M = (\mathbb{R}^4, (x_\mu), (g_{\mu\nu}))$으로의 일반화가 수학적으로 다음과 같은 거리구조의 일반화를 의미한다는 것을 알게 되었다.

$$d\tau^2 = \sum_{\alpha, \beta = 0}^{3} \eta_{\alpha\beta} d\xi_\alpha d\xi_\beta \ \mapsto \ d\tau^2 = \sum_{\mu, \nu = 0}^{3} g_{\mu\nu} dx_\mu dx_\nu$$

이것은 '편평한' 기하학적 구조를 갖는 $(\mathbb{R}^3, (x_i), \langle , \rangle_0)$로부터 임의의 휘어진 리만공간 $M = (\mathbb{R}^3, (x_i), \langle , \rangle_g)$로의 일반화가 다음과 같은 거리구조의 일반화를 의미한다는 사실과 형식적으로 잘 대응함을 보여준다.

$$ds^2 = \sum_{i, j = 1}^{3} \delta_{ij} dx_i dx_j \ \mapsto \ ds^2 = \sum_{i, j = 1}^{3} g_{ij} dx_i dx_j$$

이 같은 형식적 대응은 다음 두 가지 중요한 시사점을 제공하고 있다.

i) 리만공간의 경우와 마찬가지로 로렌츠 시공간이 기하학적으로 '휘어진 시공간'을 표현하고 있다.

ii) 시간좌표와 공간좌표가 서로 얽혀 있어 함께 시공간의 기하학적 휘어짐(곡률)에 기여하고 있다.

한편, 리만공간의 거리구조를 표현하는 행렬 (g_{ij})가 임의의 양의 고윳값, 즉, '$(+, +, +)$의 부호를 갖는' 대칭행렬이었음에 비해, 로렌츠 시공간의 거리구조를 표현하는 행렬 $(g_{\mu\nu})$는 고윳값의 부호가 $(-, +, +, +)$인 임의의 대칭행렬임을 보일 수가 있는데 그 이유는 다음과 같이 살펴볼 수 있다.

먼저 로렌츠 시공간 M의 임의의 한 사건 P에서 $g_{\mu\nu}(P)$는 다음과 같이 정의될 수 있었음을 상기하자.

$$g_{\mu\nu}(P) = \sum_{\alpha,\beta=0}^{3} \eta_{\alpha\beta} \frac{\partial \xi_\alpha}{\partial x_\mu}(P) \frac{\partial \xi_\beta}{\partial x_\nu}(P)$$

여기서 $g := (g_{\mu\nu})$, $\eta := (\eta_{\alpha\beta})$, $A := \left(\frac{\partial \xi_\alpha}{\partial x_\mu}\right)$로 두면 위 식은 $g = A^t \eta A$로 다시 쓸 수 있고 만일 $B := A^{-1}$로 두면 위 식은 다음과 같게 된다.

$$\eta = B^t g B$$

여기서 우리는 선형대수학에서 잘 알려진 다음 두 정리를 상기할 필요가 있다.[66]

정리 3.1

실수체 위의 임의의 $n \times n$ 대칭행렬 C는 중복을 허락하여 n개의 실수인 고윳값을 갖는다.
이들 중에서 p개의 고윳값 $\lambda_1, \cdots, \lambda_p$가 음수이고 t개의 고윳값 $\lambda_{p+1}, \cdots, \lambda_{p+t}$가 양수일 때 다음이 성립한다. (아래에서 $\mathrm{diag}(a_{11}, \cdots, a_{nn})$는 대각원소가 $a_{11}, \cdots, a_{nn}$인 대각행렬을 나타낸다)

i) 적당한 직교행렬 Q에 대해
$Q^t C Q = \mathrm{diag}(\lambda_1, \cdots, \lambda_p, \lambda_{p+1}, \cdots, \lambda_{p+t}, 0, \cdots, 0)$이다.

ii) 적당한 가역행렬 B에 대해 $B^t C B = \mathrm{diag}(-1, \cdots, -1, 1, \cdots, 1, 0, \cdots, 0)$이다.(단, -1은 p개, 1은 t개다)

정리 3.2 실베스터의 정리'(Sylvester's law of inertia)

위 [정리 3.1]에서 주어진 행렬 C에 대해 p, t가 Q 또는 B에 관계없이 유일하게 결정된다.

66) [김응태. 박승안] p.271 참고.

위 두 정리로부터 다음이 성립함을 쉽게 확인할 수 있다.

대칭인 4×4 행렬 $g=(g_{\mu\nu})$의 고윳값의 부호가 $(-,+,+,+)$이다.
$\Leftrightarrow$ 적당한 가역행렬 B에 대해 $B^t g B=\eta$가 성립한다.

따라서 3차원 리만공간의 경우의 (g_{ij})는 위 [정리 1]에서 $t=3$에 해당하고, 4차원 로렌츠 공간의 경우 $(g_{\mu\nu})$는 $p=1$, $t=3$에 해당함을 알 수 있다.

2.3 접벡터의 특성(character)와 빛원뿔

4차원 로렌츠 시공간 $M=(\mathbb{R}^4, (x_\mu), (g_{\mu\nu}))$가 주어졌을 때, 사건 p에서의 접벡터 $V\in T_pM$에 대해 $\langle V, V\rangle=\sum_{\mu,\nu=0}^{3} g_{\mu\nu}V_\mu V_\nu$는 항상 다음 세 가지 중 하나를 만족시킨다.

$$1)\ < V, V > < 0 \qquad 2)\ < V, V >=0 \qquad 3)\ < V, V > > 0$$

이 중 1)을 만족시키는 벡터를 '시간을 닮은(timelike)' 벡터라 부르고, 2)를 만족시키는 벡터를 '빛을 닮은(lightlike)' 벡터, 3)을 만족시키는 벡터를 '공간을 닮은(spacelike)' 벡터라고 부른다(2.1절의 논의를 상기할 것).

마찬가지 방법으로, 시공간 M 속의 임의의 곡선 $\alpha(t)$의 속도벡터 $\alpha'(t)$가 모든 t에 대해 항상 1) (또는 2), 또는 3))을 만족시킬 때, 이 곡선을 '시간을 닮은' 곡선 (또는 '빛을 닮은' 곡선, 또는 '공간을 닮은' 곡선)이라고 부른다. 특수상대성이론에 의해 질량을 가진 물체는 빛보다 빨리 달릴 수 없으므로 이러한 물체의 세계선은 항상 '시간을 닮은' 곡선으로 표현됨을 알 수 있다.

이러한 시간을 닮은 곡선은 그 속도의 크기인 속력이 0이 아니므로 ($\|\alpha'(t)\| = \sqrt{|<\alpha'(t), \alpha'(t)>|}>0$) 항상 '호의 길이에 의한 재매개화'를 하여 $\|\alpha'(\tau)\|\equiv 1$을 만족시키도록 할 수가 있다[67]. 이 경우에 $0\le\tau\le\tau_1$ 구간에서 이 곡선을 따라 움직인 물체의 고유시간은 식 (1.4)와 (2.2)에 의해,

$$\int_{\alpha} d\tau_{고유} = \int_0^{\tau_1} \| \alpha'(\tau) \| \, d\tau = \int_0^{\tau_1} \sqrt{-\sum_{\mu,\nu=0}^{3} g_{\mu\nu} \alpha_\mu{}'(\tau) \, \alpha_\nu{}'(\tau)} \; d\tau = \tau_1$$

이 된다.

따라서 이 경우, 매개변수 τ가 바로 곡선을 따라 움직인 물체의 고유시간을 나타냄을 알 수 있는데, 이처럼 '시간을 닮은' 곡선은 고유시간 τ를 매개변수로 나타내는 것이 여러 가지 상황에서 편리한 경우가 많다.

여기서 한 가지 언급해야 할 것은, 시간을 닮은 곡선 $\alpha(\tau)$의 속도벡터 $\alpha'(\tau)$에 대한 물리적 해석에 관한 문제이다. 가령 $\tau = \tau_0$에서의 속도벡터 $\alpha'(\tau_0)$를 $p = \alpha(\tau_0)$ 부근에서의 국소적 관성계 $(\xi_0, \xi_1, \xi_2, \xi_3)$를 이용하여 다음과 같이 표현했다고 하자.

$$\alpha'(\tau_0) = \sum_{\mu=0}^{3} \alpha'_\mu(\tau_0) \frac{\partial}{\partial \xi_\mu} \bigg|_p$$

이때 $\alpha_\mu{}'(\tau_0) = \dfrac{d\xi_\mu}{d\tau}(\tau_0)$ $(\mu = 0, 1, 2, 3)$이고 따라서 제2장의 식 (4.3)에 의해 다음과 같은 $\alpha'(\tau_0)$의 물리적 해석이 가능하다.

먼저 정지 질량 $m_0 = 1$인 물체의 세계선이 곡선 $\alpha(\tau)$로 표현되었다고 하자. 이때, 만일 국소적 관성계 $(\xi_0, \xi_1, \xi_2, \xi_3)$에 있는 관찰자가 $\tau = \tau_0$인 순간에 이 물체를 관찰했다면 이 물체의 상대론적 총에너지는 바로 $\alpha_0{}'(\tau_0) = \dfrac{d\xi_0}{d\tau}(\tau_0)$가 될 것이고, 이 물체의 상대론적 3차원 운동량은 $\left(\dfrac{d\xi_1}{d\tau}(\tau_0), \dfrac{d\xi_2}{d\tau}(\tau_0), \dfrac{d\xi_3}{d\tau}(\tau_0)\right) = (\alpha_1{}'(\tau_0), \alpha_2{}'(\tau_0), \alpha_3{}'(\tau_0))$ 가 된다(제 2장 4.3절 참고). 결과적으로 4차원 시공간 속의 속도벡터 $\alpha'(\tau_0)$는 $\alpha(\tau_0)$부근에서의 국소적 관성계에 있는 관찰자의 입장에서 본 4차원 운동량 벡터 $\vec{P}$로 해석할 수 있다.

이제, 로렌츠 거리구조 $d\tau^2 = (\eta_{\mu\nu})$를 갖는 Minkowski 시공간에서의 한 사건 p를 생각하자. 이때 p에서 정의된 모든 '빛을 닮은' 벡터들의 집합을 생각하면 [그림 3-32]와 같은 원뿔을 얻게 된다. 이렇게 얻어진 원뿔을 **'빛원뿔'**이라 부르는데, 이 원뿔을 경계로 그 내부의 '시간을 닮은' 벡터들과, 그 외부의 '공간을 닮은' 벡터들이 나뉘어져 있음을 볼 수 있다. 또한 p를 지나는 모든 시간을 닮은 곡선은 이 원뿔의 내부에서만 움직인다는 것도

---

67) 엄밀히 말해서, $\|\alpha'(\tau)\| \equiv 1$은 $\| \frac{d}{d\tau}\alpha(t(\tau)) \| \equiv 1$을 의미한다. 이후에도 편의상, $\alpha(t(\tau))$를 줄여서 $\alpha(\tau)$로 쓰기로 한다.

쉽게 확인할 수 있다.

일반적으로 로렌츠 거리구조 $d\tau^2 = (g_{\mu\nu})$를 갖는 임의의 로렌츠 시공간 M 상의 한 사건 p에서 $< V, V > = 0$을 만족시키는 0이 아닌 모든 접벡터들의 집합을 '접공간 T_pM에서의 빛원뿔'이라고 부른다.

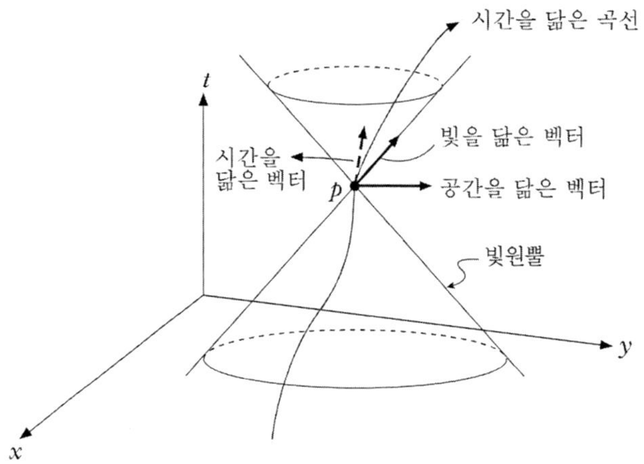

그림 3-32

2.4 시공간의 공미분과 측지선

마지막으로 시공간의 측지선에 대해 언급할 필요가 있다.

우리는 앞서 임의의 거리구조 $ds^2 = (g_{ij})$를 갖는 3차원 리만공간에 대해 조건 ⓪~⑤를 만족시키는 '공미분'이 항상 유일하게 존재하여 벡터장의 순간 변화율을 나타내는 미분이 가능함을 설명하였다.

특히 식 (1.6)으로 정의된 공미분은 $ds^2 = (\delta_{ij})$의 거리 구조를 갖는 3차원 유클리드 공간에서 조건 ⓪~⑤들을 모두 만족시키는 유일한 공미분임도 언급하였다.

이와 같은 공미분의 존재는, 임의의 로렌츠 거리구조 $d\tau^2 = (g_{\mu\nu})$를 갖는 4차원 로렌츠 시공간의 경우에도 마찬가지로 성립함이 잘 알려져 있다. 특별히, $d\tau^2 = (\eta_{\mu\nu})$을 갖는 4차원 Minkowski 시공간의 경우, 주어진 벡터장 $V = (V_0, V_1, V_2, V_3)$, $W = (W_0, W_1, W_2, W_3)$

에 대해

$$D_V W = (V[W_0],\ V[W_1],\ V[W_2],\ V[W_3])$$

으로 정의된 공미분은 조건 ⓪ ~ ⑤를 만족시키는 유일한 공미분임을 알 수 있다.

또한, 만일 임의의 좌표계 (x_0, x_1, x_2, x_3)에 대해 거리구조 $d\tau^2 = (g_{\mu\nu})$를 갖는 4차원 로렌츠 시공간이 주어지면, 식 (1.8)과 마찬가지로 적당한 함수 $\Gamma^{\lambda}_{\mu\nu} : M \to \mathbb{R}$ $(\mu, \nu, \lambda = 0, 1, 2, 3)$에 대하여 다음이 성립하게 된다.

$$D_{\frac{\partial}{\partial x_\mu}} \frac{\partial}{\partial x_\nu} = \sum_{\lambda=0}^{3} \Gamma^{\lambda}_{\mu\nu} \frac{\partial}{\partial x_\lambda}$$

참고로, 임의의 벡터장 $W = \sum_{\nu=0}^{3} W_\nu \frac{\partial}{\partial x_\nu}$에 대하여, 조건 ⓪ ~ ⑤를 이용하면 다음이 성립함을 확인할 수 있다(연습문제 6).

$$D_{\frac{\partial}{\partial x_\mu}} \left(\sum_{\nu=0}^{3} W_\nu \frac{\partial}{\partial x_\nu} \right) = \sum_{\lambda=0}^{3} \left\{ \frac{\partial W_\lambda}{\partial x_\mu} + \sum_{\nu=0}^{3} \Gamma^{\lambda}_{\mu\nu} W_\nu \right\} \frac{\partial}{\partial x_\lambda} \tag{2.3}$$

여기서 $\Gamma^{\lambda}_{\mu\nu}$는 주어진 시공간의 거리구조인 $d\tau^2 = (g_{\mu\nu})$에 의해 결정되는 함수로서, 구체적으로 다음과 같이 주어진다.[68)]

$$\Gamma^{\lambda}_{\mu\nu} = \sum_{\sigma=0}^{3} \frac{1}{2} g^{\lambda\sigma} \left(\frac{\partial g_{\sigma\nu}}{\partial x_\mu} + \frac{\partial g_{\sigma\mu}}{\partial x_\nu} - \frac{\partial g_{\mu\nu}}{\partial x_\sigma} \right) \text{(단, } (g^{\mu\nu})\text{는 } (g_{\mu\nu})\text{의 역행렬이다)} \tag{2.4}$$

우리는 1.4 절에서 $D_{c'(t)} c' = 0$를 만족시키는 곡선 $c(t)$를 '측지선'으로 정의하고, 이 조건을 좌표계를 이용하여 식 (1.9)와 같이 나타내었다.

이러한 측지선의 정의는 전적으로 조건 ⓪ ~ ⑤를 만족시키는 공미분의 존재에 의한 것으로서, 임의의 로렌츠 거리구조를 갖는 시공간에 대해서도 동일하게 적용된다.

이때 시공간 상의 '시간을 닮은' 곡선 $c(\tau)$에 대한 방정식 $D_{c'(\tau)} c' = 0$의 물리적 의미는 어떻게 해석할 수 있을까?

---

68) 이는 Koszul의 공식과 식 (2.3)으로부터 쉽게 얻을 수 있다.[Gallot, Hulin, Lafontaine] p. 68 참조.

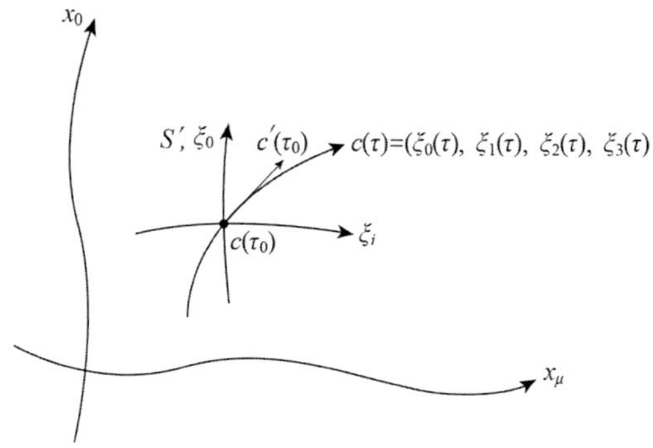

그림 3-33

먼저, 시공간 내의 한 사건 $c(\tau_0)$에 해당하는 시각과 위치에서 자유 낙하하고 있는 관찰자 S'을 생각하고, 이 S'의 국소적 관성계 $(\xi_0, \xi_1, \xi_2, \xi_3)$에 대해, 물체의 고유시간 τ를 매개변수로 한 곡선 $c(\tau)$의 세계선을 다음과 같이 표현하자[그림 3-33].

$$c(\tau) = (\xi_0(\tau), \xi_1(\tau), \xi_2(\tau), \xi_3(\tau))$$

이때 만일 곡선 c가 표현하는 물체의 운동 역시 '자유 낙하'에 의한 것이라면, 관찰자 S'의 입장에서 본 곡선 c가 표현하는 물체의 운동은 등속도 직선운동이 되며,[69] 따라서 S'의 좌표계인 $(\xi_0, \xi_1, \xi_2, \xi_3)$에서 직선의 형태로 나타난다. 즉, $\left.\frac{d^2\xi_\alpha}{d\tau^2}\right|_{\tau=\tau_0} = 0$이다.[70]

이제 이것을 일반적인 좌표계, 즉, 임의의 가속도 운동을 하는 관찰자의 좌표계인 (x_0, x_1, x_2, x_3)을 이용하여 표현해보면 다음과 같음을 알 수 있다. 즉, $\tau = \tau_0$에서

$$\begin{aligned} 0 &= \frac{d^2\xi_\alpha}{d\tau^2} = \frac{d}{d\tau}\left(\frac{d\xi_\alpha}{d\tau}\right) = \frac{d}{d\tau}\left(\sum_{\mu=0}^{3}\frac{\partial\xi_\alpha}{\partial x_\mu}\frac{dx_\mu}{d\tau}\right) \\ &= \sum_{\mu=0}^{3}\left\{\frac{d^2x_\mu}{d\tau^2}\frac{\partial\xi_\alpha}{\partial x_\mu} + \sum_{\nu=0}^{3}\frac{dx_\mu}{d\tau}\frac{\partial}{\partial x_\nu}\left(\frac{\partial\xi_\alpha}{\partial x_\mu}\right)\frac{dx_\nu}{d\tau}\right\} \end{aligned}$$

이다.

---

69) 엄밀히 말해, 이것은 관찰자 S'에 대해 충분히 가까운 근방에서 근사적으로 성립한다. 이에 대한 자세한 논의 역시 '등가원리'와 관련하므로 3절로 미룬다.

70) 예를 들어 $(x(t), y(t)) = (t^3, 2t^3)$은 $\mathbb{R}^2$에서 직선의 형태로 나타나지만 $\left.\frac{d^2x}{dt^2}\right|_{t=1} \neq 0$이다. 그러나 두 관성계(여기서는 S'과 물체) 사이의 좌표변환식인 로렌츠변환식은 선형(1차)변환식임을 상기.

위 식의 양변에 $\frac{\partial x_{\mu'}}{\partial \xi_\alpha}$를 곱하고, $\sum_{\alpha=0}^{3} \frac{\partial \xi_\alpha}{\partial x_\mu} \frac{\partial x_{\mu'}}{\partial \xi_\alpha} = \delta_{\mu\mu'}$를 이용하면 다음을 얻는다.

$$\frac{d^2 x_\alpha}{d\tau^2} + \sum_{\lambda,\,\mu,\,\nu=0}^{3} \left(\frac{\partial x_\alpha}{\partial \xi_\lambda} \frac{\partial^2 \xi_\lambda}{\partial x_\mu \partial x_\nu} \right) \frac{dx_\mu}{d\tau} \frac{dx_\nu}{d\tau} = 0$$

이때, 위 식의 둘째 항에 나타난 $\sum_{\lambda=0}^{3} \frac{\partial x_\alpha}{\partial \xi_\lambda} \frac{\partial^2 \xi_\lambda}{\partial x_\mu \partial x_\nu}$이 식 (2.4)에 의해 주어진 $\Gamma^{\alpha}_{\mu\nu}$과 같음을 계산을 통해 확인할 수 있다[71].

따라서 최종적으로 $\tau = \tau_0$에서 다음이 성립함을 알 수 있다.

$$\frac{d^2 x_\alpha}{d\tau^2} + \sum_{\mu,\,\nu=0}^{3} \Gamma^{\alpha}_{\mu\nu} \frac{dx_\mu}{d\tau} \frac{dx_\nu}{d\tau} = 0 \qquad (2.5)$$

그런데 이 식은 곡선 c를 좌표계 (x_0, x_1, x_2, x_3)에 의해 표현했을 때, $D_{c'(\tau_0)} c' = 0$와 같은 식임을 이미 앞에서 살펴보았다(식 (1.9) 참조). 즉,

$$D_{c'(\tau_0)} c' = 0 \;\Leftrightarrow\; \left. \frac{d^2 \xi_\alpha}{d\tau^2} \right|_{\tau=\tau_0} = 0$$

이다.[72]

이때 식 (2.5)에 나타난 $\Gamma^{\alpha}_{\mu\nu}(c(\tau_0))$는 좌표계 (x_μ)에 대한 시공간의 거리구조 $(g_{\mu\nu})$에 의해 결정되는데(식 (2.4)), $g_{\mu\nu}$가 특정 국소적 관성계 (ξ_α)에 관계없이 정의되는 함수이므로 $\Gamma^{\alpha}_{\mu\nu}$ 역시 특정 국소적 관성계에 관계없이 시공간 M상에서 정의되는 함수이다. 따라서

71) 이것은 $g_{\mu\nu} = \sum_{\alpha,\beta=0}^{3} \eta_{\alpha\beta} \frac{\partial \xi_\alpha}{\partial x_\mu} \frac{\partial \xi_\beta}{\partial x_\nu}$을 식 (2.4)에 대입함으로써 직접 확인할 수 있다.[Weinberg] pp.73 ~ 75 참조.

72) 일반적으로, 좌표변환에 불변인 한 매개변수 λ에 의해 표현된 시공간상의 한 곡선 $c(\lambda)$에 대하여 각 사건 $c(\lambda_0)$에서 정규좌표계(normal coordinate system, 물리적으로는 국소적 관성계) (ξ_α)를 잡으면 항상

$$D_{c'(\lambda_0)} c' = \sum_{\alpha=0}^{3} \left. \frac{d^2 \xi_\alpha}{d\lambda^2} \right|_{\lambda=\lambda_0} \left. \frac{\partial}{\partial \xi_\alpha} \right|_{c(\lambda_0)}$$ 로 쓸 수 있다.

이는 이 정규좌표계에서는 $g_{\alpha\beta}(c(\lambda_0)) \left(= \left\langle \left. \frac{\partial}{\partial \xi_\alpha} \right|_{c(\lambda_0)}, \left. \frac{\partial}{\partial \xi_\beta} \right|_{c(\lambda_0)} \right\rangle \right) = \eta_{\alpha\beta}$, $\frac{\partial g_{\alpha\beta}}{\partial \xi_\gamma}(c(\lambda_0)) = 0$이므로 식 (2.4)에 의해 $\Gamma^{\alpha}_{\mu\nu}(c(\lambda_0)) = 0$이기 때문이다.(식 (2.5) 참고)

식 (2.5)는 시공간 M상에서 자유 낙하하는 물체의 세계선 $c(\tau)$가 모든 τ에 대해 만족하는 운동방정식으로 볼 수 있다.

결과적으로 '시간을 닮은' 곡선 $c(\tau)$가 $D_{c'(\tau)}c' = 0$을 만족하는 것은 c가 매순간 자유 낙하하는 물체의 운동을 기술하는 것임을 알 수 있다. 또 위와 같은 논의에 의해 '빛을 닮은' 곡선 $c(\lambda)$가 $D_{c'(\lambda)}c' = 0$을 만족하는 것은[73] $c(\lambda)$의 세계선이 시공간상의 빛의 경로를 나타내는 것과 동치임을 알 수 있다. (조건 $\langle c', c' \rangle = 0$은 좌표계에 대해 불변이고, 만일 $D_{c'(\lambda_0)}c' \neq 0$이면 $c(\lambda_0)$에서 정규좌표계 (ξ_α)에 대해 $\left.\frac{d^2\xi_\alpha}{d\lambda^2}\right|_{\lambda=\lambda_0} \neq 0$이 성립하게 되고 이는 국소적 관성계의 관찰자에게 빛이 곧바로 나아가지 않음을 의미하므로 모순이 발생한다)

한편, '공간을 닮은' 곡선이 $D_{c'(\lambda)}c' = 0$을 만족하여 시공간에서의 측지선이 될 수는 있지만 이 경우 이 곡선은 특별한 물리적 의미를 갖기 어려운데, 이는 특수상대성이론에 의해 모든 국소적 관성계의 관찰자에게 빛을 포함한 어떤 물질도 빛보다 빨리 움직일 수는 없기 때문이다.

2.5 시공간의 곡률

우리는 앞서 1.3절에서, 임의의 거리구조 $ds^2 = (g_{ij})$를 갖는 리만공간 M상의 한 점 p에서 정의된 접평면 $H(\subseteq T_pM)$에 대해, 섹션별 곡률(Sectional Curvature) $K(H)$를 정의하고 이로부터 적절히 평균을 취해 리찌 곡률(Ricci Curvature)과 스칼라 곡률(Scalar Curvature)을 얻어 내었다. 이제 로렌츠 시공간 M 내에서의 한 사건 p에 대해 T_pM의 각 접평면을 생각하고 이에 대해 비슷한 방법으로 위와 같은 곡률 개념들을 정의할 수 있다.

먼저, 주어진 로렌츠 거리구조 $d\tau^2 = (g_{\mu\nu})$를 갖는 임의의 4차원 로렌츠 시공간 M상의 한 사건 p에 대해, 접공간인 $T_pM = \left\{ \sum_{\mu=0}^{3} a_\mu \left.\frac{\partial}{\partial x_\mu}\right|_p : a_\mu \in \mathbb{R} \right\}$을 생각하면, T_pM 내의 일차 독립인 두 벡터 $\vec{v}, \vec{w}$로 생성되는 접평면 $H = <\{\vec{v}, \vec{w}\}> = \{a\vec{v} + b\vec{w} : a, b \in \mathbb{R}\}$ 다음 세 가지 경우 중 하나에 해당한다.

73) 빛을 닮은 곡선 $c(\lambda)$가 항상 $D_{c'(\lambda)}c' = 0$을 만족하는 측지선이 되는 것은 아니다. 반례로, 민코브스키 시공간에서 곡선 $c(\lambda) = (\lambda, \cos\lambda, \sin\lambda, 0)$을 생각할 수 있다.

1) H가 '시간을 닮은' 벡터를 적어도 하나 포함하는 경우.(이 경우 H를 '시간을 닮은' 접평면이라 부른다[그림 3-34(a)].)

2) H가 조건 1)을 만족하지 않으면서 '빛을 닮은' 벡터를 적어도 하나 포함하는 경우. (이 경우 H를 '빛을 닮은' 접평면이라 부른다[그림 3-34(b)].)

3) H가 조건 1), 2)를 만족하지 않는 경우. 즉, H가 '공간을 닮은' 벡터만을 포함하는 경우(이 경우 H를 '공간을 닮은' 접평면이라 부른다[그림 3-34(c)].)

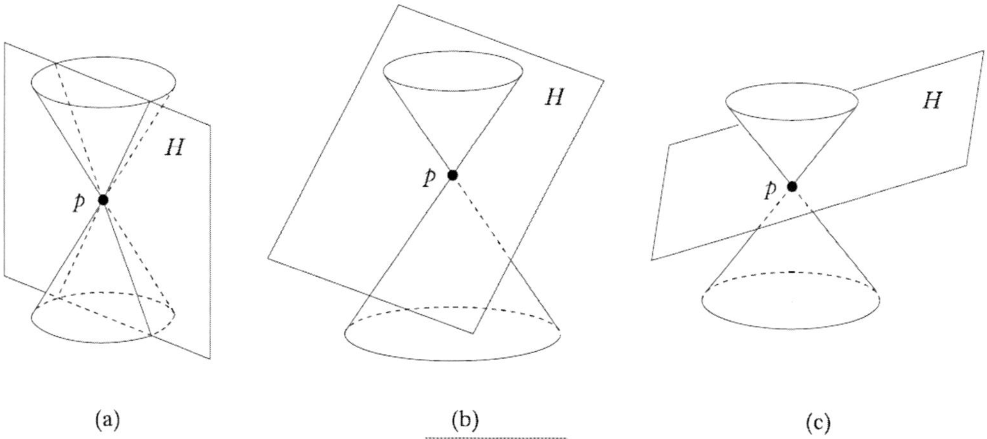

그림 3-34

시공간 M 내의 한 사건 p에 대해, T_pM에 속하는 두 벡터 $\vec{v}$, $\vec{w}$가 생성하는 접평면 H에 해당하는 섹션별 곡률(Sectional Curvature) $K(H)=K(v,w)$는 H가 위의 1) 혹은 3)인 경우에 각각 정의될 수 있는데 먼저 간단한 경우인 3)인 경우부터 살펴보자.

3)인 경우 : 이 경우는 앞에서 휜 공간에서의 섹션별 곡률(Sectional Curvature)를 정의하는 것과 동일한 방법으로 $K(H)$를 정의한다. 즉, 접평면 H상의 각 방향으로 '로렌츠 거리' r만큼 이동한 뒤, 그 끝 점들을 연결하여 얻은 곡선의 길이[74]를 $L(p,r)$이라 하면, $K(v,w)$는 다음과 같이 정의된다[그림 3-35].

$$K(\vec{v},\vec{w})=\lim_{r\to 0}\frac{6}{r^2}\left(1-\frac{L(p,r)}{2\pi r}\right)$$

74) 시공간 속의 곡선 $\alpha:[a,b]\to M$의 길이 $L(\alpha)$는 $L(\alpha)=\int_a^b \|\alpha'(s)\|\,ds=\int_a^b |<\alpha'(s),\ \alpha'(s)>|^{1/2}ds$로 정의된다.

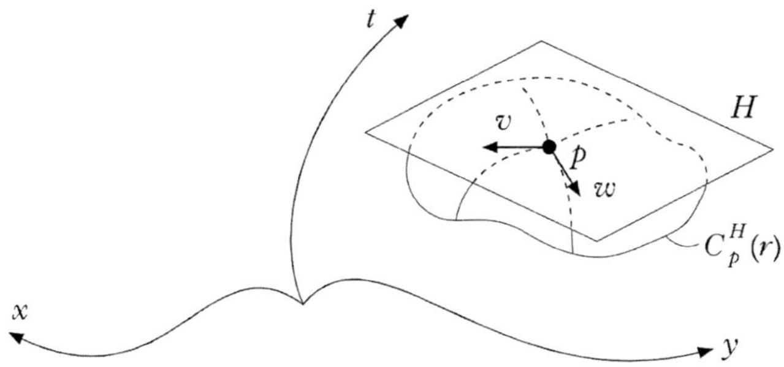

그림 3-35

1)의 경우 : 이 경우는 사건 p로부터, 접평면 H의 각 방향으로 (로렌츠) 거리 r만큼 이동한 지점들을 연결하면, 일반적으로 위 3)의 경우처럼 닫힌곡선이 얻어지지 않고 그 길이 역시 유한하지 않다. 따라서 이 경우는 위와 같은 방법으로 $K(H)$를 정의하기가 곤란하다 [그림 3-36 참조].

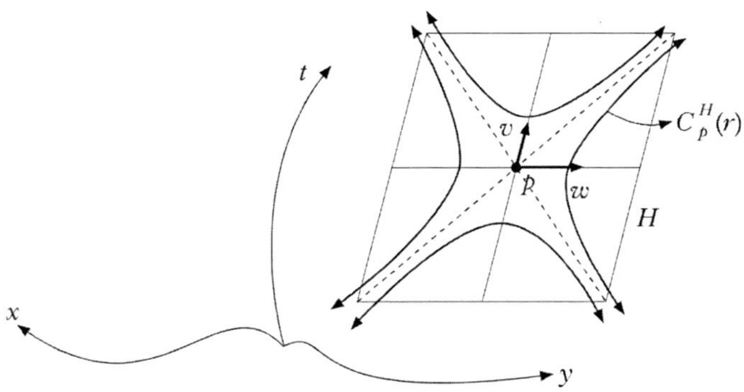

그림 3-36

그러나 1.4절의 ③에서 소개한 방법을 이용하면 이 경우의 섹션별 곡률(Sectional Curvature)를 자연스럽게 정의할 수 있다.

우선 H가 시간을 닮은 접평면이므로, 적당한 접벡터 $\{\overrightarrow{e_0}, \overrightarrow{e_1}\}$를 선택해서,

$$<\overrightarrow{e_0}, \overrightarrow{e_0}> = -1, \ <\overrightarrow{e_1}, \overrightarrow{e_1}> = 1, \ <\overrightarrow{e_0}, \overrightarrow{e_1}> = 0$$

를 만족하도록 할 수 있다.(p에서의 국소적 관성계를 이용)

이때, $\gamma(0) = p$이고 $\gamma'(0) = \overrightarrow{e_0}$인 측지선 γ를 생각하면, 이는 앞서 언급한 바와 같이, 자유 낙하하는 한 물체의 운동을 기술하게 된다.75)

이제 이 물체와 아주 가까운 거리에서 같은 방향으로 자유 낙하하는 다른 물체의 운동을 다음과 같이 기술할 수 있다[그림 3－37 참조].

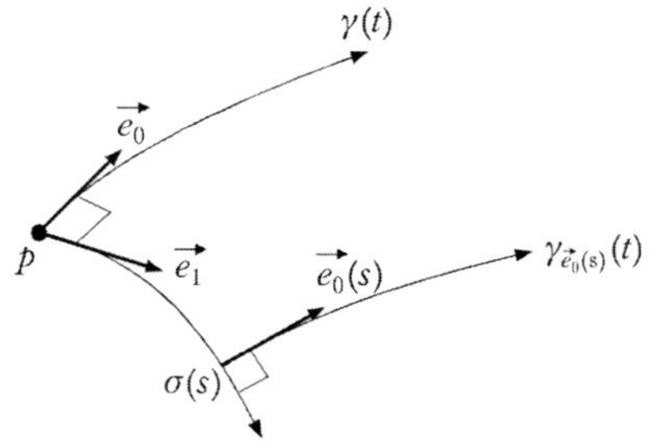

그림 3-37

먼저, $\sigma(0)=p$이고 $\sigma'(0)=\overrightarrow{e_1}$인 측지선 σ를 생각하고, 벡터 $\overrightarrow{e_0}$를 측지선 σ를 따라 s만큼 '평행 이동'[76]하여 얻은 벡터를 $\overrightarrow{e_0}(s)$로 표기하자. 그러면, γ를 따라 자유 낙하하는 물체의 바로 옆에서 γ와 같은 방향으로 자유 낙하하는 다른 물체의 운동은, $\sigma(s)$을 출발하여 $\overrightarrow{e_0}(s)$ 방향으로 움직이는 측지선에 의해 표현된다. 편의상, 이 측지선을 $\gamma_{\overrightarrow{e_0}(s)}(t)$로 쓰기로 하자.

이제 우리는 적당한 s_0, t_0에 대하여, $[0,\ s_0]\times[0,\ t_0]$로부터 시공간 M으로 가는 사상 Q를 다음과 같이 정의할 수 있다[그림 3－38].

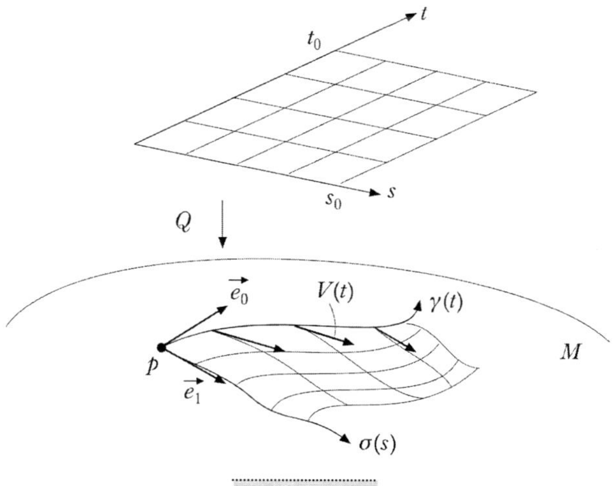

그림 3-38

75) 특별한 언급이 없으면 측지선은 항상 고유시간 τ를 매개 변수로 표현되었다고 가정한다.

76) 여기서 '평행이동'이란, 엄밀하게는 $D_{\sigma'(s)}\overrightarrow{e_0}(s)=0$을 의미하는데, 이러한 $\overrightarrow{e_0}(s)$의 존재는 본질적으로 일계 미분방정식의 해의 존재성에 의해 항상 보장받을 수 있다.

$$Q(s,t) := \gamma_{\overrightarrow{e_0}(s)}(t) \quad (0 \leq s \leq s_0,\ 0 \leq t \leq t_0)$$

이 정의로부터 $Q(0,t) = \gamma_{\overrightarrow{e_0}(0)}(t) = \gamma(t)$, $Q(s,0) = \gamma_{\overrightarrow{e_0}(s)}(0) = \sigma(s)$임을 알 수 있다.

이때, $V(t) := \frac{\partial Q(s,t)}{\partial s}\Big|_{s=0}$로 정의하면[77] $V(t)$는 $\gamma(t)$와 $\gamma_{\overrightarrow{e_0}(s)}(t)$ 사이의 변위를 일차 근사시킨 벡터에 해당한다. 즉,

$$V(t) = \lim_{s \to 0} \frac{Q(s,t) - Q(0,t)}{s} = \lim_{s \to 0} \frac{\gamma_{\overrightarrow{e_0}(s)}(t) - \gamma(t)}{s}$$

이므로 충분히 작은 s에 대해, $\gamma_{\overrightarrow{e_0}(s)}(t) - \gamma(t) \sim V(t)s$이 된다.

따라서 충분히 작은 s에 대해 $\gamma_{\overrightarrow{e_0}(s)}(t) - \gamma(t)$의 t에 따른 변화를 살펴보는 것은 $V(t)$의 t에 따른 변화를 살펴보는 것과 같은 의미를 가진다.

이제 1.4절의 끝 부분에서 언급한 바와 같이 $\gamma_{\overrightarrow{e_0}(s)}(t)$가 $\gamma(t)$ 방향으로 받는 힘은 근사적으로 $(\gamma_{\overrightarrow{e_0}(s)}(t) - \gamma(t))''$ (단, $'$는 t에 대한 미분)[78], 즉 가속도에 비례한다고 할 수 있다.

여기서 우리의 관심은 사건 p에서, 즉 $t=0$일 때 접평면 $H(\subseteq T_pM)$ 위에서 일어나는 이 힘의 크기이므로, $V''(0)$[79]를 접평면 H에 투영시켰을 때 얻어지는 벡터를 살펴보아야 한다. 즉, $< V''(0), \overrightarrow{e_0} >$과 $< V''(0), \overrightarrow{e_1} >$가 우리의 관심인데, 실제로 계산을 해보면 $< V''(0), \overrightarrow{e_0} >$은 항상 0임을 알 수 있다.[80]

따라서 남는 것은 $< V''(0), \overrightarrow{e_1} >$인데, 이 양은 평면 H 상에서 $\gamma_{\overrightarrow{e_0}(s)}(t)$가 $\gamma(t)$ 방향으로 받는 힘을 나타낸 것에 해당하고[81], 3차원의 휜 공간과 마찬가지로 이 힘이 클수록 시공간이 많이 휘었다고 말하는 것이 자연스럽다(1.4절 ③ 참고).

---

77) 특별히, $V(0) = \lim_{s \to 0} \frac{1}{s}(Q(s,0) - Q(0,0)) = \lim_{s \to 0} \frac{1}{s}(\sigma(s) - \sigma(0)) = \sigma'(0) = \overrightarrow{e_1}$이다.

78) 엄밀히 표현하면, $D_{\gamma'}(D_{\gamma'}V)s$를 의미한다.

79) 엄밀히 표현하면, $D_{\gamma'(0)}(D_{\gamma'}V)$를 의미한다.

80) 이에 대한 엄밀한 증명은 '야코비 벡터장'의 기본성질을 이용하는데 여기서는 생략하기로 한다. 다만, $\langle V''(0), \overrightarrow{e_0} \rangle = 0$이라는 사실은 $\gamma_{\overrightarrow{e_0}(s)}(t)$가 순전히 $\gamma(t)$를 향한 방향인 $\overrightarrow{e_1}$ 방향으로만 힘을 받는다는 것을 의미함에 유의하자.

81) 만일 $\overrightarrow{e_1}$을 $\gamma(t)$를 따라 평행 이동하여, $\gamma(t)$ 상의 벡터장 $\overrightarrow{E_1}(t)$를 얻고, 이를 자유 낙하하는 물체 $\gamma(t)$의 좌표계(국소적 관성계)상에서 x축 방향의 단위벡터에 해당하는 것으로 보면, $\langle V''(0), \overrightarrow{e_1} \rangle = \langle V(t), \overrightarrow{E_1}(t) \rangle''(0) = V_x''(0)$이고 $(\gamma_{\overrightarrow{e_0}(s)})_x(t) - \gamma_x(t) \sim V_x(t)s$이므로, 결과적으로 $< V''(0), \overrightarrow{e_1} >$은 x축 상에 인접한 두 물체가 동일한 초기속도에서 출발하여 x축을 따라 자유 낙하할 때(일차원 운동) 두 물체 사이에 작용하는 힘을 표현한 것으로 볼 수 있다.

따라서 $< V''(0), \overrightarrow{e_1} >$는 사건 p에서의 시공간을 접평면 H로 잘라 보았을 때 얼마나 휘어 있는지를 말해 주는 양으로 해석하고, 접평면 H에 대한 **섹션별 곡률**(Sectional Curvature)로 정의한다. 즉,

$$K(H) = K(\overrightarrow{e_0}, \overrightarrow{e_1}) := < V''(0), \overrightarrow{e_1} >$$

이다.

이제 이와 같이 정의된 시공간의 섹션별 곡률(Sectional Curvature)을 이용하여 앞에서와 마찬가지 방법으로 시공간의 리찌 곡률(Ricci Curvature)과 스칼라 곡률(Scalar Curvature)을 정의해보자.

① **시공간의 스칼라 곡률**(Scalar Curvature) : 먼저 시공간 내의 한 사건 p에서의 접공간 T_pM은 p 부근의 국소적 관성계에 의해 항상 다음을 만족하는 '정규 직교 기저' $\{\overrightarrow{e_0}, \overrightarrow{e_1}, \overrightarrow{e_2}, \overrightarrow{e_3}\}$를 가진다는 것을 상기하자(2.2절 참조).

$$\begin{aligned} &< \overrightarrow{e_0}, \overrightarrow{e_0} > = -1, \\ &< \overrightarrow{e_i}, \overrightarrow{e_i} > = 1 \ (i = 1, 2, 3), \\ &< \overrightarrow{e_\mu}, \overrightarrow{e_\nu} > = 0 \ (\mu \neq \nu) \end{aligned}$$

따라서 $\mu \neq \nu$인 각 $\{\overrightarrow{e_\mu}, \overrightarrow{e_\nu}\}$에 대해 $K(\overrightarrow{e_\mu}, \overrightarrow{e_\nu})$을 생각할 수 있고 이 값들의 합[82]을 p점에서의 스칼라 곡률(Scalar Curvature)로 정의한다. 즉,

$$S(p) = \sum_{\mu \neq \nu} K(\overrightarrow{e_\mu}, \overrightarrow{e_\nu})$$

이다.

② **시공간의 리찌 곡률**(Ricci Curvature) : 만일 $\overrightarrow{u}$가 사건 p에서의 한 '시간을 닮은' 단위벡터이면 (즉, $< \overrightarrow{u}, \overrightarrow{u} > = -1$), 적당한 '공간을 닮은' 단위벡터들인 $\{\overrightarrow{e_1}, \overrightarrow{e_2}, \overrightarrow{e_3}\}$을 선택하여 $\{\overrightarrow{e_0}(=\overrightarrow{u}), \overrightarrow{e_1}, \overrightarrow{e_2}, \overrightarrow{e_3}\}$이 T_pM의 정규 직교 기저가 되도록 하자. 이때,

82) 앞서 1.3절과 같은 맥락에서는 이 합을 적당한 상수로 나누어 평균을 취한 것을 스칼라 곡률로 정의하는 것이 자연스럽겠지만, 관례적으로 보통 이 상수는 생략한다. 이는 이하 리찌 곡률의 경우에도 마찬가지이다.

$\vec{u}$에 대한 리찌 곡률(Ricci Curvature)을 다음과 같이 정의한다.

$$Ric_p(\vec{u}) = -\sum_{i=1}^{3} K(\vec{u}, \vec{e_i})$$

만일 $\vec{u}$가 사건 p에서의 한 '공간을 닮은' 단위벡터이면 (즉, $<\vec{u}, \vec{u}> = 1$), 적당 '시간을 닮은' 벡터 $\vec{e_0}$와 '공간을 닮은' 벡터 $\{\vec{e_2}, \vec{e_3}\}$을 선택하여, $\{\vec{e_0}, \vec{e_1}(=\vec{u}), \vec{e_2}, \vec{e_3}\}$이 정규 직교 기저가 되도록 하자. 이때, '$\vec{u}$에 대한 Ricci Curvature'를 다음과 같이 정의한다.

$$Ric_p(\vec{u}) = \sum_{i \in \{0, 2, 3\}} K(\vec{u}, \vec{e_i})$$

휜 공간의 경우와 마찬가지로 위의 두 정의는 $\vec{e_i}$ 들의 선택과 관계없음이 알려져 있다. 또, 이러한 $Ric_p(\vec{u})$의 정의에 대해 다음을 만족하는 4×4 대칭행렬 $(Ric_{\mu\nu}(p))$가 존재한다는 사실이 잘 알려져 있다. 즉, 임의의 좌표계 (x_0, x_1, x_2, x_3)에 대해 접공간 T_pM의 한 벡터 $\vec{u} = \sum_{\mu=0}^{3} u_\mu \left.\frac{\partial}{\partial x_\mu}\right|_p$ 가 주어졌을 때 (단, $\vec{u}$는 빛을 닮은 벡터가 아님), $Ric_p(\vec{u})$는 다음과 같이 표현된다.

$$Ric_p(\vec{u}) = \sum_{\mu, \nu=0}^{3} Ric_{\mu\nu}(p) u_\mu u_\nu \tag{2.6}$$

식 (2.6)의 우변은 $\vec{u}$가 단위벡터가 아닌 경우에도 의미를 가지며, 따라서 임의의 두 벡터 $\vec{v} = \sum_\mu v_\mu \left.\frac{\partial}{\partial x_\mu}\right|_p$, $\vec{w} = \sum_\nu w_\nu \left.\frac{\partial}{\partial x_\nu}\right|_p \in T_pM$에 대해, $Ric(\vec{v}, \vec{w})$을 다음과 같이 정의할 수 있다.

$$Ric(\vec{v}, \vec{w}) = \sum_{\mu, \nu=0}^{3} v_\mu w_\nu Ric_{\mu\nu}(p)$$

여기서 특별히, $Ric_{\mu\nu}(p) = Ric\left(\left.\frac{\partial}{\partial x_\mu}\right|_p, \left.\frac{\partial}{\partial x_\nu}\right|_p\right)$임을 알 수 있다.

제3장 3절

등가 원리(Equivalence Principle)

특수상대성이론은, 임의의 관성계에 있는 한 관찰자에 의해 기술된 시공간의 구조에 대한 이론이라 할 수 있다. 그리고 이러한 시공간의 구조는 Minkowski 거리구조인 $d\tau^2 = (\eta_{\mu\nu})$에 의해 표현된다는 것도 앞에서 살펴보았다.

그런데 우리가 실험실에 선 채로 손에 든 한 물체를 놓으면, 실험실이라는 물리계 내에서 그 물체에 아무런 힘을 가하지 않았음에도 불구하고[83] 물체는 지면을 향해 가속도 운동을 한다는 사실을 확인할 수 있다. 이것은 우리의 실험실로 이루어진 3차원 좌표계가 관성계가 아님을 말해주고 있는데, 물론 이것은 이 좌표계 밖에서 작용하는 중력 때문일 것이다. 실제로 실험실 내에 있는 우리 자신을 포함한 모든 물체들은 지구에 의한 중력의 영향을 받고 있고 따라서 실험실이라는 좌표계 안에서의 어떤 힘을 통하지 않고도 물체는 가속 운동을 할 수가 있다.

그렇다면 이 우주의 한 영역 R 속에 '정지해 있는' 한 관찰자의 좌표계는 어떤 상황에서 관성계가 될 수 있을까? 우선 위 실험실에서와 같은 상황을 피해야 하므로 다음 조건을 생각할 수 있다.

> '영역 R 바깥에 어떤 물질도 존재하지 않아서 영역 R 내부에 있는 물체에 중력의 영향을 줄 수 없는 상황 (영역 R이 우주전체인 경우도 $R^c = \varnothing$이므로 여기에 포함시킬 수 있다)'

그런데, 현실적으로 우주 전체가 아닌 우주 내의 한 영역 R을 제외한 나머지 영역 (즉 R^c)에 어떤 물질도 존재하지 않는 상황은 현대 우주론에서의 '우주의 균질성'(homogeneity)에 위배되는 비물리적인 조건이라고 할 수 있다. 따라서 생각할 수 있는 경우는 R이 우주 전체 즉 $R^c = \varnothing$인 경우뿐이다.

그럼 우주 전체로 이루어진 물리계 속에 '정지해 있는' 한 관찰자[84]의 좌표계가 관성계

83) 물체에 작용하는 중력은 실험실 '밖에' 있는 지구라는 물체에 의한 힘이다.
84) '이 관찰자가 '무엇'에 대해 정지해 있는가?'라는 질문 역시 쉽게 답할 수 있는 문제가 아니다. 고전역학에서

인지 아닌지를 어떻게 알아볼 수 있을까? 관성계란 그 물리계 내의 물체에 아무런 힘을 가하지 않았을 때 그 물체가 자신의 운동 상태, 즉 운동량을 그대로 유지하는 시스템이므로 어떤 물리계를 나타내는 좌표계가 관성계인지 아닌지를 밝히려면 그 물리계 내의 한 물체에 아무런 힘이 가해지지 않은 상태를 만들어 놓고 이 물체의 운동 상태를 살펴보아야 한다. 그런데 우주가 텅 비어 있지 않은 이상 그 안의 모든 물질들 사이에 작용하는 만유인력인 중력을 제거해 놓고 물질의 운동을 관찰할 수 있는 방법이 존재할까? 얼핏 생각해도 이것은 명백히 불가능해 보인다. 만일 우주내의 어떤 관찰자의 좌표계도 그것이 관성계임을 명확히 밝힐 수 없다면 이러한 관성계의 관찰자에 의해 기술된 특수상대성이론은 결국 불완전한 이론일 수밖에 없다. 즉, 특수상대성이론은 현실세계의 중력을 고려하지 않은 이론적인 '관성계'에만 적용 가능한 다소 비현실적인 이론이 되는 것이다.

이와 같은 특수상대성이론의 한계를 극복하고 중력현상을 포함하는 시공간의 구조를 밝히기 위해 아인슈타인은 우주 내에서 '정지해 있는' 관찰자 대신 중력에 의한 가속도 운동, 즉 자유 낙하 운동을 하는 관찰자의 좌표계를 생각하고 이 좌표계 내에서는 마치 중력이 제거된 것과 같은 일이 벌어진다는 소위 '등가원리'를 제안함으로써 특수상대성이론의 한계를 극복할 수 있는 실마리를 마련할 수 있었고 결국 이로부터 일반상대성이론을 완성하였다.

이 절에서는 이 등가원리에 대해 자세히 알아보고 그 의미를 음미해 보도록 하자.

우선, 아주 작은 실험실을 63빌딩의 꼭대기에 올려놓은 뒤 그대로 밀어서 실험실이 자유 낙하하는 아주 간단한 사고 실험을 생각해 보자. 이 간단한 과정을 통해 실험실 내부가 중력의 영향을 받지 않는 관성계가 될 수 있다는 것이 '등가원리'의 핵심이라 할 수 있다. 실제로, 자유 낙하하는 실험실 내부에 있는 사람이 손에 들고 있는 물체를 놓으면, 그 물체가 자신과 똑같이 자유 낙하하는 모습을 보게 되고[85] 따라서, 그 물체는 관찰자의 입장에서는 정지해 있는 것으로 관찰될 것이다. 이것은 그 물체가 어떤 재질로 만들어졌는가에 무관하게 항상 확인할 수 있는 사실이며, 일반적으로 관찰자에 대해 $\vec{v}$의 속도로 움직이던 물체는 실험실 내에서 아무 힘을 가하지 않은 한 계속 $\vec{v}$의 속도로 움직이는 것으로 관찰된다[그림 3-39].

는 '절대공간'에 대해 정지해 있다고 할 수 있고, 마하의 철학을 따르면 우주를 구성하는 물질들의 총체들에 대해 정지해 있다고 하겠지만, 이에 대한 일반 상대론적인 관점은 '중력장(gravitational field)' (시공간이라는 옷감을 짜고 있는 실타래들)에 대해 정지해 있다는 것이다. 여기서는 단지 상식적인 의미에서 '지면에 대해 정지해 있는' 정도로 이해해도 큰 문제는 없다. 사실 '정지해 있는' 대신 '중력에 의한 자유 낙하와 구별되는 임의의 운동 상태에 있는'으로 바꾸어 표현해도 논리적인 문제는 없다고 할 수 있다.

85) 일찍이 '피사의 사탑'에서 갈릴레이가 이 사실을 확인했다고 전해지는데 확실한 근거는 없다.

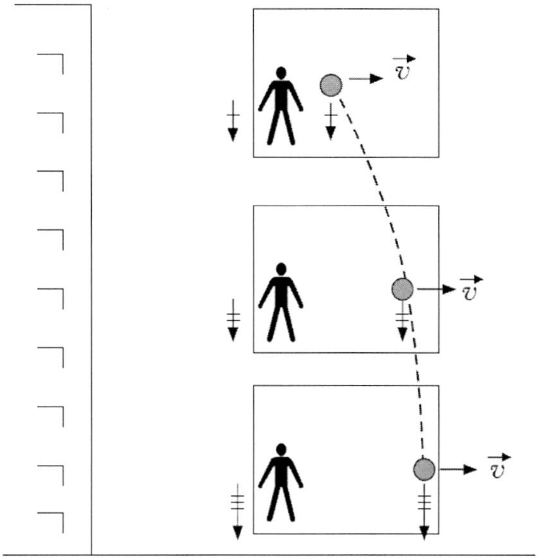

그림 3-39

결과적으로, 이 작은 실험실 내의 관찰자가 실험실 내에서 어떤 방법을 동원해도, 자신이 중력장 속에서 자유 낙하하고 있는지, 아니면 정말로 중력이 없는 공간에 있는 관성계에 있는 것인지를 구별해 낼 수가 없게 되는데 이것을 '**등가 원리**'라고 부른다.

여기서 한 가지 주의할 점이 있는데 중력장이 균질하지 않은 경우 위의 논의는 그 실험실이 '아주 작은' 실험실이라야 엄밀한 의미에서 타당하다는 것이다. 예를 들어 지구를 향해 자유 낙하하는 거대한 실험실 속의 한 관찰자를 생각해보자[그림 3-40]. 만일 이 관찰자가 자신의 좌, 우, 상, 하에 각각 물체 1, 2, 3, 4를 놓고 시간이 지남에 따라 이들의 움직임을 관찰하면 어떻게 될까? 이처럼 큰 실험실 내부에서는 더 이상 중력장이 균일하지 않고 위치에 따라 크기와 방향이 조금씩 다르기 때문에[86] 위에서와 같이 중력장이 거의 균일할 정도로 작은 실험실과는 상황이 달라진다.

우선, 그림에서와 같이 관찰자의 좌, 우에 있는 물체 1, 2는 시간이 갈수록 관찰자 쪽으로 다가오는 것으로 관찰될 것이다. 또 관찰자의 위쪽에 있는 물체 3은 관찰자보다 덜 가속되고, 아래쪽에 있는 물체 4는 관찰자보다 더 빨리 가속되므로 결과적으로 두 물체는 관찰자로부터 멀어지게 된다. 물론, 이런 일들은 처음부터 중력이 없는 공간에 있는 관찰자에게는 일어날 수 없다.

86) 중력장의 방향은 항상 지구 중심 방향이고, 그 크기는 거리 제곱에 반비례한다.

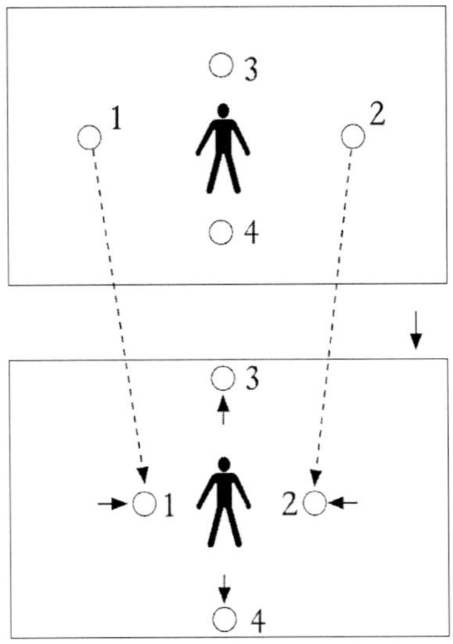

그림 3-40

따라서 실험실 내에서 관찰자와 함께 자유 낙하하는 물체들을 관찰함으로써, 자신이 중력장 속에 있음을 알게 되고 이 경우에는 위의 등가 원리를 적용할 수가 없다. 사실, 엄밀한 의미에서 아무리 작은 실험실이라도, 시간이 충분히 주어지거나, 측정만 정밀하게 할 수 있다면 이러한 차이를 구별할 수도 있을 것이고, 이러한 의미에서 '등가원리'는 관찰자를 중심으로 한 '극한적'으로 작은 시공간의 근방에서만 적용할 수 있음을 알게 된다.

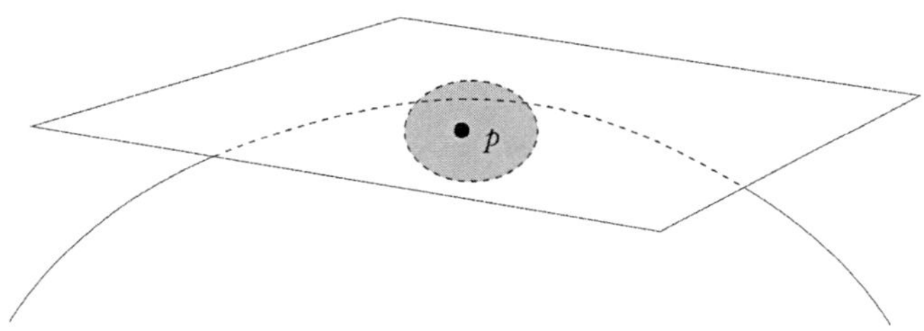

그림 3-41

우리는 이미 이와 유사한 상황을 일상 속에서 쉽게 경험하고 있음을 다음과 같이 살펴볼 수 있다. [그림 3-41]과 같이 커다란 구면 위의 한 점 p에서 이 구면에 접하는 접평면을 생각해보자. 점 p의 아주 가까운 근방만을 생각한다면, 구면과 이 구면의 접평면은 서로 대치 가능한 공간이라고 생각할 수 있다(실제로 오랜 세월동안 인류는 자신이 구면 위에 살고 있다기보다는 접평면 위에 살고 있다고 여겨왔다). 그러나 엄밀한 의미에서 구면이 접평면과 같아지는 것은 p점을 중심으로 무한히 p점에 가까이 다가가야 가능한 일이다.

이처럼, 넓은 영역에서는 휘어있는 공간도, 한 점의 아주 가까운 근방에서만 보면 항상 평면을 닮아 있다는 사실이 결국 '등가원리'의 핵심적 아이디어라 할 수 있다.

즉, 시공간 상의 넓은 영역 (즉, 거대한 실험실)을 놓고 보았을 때는 관성계로 표현되는 Minkowski 시공간이라 할 수 없지만, 지극히 좁은 시공간 상의 영역(즉, 극히 작은 실험실)을 놓고 보았을 때는 항상 Minkowski 시공간인 관성계를 닮아 있다는 것이 바로 '등가 원리'에서 말하고자 하는 바인 것이다. 이때, 이러한 국소적인 Minkowski 시공간 좌표계를 나타내는 (t, x, y, z)는 중력장 속에서 자유 낙하하는 관찰자의 좌표계임은 위에서 살펴본 바와 같다.

이제, 좁은 실험실인 국소적 관성계가 아닌 충분히 크고 넓은 임의의 실험실의 좌표계에서 움직이는 물체들의 운동은 어떻게 기술하고 해석해야 할까? 가령, [그림 3-44(a)]에서처럼, 거대한 실험실에 있던 물체 1, 2의 운동을 $t-x$ 시공간 좌표계에 표현해보면, 시간이 지남에 따라, 관찰자 쪽으로 물체의 세계선이 휘고 있음을 볼 수 있다. 만일 관찰자가 처음부터 중력이 없는 관성계에 있었고 동일한 실험을 했다면 물체 1, 2의 운동은 [그림 3-44(b)]와 같이 나타났을 것이다.

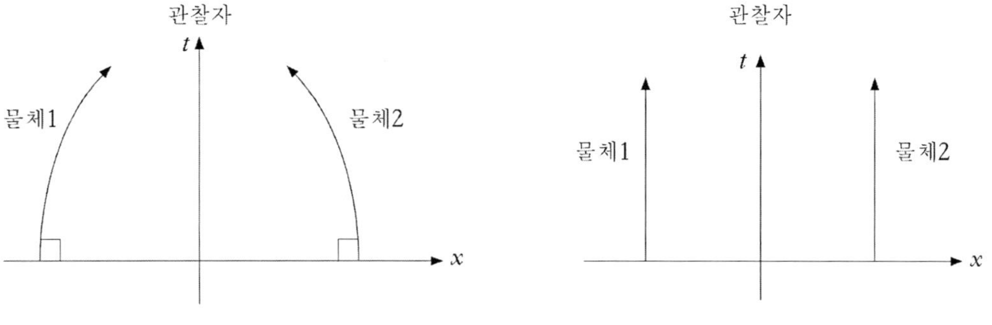

그림 3-42

그런데 우리는 앞에서 자유 낙하하는 물체의 세계선은 시공간 속의 '측지선'으로 표현됨을 살펴보았고, 따라서 [그림 3-42]의 (a)와 (b)는 각각 중력이 있는 시공간에서의 측지선과 중력이 없는 시공간(관성계)에서의 측지선을 나타낸 것이 된다. 또한, 이것을 만일 곡률이 있는 구면에서의 (측지선으로 그려진) 평행선과 곡률이 0인 편평한 2차원 평면에서의 평행선을 비교했을 때를 생각해보면, 두 상황이 정확히 일치하는 것을 발견하게 된다[그림 3-43(a), (b)].

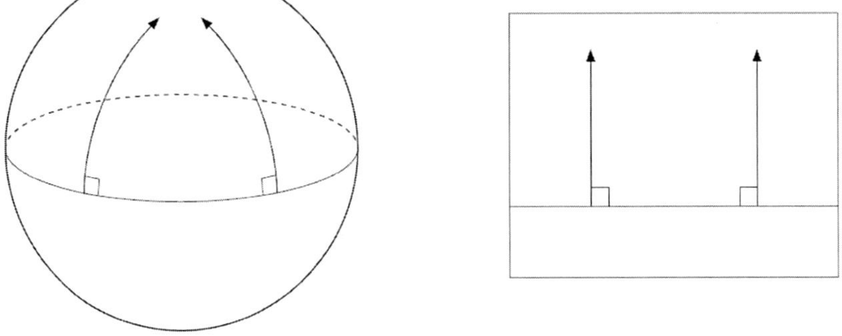

(a) (b)

그림 3-43

그렇다면, 곡률이 있는 구면에서의 평행선이 점점 서로 가까워지는 것은 순전히 구면의 기하학적 구조에 의한 것임을 유의할 때, 중력이 있는 시공간 속의 두 측지선이 서로 가까워진 것 역시 순전히 시공간의 기하학적 구조에 기인하는 것으로 해석할 수 있지 않을까?

즉, **중력이 존재**한다는 것을 **시공간이 휘어 있다**는 것으로 해석한다면, 중력이라는 실체를 가진 힘을 가정하지 않고도 시공간의 기하학적 구조를 이용하여 물체의 운동을 설명할 수가 있을 것이다. 한편, 고전적 의미에서 중력의 존재는 곧 질량을 가진 물질의 존재를 의미하므로, 위에 언급한 논의에 따르면, 결과적으로 물질의 존재는 곧 시공간의 기하학적 구조(곡률 등)로서 자신을 드러내고, 이러한 시공간의 기하학적 구조에 따라 물질의 운동이 결정된다고 말할 수 있을 것이다.

이와 같이 물질과 그 물질이 담겨있는 시공간의 기하학적인 관계를 수식으로 표현한 것이 바로 아인슈타인의 '장 방정식(field equation)'인데, 여기에 대해서는 다음 절에서 다루기로 한다.

이처럼, 임의의 중력장 속에서 자유 낙하하는 관찰자와 중력이 없는 관성계에 있는 관찰자가 국소적으로 등가(等價)라면[87], 같은 맥락에서 임의의 중력장 속에 서 있는 관찰자와, 중력이 없는 관성계에서 적당한 가속도(중력 가속도에 해당하는) 운동을 하는 관찰자 역시

87) 엄밀하게, 거리구조가 각각 $d\tau_g^2$, $d\tau_h^2$인 두 로렌츠 시공간 M_1, M_2가 사건 P에서 '국소적으로 등가'라는 것은 각 시공간 M_1, M_2에 적당한 좌표계 (x_μ)와 (y_μ)를 각각 잡아서 다음이 성립하도록 할 수 있음을 의미한다.

$$\text{i) } g_{\mu\nu}(P) = h_{\mu\nu}(P) \qquad \text{ii) } \frac{\partial g_{\mu\nu}}{\partial x_\lambda}(P) = \frac{\partial h_{\mu\nu}}{\partial x_\lambda}(P) \left(\Leftrightarrow \frac{\partial g_{\mu\nu}}{\partial y_\lambda}(P) = \frac{\partial h_{\mu\nu}}{\partial y_\lambda}(P)\right)$$

즉, 1차 근사까지만 고려했을 때, 두 시공간은 사건 P 근방에서 동일한 로렌츠 거리구조를 가진다.

서로 국소적으로 등가(等價)의 관계에 있다고 말할 수 있다[그림 3－44 참조]. 즉, 중력이 없는 상황에서 적당히 가속도운동을 함으로서 중력이 주는 효과를 국소적으로 대신할 수가 있다. 이것은 앞서 살펴본 바와 같이 (2.2절 참조), 임의의 가속도 운동을 포함하는 일반적인 관찰자의 좌표계로 시공간의 기하학을 기술하면, 로렌츠 거리구조를 갖는 임의의 휘어진 시공간(즉, 중력이 존재하는 시공간)을 얻을 수 있다는 것과 일치하는 결과이다.

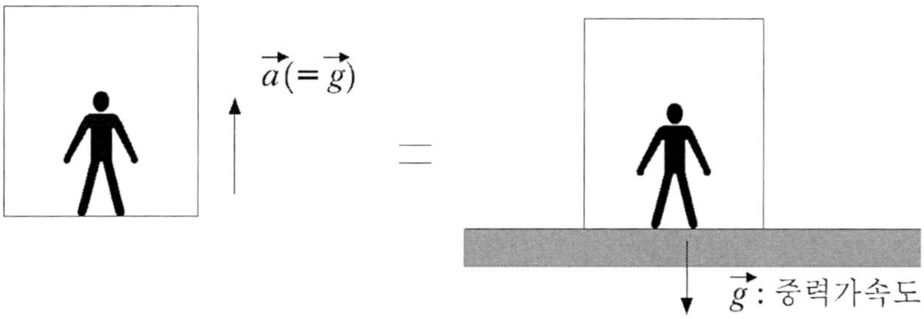

그림 3-44

이러한 견지에서 보면, 물질의 존재에 의해 임의로 휘어진 시공간의 구조를 다루는 것은, 중력장 내에서 임의의 가속도 운동을 하는 관찰자의 입장에서 시공간을 서술하고 다루는 것과 국소적으로 같은 의미라고 할 수 있다.

결론적으로, 특수상대성이론이 서로에 대해 등속도 직선운동을 하는 관성계에 있는 관찰자들에게만 적용되는 시공간의 구조를 다룬 반면, 일반 상대론은 말 그대로 일반적인 가속도 운동을 하는 임의의 관찰자에게 보편적으로 적용되는 시공간의 기하학적 구조를 다룸으로서, 자연스럽게 만유인력인 중력을 고려한 보다 일반화된 시공간 기하학이자, 중력이론으로서의 면모를 갖추게 된다.

제3장 4절

아인슈타인 방정식

이제 우리는 일반상대성이론의 핵심이라고 할 수 있는 아인슈타인의 '장 방정식'을 이야기할 시점에 도달했다. 정확한 방정식을 소개하기 전에 먼저, 앞서 우리가 배운 사실들을 이용하여 중력장이 어떻게 시공간의 곡률과 연결되는지를 잠깐 살펴보기로 하자. 앞서 2.5절에서 우리는 매우 가까운 거리에 있는 두 물체가 같은 방향으로 자유 낙하를 할 때 서로의 거리가 시간에 따라 어떻게 달라지는지를 이용하여 시공간의 곡률을 정의할 수 있었다.

이제 고전역학인 뉴턴의 중력 이론에 의거하여 동일한 상황을 기술한 뒤, 이것을 시공간에서 정의한 곡률개념과 비교하여, 중력장과 시공간의 곡률 사이에 어떤 관계가 있어야 할지에 대해 개략적으로 유추해보고자 한다.

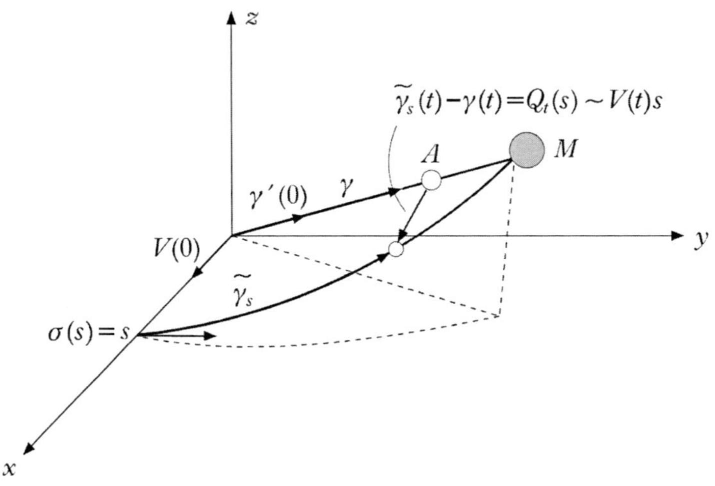

그림 3-45

먼저, [그림 3-45]와 같이, 질량 M인 태양을 향해 자유 낙하하는 한 물체 A를 생각하자(편의상 이 물체는 단위질량을 갖는다고 가정한다). 이때 이 물체의 운동이 3차원 공간좌표를 통해 $\gamma(t)=(\gamma_x(t), \gamma_y(t), \gamma_z(t))$로서 나타난다고 하자.

또한 $\sigma(s)=(s, 0, 0)$이라 두고, 이 점에서 $\gamma'(0)$과 같은 속도벡터로 출발하여 자유 낙하하는 물체를 $\widetilde{\gamma}_s(t)$로 표기하자. 이때, 주어진 시각 t에 대하여, $Q_t(s)=\widetilde{\gamma}_s(t)-\gamma(t)$라

두고, $V(t)=\dfrac{dQ_t}{ds}(0)$로 정의하자(특별히, $V(0)=(1,0,0)$임을 알 수 있다).

따라서 충분히 작은 s에 대하여, $\widetilde{\gamma_s}(t)-\gamma(t)$를 일차근사 시키면, $\widetilde{\gamma_s}(t)\sim\gamma(t)+V(t)s$를 얻는다. 여기서 양변을 t에 대해 두 번 미분한 뒤 $t=0$에서의 값을 취하면,

$$\widetilde{\gamma_s}''(0)\sim\gamma''(0)+V''(0)s \tag{4.1}$$

이 된다.

한편, 뉴턴의 중력이론에 의하여, 질량 M인 태양에 의한 중력장을 ϕ라 두면,

$$\widetilde{\gamma_s}''(0)=-\nabla\phi|_{\sigma(s)} \tag{4.2}$$

이 되는데, 여기서 만일 식 (4.2)의 양변에 나타난 벡터들의 x성분만을 취하면, $(\widetilde{\gamma_s})_x''(0)=-\dfrac{\partial\phi}{\partial x}(\sigma(s))$로 쓸 수 있다. 이 식의 우변을 다시 s에 대해 일차 근사시키면,

$$(\widetilde{\gamma_s})_x''(0)=-\frac{\partial\phi}{\partial x}(\sigma(s))\sim-\frac{\partial\phi}{\partial x}(\sigma(0))-\frac{\partial^2\phi}{\partial x^2}(\sigma(0))s \tag{4.3}$$

를 얻는다. 한편, 식 (4.1)과 $\gamma_x''(0)=\dfrac{\partial\phi}{\partial x}(\sigma(0))$을 이용하면

$$(\widetilde{\gamma_s})_x''(0)\sim-\frac{\partial\phi}{\partial x}(\sigma(0))+V_x''(0)s \tag{4.4}$$

이므로 두 식 (4.3)과 (4.4)를 비교하면, $V_x''(0)=-\dfrac{\partial^2\phi}{\partial x^2}(\sigma(0))$를 얻는다.

그런데 식 (4.1)에 의하면, $V_x''(0)s\sim(\widetilde{\gamma_s})_x''(0)-\gamma_x''(0)$이므로 $V_x''(0)$는 인접한 거리에서 자유 낙하하는 두 물체의 운동을 x축 상에 투영시켰을 때, 두 물체 사이에 작용하는 힘을 표현한 것으로 볼 수 있다. 이제 앞서 2.5절의 주 75)를 상기하면 $V_x''(0)$는 시공간에서의 물체 A의 세계선 $\Gamma(t)$와 x축 방향의 단위벡터 $\overrightarrow{e_1}$에 대해, $K(\overrightarrow{e_0},\overrightarrow{e_1})$(단, $\overrightarrow{e_0}=\Gamma'(0)$)을 나타냄을 알 수 있다[그림 3-46 참조].

결론적으로, 중력장 ϕ와 시공간의 곡률 $K(\overrightarrow{e_0},\overrightarrow{e_1})$ 사이에는 다음의 관계가 있음을 알

수 있다.

$$K(\overrightarrow{e_0}, \overrightarrow{e_1}) = -\frac{\partial^2 \phi}{\partial x^2}(\sigma(0))$$

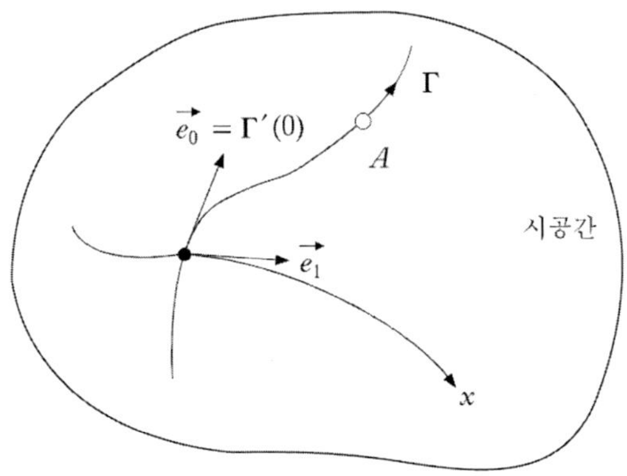

그림 3-46

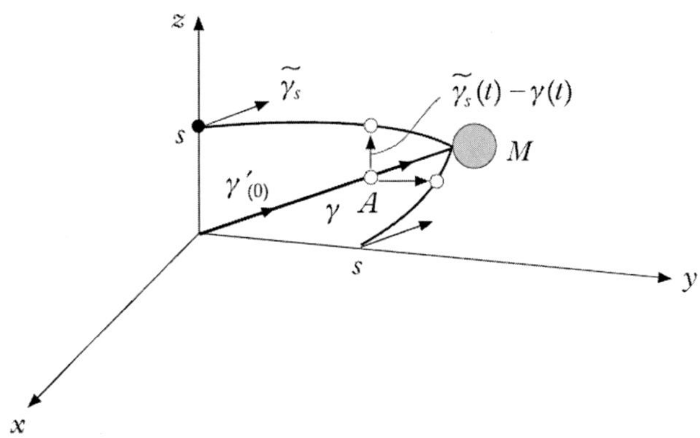

그림 3-47

만일 [그림 3-47]과 같이 y축, z축에 대해서도 같은 논의를 적용하면, 다음을 얻는다.

$$K(\overrightarrow{e_0}, \overrightarrow{e_2}) = -\frac{\partial^2 \phi}{\partial y^2}(\sigma(0)), \ K(\overrightarrow{e_0}, \overrightarrow{e_3}) = -\frac{\partial^2 \phi}{\partial z^2}(\sigma(0))$$

그러므로 위 세 식을 더하면 2 · 5절의 ②에서의 정의에 의해,

$$Ric(\overrightarrow{e_0}) = \Delta\phi \ \left(\Delta = \frac{\partial^2}{\partial x^2} + \frac{\partial^2}{\partial y^2} + \frac{\partial^2}{\partial z^2}\right)$$

이 되는데, 이 식은 시공간의 **곡률이 중력장**과 어떻게 연결되어야 할지를 말해주고 있다.

한편, 뉴턴의 중력이론에 의하면, 공간에서의 물질들의 질량 밀도가 $\rho = \rho(t, x, y, z)$일 때,

$$\Delta\phi = 4\pi G\rho \text{ (여기서 } G\text{는 중력상수)}$$

이 성립하므로, 위 식은

$$Ric(\overrightarrow{e_0}) = 4\pi G\rho \tag{4.5}$$

로 다시 쓸 수 있다.[88)]

이 식의 좌변은, 시공간의 한 사건(즉, $\Gamma(0)$)에 위치한 관찰자에 대해, 자신 주위의 로렌츠 거리구조에 의해 결정된 시공간의 곡률을 나타내고, 우변은 이 관찰자 주변의 물질 분포에 관계된 질량 밀도를 나타내고 있다. 즉, 이 식은 시공간의 **곡률이 물질의 존재**와 어떻게 연결되어야 할지를 말해 주고 있다.

물론, 위 식들은 고전적인 뉴턴의 중력이론인 식 (4.2)를 가정하고 이것이 시공간에서 정의된 곡률 개념과 서로 부합하도록 하기 위해 만족되어야 할 관계식을 찾은 것에 불과하며, 아직 아인슈타인의 방정식과는 약간 다른 형태라고 할 수 있다.[89)]

그런데 만일 식 (4.5)를 진공에서의 상황에 적용하면, $\rho = 0$이므로 $Ric(\overrightarrow{e_0}) = 0$을 얻게 된다. 이때, $\overrightarrow{e_0}$는 임의의 '시간을 닮은' 벡터일 수 있고, 따라서 식 (4.5)와 (2.6)에 의해,

$$Ric_{\mu\nu} = 0 \ (\mu, \nu = 0, 1, 2, 3) \tag{4.6}$$

을 얻게 된다.

이것은 실제로 아인슈타인의 방정식으로부터 얻는 진공에서의 시공간의 곡률 조건과 정확히 일치하는 것으로서, 식 (4.6)은 '진공에서의 아인슈타인 방정식'으로 부를 수 있다.

이제, 일반적으로 진공이 아닌 상황에서도 적용할 수 있는 아인슈타인 방정식의 정확한 표현을 알아보기로 하자.

먼저, 일반적인 좌표계 (x_0, x_1, x_2, x_3)로 표현된 거리구조 $d\tau^2 = (g_{\mu\nu})$를 갖는 시공간 M

---

88) 2.5절의 끝부분에 소개한 $Ric_{\mu\nu}$의 표기법을 쓰면, $Ric(\overrightarrow{e_0})$는 Ric_{00}로 다시 쓸 수 있다.

89) 실제로, 아인슈타인의 방정식은 여기서 '에너지 보존법칙'을 만족하도록 좌변에 약간의 수정을 가하여 완성할 수 있다([Carroll] p.156 참고).

이 있다고 할 때, 임의의 한 사건 p에 해당하는 시각과 위치를 지나는 한 관찰자 S의 세계선을 $\alpha(\tau)$라 하면, $p=\alpha(\tau_0)$에서의 속도벡터 $\alpha'(\tau_0)$는 접공간 $T_pM=\left\{\sum_{\mu=0}^{3} v_\mu \frac{\partial}{\partial x_\mu}\bigg|_p : v_\mu \in \mathbb{R}\right\}$의 한 시간을 닮은 벡터 $\vec{v}=\sum_{\mu=0}^{3} v_\mu \frac{\partial}{\partial x_\mu}\bigg|_p$로서 표현할 수 있다. 이때 만일 이 관찰자가 자신의 위치를 포함하는 공간상의 작은 영역 ΔV와 그 안에 포함된 물질들의 에너지의 총합인 ΔE를 관찰하여, $\lim_{\Delta V \to 0} \frac{\Delta E}{\Delta V}$를 취하면 이것은 $\tau=\tau_0$에 그 위치에서 관찰자 S에 의해 관찰된 에너지 밀도가 될 것이다. 그런데 우리는 앞서 2장의 4.2절에서 물질들의 에너지는 그것을 관찰하는 관찰자의 운동 상태에 따라 달라질 수 있음을 보았고, 공간 상의 한 영역의 부피 역시 길이 수축효과에 의해 관찰자의 운동 상태에 따라 달라질 수가 있다. 따라서 여기서 구한 에너지 밀도는 관찰자 S의 운동 상태, 즉 $\vec{v}$에 따라 값이 달라질 수 있음에 유의해야 하고, 이러한 이유에서 그 값을 $T_p(\vec{v})$로 표현하는 것이 합당하다. 뿐만 아니라, 잘 알려진 사실에 의하면, 적당한 4×4 대칭행렬 $(T_{\mu\nu}(p))$가 존재하여, 다음을 만족한다.

$$T_p(\vec{v}) = (v_0, v_1, v_2, v_3)(T_{\mu\nu}(p))(v_0, v_1, v_2, v_3)^t = \sum_{\mu,\nu=0}^{3} T_{\mu\nu}(p)\, v_\mu v_\nu$$

앞에서와 마찬가지로, 위 식은 $\vec{v}$가 접공간 T_pM의 임의의 벡터인 경우에도 정의될 수 있으며, 따라서 임의의 T_pM 상의 두 벡터 $\vec{v}, \vec{w}$에 대해, 다음과 같이 정의한다.

$$T_p(\vec{v}, \vec{w}) := \sum_{\mu,\nu=0}^{3} T_{\mu\nu}(p)\, v_\mu w_\nu$$

특별히, $T_p\left(\frac{\partial}{\partial x_\mu}\bigg|_p, \frac{\partial}{\partial x_\nu}\bigg|_p\right) = T_{\mu\nu}(p)$ 임을 알 수 있다. 이와 같이 정의된 $T_{\mu\nu}$를 '에너지-운동량 텐서'라고 부른다.

이제 우리는 $T_{\mu\nu}$를 이용하여, 아인슈타인 방정식의 정확한 표현을 다음과 같이 소개할 수 있게 되었다.[90)]

---

90) 아인슈타인 방정식의 보다 엄밀한 유도 과정은 이 책의 범위와 목적을 넘어서기 때문에 여기서는 생략하기로 한다. 자세한 사항은 [Carroll] 4.2절, 4.3절을 참고할 것.

$$Ric_{\mu\nu} - \frac{1}{2} S g_{\mu\nu} = 8\pi G T_{\mu\nu} \quad (\mu, \nu = 0, 1, 2, 3)$$

(여기서 $Ric_{\mu\nu}$는 식 (2.6)에서 정의된 리찌 곡률(Ricci Curvature)이고 S는 스칼라 곡률(Scalar Curvature)이다)

이 식의 좌변은 순전히 시공간의 기하학적 구조에 관한 정보를 담고 있고, 우변은 시공간의 물질분포에 의해 결정되는 양으로서, 아인슈타인의 방정식은 이 둘 사이의 관계를 규명하고 있다. 여기서 좌변은 시공간의 거리구조를 나타내는 $g_{\mu\nu}$ 들을 적당히 두 번까지 미분한 형태로 나타나므로, 만일 우변이 주어지면 (즉, 물질이 주어지면), 아인슈타인 방정식은 시공간의 거리구조 $g_{\mu\nu}$에 대한 연립[91] 2계 비선형 편미분방정식이 되어[92], 그 해를 구하는 것이 곧 시공간의 기하학적 구조를 결정하는 일이 된다.

일반적으로 자연계에 존재하는 4가지 힘으로서, 중력과 전자기력, 강한 핵력, 약한 핵력을 들 수 있는데, 중력과 전자기력을 제외한 나머지 2가지 힘은 비교적 짧은 거리에서만 작용하고 전자기력은 전하를 띤 물체 사이에서만 작용하는 반면, 중력은 질량을 가진 물체 사이에서 충분히 먼 거리에까지도 영향을 미친다. 따라서 행성이나 은하의 운동과 같은 큰 스케일에서 물체의 운동을 다룰 때는 오직 중력의 영향만을 고려해도 별 문제가 없다. 이 때, 중력만의 영향으로 운동하는 물체는 '자유 낙하'하는 물체로 볼 수가 있는데, 시공간 속에서 한 물체가 자유 낙하한다는 것은 곧 '측지선'을 따라 움직이는 것임을 이미 앞서 살펴보았다. 또한 측지선이 만족해야 할 방정식은 식 (2.5)에서 보듯이 $\Gamma^{\lambda}_{\sigma\rho}$에 의해 결정이 되고 $\Gamma^{\lambda}_{\sigma\rho}$은 다시 $g_{\mu\nu}$ 들에 의해 결정된다는 것 역시 식 (2.4)에서 확인할 수 있다. 따라서 시공간의 기하학적 구조에 따라 물체의 운동이 결정된다고 말할 수 있는 것이다.

결론적으로, 다음의 유명한 경구로서 아인슈타인 방정식의 의미와 일반상대성이론의 요점을 대신할 수 있을 것이다.

'Matter tells space how to curve, and Space tells matter how to move.' [93]

---

91) 대칭성을 고려하면 모두 10개의 2계 비선형 편미분방정식을 연립해서 풀어야 한다.

92) 이것은 아래에서 보듯이, 아인슈타인 방정식의 좌변이 모두 $g_{\mu\nu}$와 이것들의 두 번까지의 미분들에 의해 표현될 수 있기 때문이다.

$$S = \sum_{\mu,\nu=0}^{3} g^{\mu\nu} Ric_{\mu\nu}, \quad Ric_{\mu\nu} = \sum_{\lambda=0}^{3} R^{\lambda}_{\mu\lambda\nu}, \quad R^{\lambda}_{\mu\nu\sigma} = \frac{\partial}{\partial x_\nu}\Gamma^{\lambda}_{\mu\sigma} - \frac{\partial}{\partial x_\sigma}\Gamma^{\lambda}_{\mu\nu} + \sum_{\eta=0}^{3}\Gamma^{\eta}_{\mu\sigma}\Gamma^{\lambda}_{\eta\nu} - \sum_{\eta=0}^{3}\Gamma^{\eta}_{\mu\nu}\Gamma^{\lambda}_{\eta\sigma}$$

$$\Gamma^{\lambda}_{\mu\nu} = \sum_{\sigma=0}^{3}\frac{1}{2} g^{\lambda\sigma}\left(\frac{\partial g_{\sigma\nu}}{\partial x_\mu} + \frac{\partial g_{\sigma\mu}}{\partial x_\nu} - \frac{\partial g_{\mu\nu}}{\partial x_\sigma}\right)$$ (단, $(g^{\mu\nu})$는 $(g_{\mu\nu})$의 역행렬이다)

제3장 5절 Schwarzschild 시공간과 블랙홀[94)]

5.1 Schwarzschild 시공간의 거리구조

1916년, 아인슈타인이 일반상대성이론을 발표한 지 불과 두 달여 만에, 아인슈타인 방정식의 첫 번째 해가 발견되었는데, 그것은 질량 M을 가진 천체 주변의 텅 빈 시공간이 갖는 로렌츠 거리구조에 대한 것이었다. 이 해를 발견한 슈바르츠 쉴트(Karl Schwarzschild)는 1914년 발발한 제 1차 세계대전에 참전하여 전쟁 중에 이 문제를 풀었으나, 불행하게도 전쟁 중에 얻은 희귀병으로 1916년 5월에 세상을 떠나고 말았다.

기본적으로 Schwarzschild 시공간은, 태양계의 질량의 대부분을 차지하는 태양을 중심으로 그 주위의 시공간을 모델링하고자 한 것이었으므로, 다음과 같은 몇 가지 자연스러운 가정을 도입하였다.[95)]

1) 로렌츠 거리구조가 시간에 따라 변하지 않는다.
2) 로렌츠 거리구조는 오직 질량 M을 가진 천체로부터의 거리 r에만 의존하고 (θ, ϕ)에 대해서는 대칭성을 갖는다.
3) 질량 M을 가진 천체 이외에는 어떠한 물질도 존재하지 않는다.
4) 질량 M을 가진 천체로부터 충분히 멀리 떨어진 영역의 시공간은 근사적으로 Minkowski 시공간의 형태를 취한다.

이제 이러한 조건을 만족시키는 시공간의 거리구조인 Schwartzschild 거리구조를 구면좌표계 (t, r, θ, ϕ)를 이용하여 표현하면 다음과 같다.

93) [Misner, Thorne, Wheeler] p.5 참고.
94) 이 절과 다음 절인 6절에 소개하는 내용의 일부는 기본적으로 [Taylor, Wheeler]에 소개된 내용을 참고하여 정리한 것임을 밝혀둔다.
95) 이후, Birkhoff의 연구에 의해, 이 가정들 중, 2)와 3) 만이 필수적이며 나머지 두 조건은 군더더기임이 밝혀졌다. 즉, Schwarzschild 시공간은 조건 2), 3)을 만족시키는 유일한 시공간이라 할 수 있다.

$$d\tau^2 = -\left(1 - \frac{2GM}{r}\right)dt^2 + \frac{dr^2}{\left(1 - \frac{2GM}{r}\right)} + r^2 d\Omega^2 \tag{5.1}$$

(단, 여기서 $d\Omega^2 = d\theta^2 + \sin^2\theta\, d\phi^2$으로서, 반지름 1인 구면의 거리구조를 나타낸다. 그리고 $c=1$인 단위를 쓰고 있다).

만일 $M=0$이면, 위 거리구조는 정확히 Minkowski 거리구조와 일치하게 되어, 물질이 존재하지 않는 상황에서, 곡률이 0인 시공간을 묘사하게 된다.

앞서, 언급했듯이 시공간의 거리구조는 좌표계에 따라 그 표현이 달라질 수 있는데, 이는 그 거리구조를 기술하는 관찰자에 따라 시공간의 기하학적 구조를 인식하는 방법이 달라지기 때문이다. 그렇다면, 위 표현은 어떤 관찰자에 의한 표현이라고 할 수 있을까? 가령, 이 관찰자가 자신의 공간적 위치에 머물러 있으면서, 자신의 손목시계로 시간 t를 측정하면, 이는 곧 이 관찰자의 고유시간이 될 것이다. 이때, $dr = d\theta = d\phi = 0$이므로, 위 식에 의해, $d\tau = \left(1 - \frac{2GM}{r}\right)^{1/2} dt$이고 이것이 dt와 같아지기 위해서는 $r \to \infty$ 이어야 함을 알 수 있다.

즉, Schwartzschild 거리구조를 표현하는 좌표계 $(t,\, r,\, \theta,\, \phi)$는 $r=0$(질량 M이 놓인 위치)으로부터 무한히 먼 거리에 있는 관찰자[96]라 할 수 있으며, 따라서 가정 4)에 의해 근사적으로 Minkowski 시공간에 놓여 있는 관찰자이다. 편의상 이 관찰자를 S_∞라 부르기로 하자[그림 3-48].

관찰자 S_∞의 근방은 대체로 평평한 시공간이므로 한 점으로부터 일정한 거리 r에 있는 점들로 이루어진 곡면, 즉 구면의 면적을 잰 뒤 이것을 4π로 나누고 제곱근을 취하면 항상 r을 얻게 된다(구면의 면적이 $4\pi r^2$ 이므로). 따라서 관찰자 S_∞의 입장에서 고려한 공간 좌표 중 r은 이렇게 질량 M이 놓여 있다고 생각되는 위치로부터, 일정한 거리에 있는 점들로 이루어진 곡면의 면적을 4π로 나눈 뒤 제곱근을 취해 얻는 값으로써 눈금을 매긴 좌표이다.

---

96) 물리적으로는 질량 M에 의한 중력의 영향에서 거의 벗어나 있는 관찰자에 해당한다.

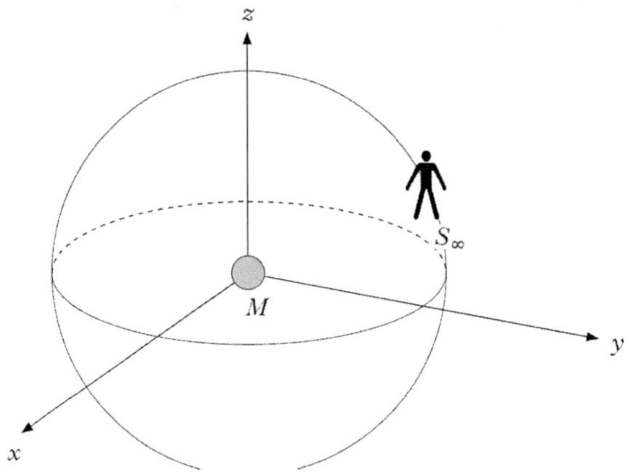

그림 3-48

한편, 이번에는 $r = r_1(> 2GM)$인 한 위치에 정지해 있는 관찰자를 생각하고 이러한 관찰자를 편의상 r_1－관찰자라고 부르자. 만일 충분히 작은 Δr에 대해, $r_2 = r_1 + \Delta r$의 위치에 있는 또 다른 관찰자를 r_2－관찰자라고 하고, 이때 두 관찰자의 (θ, ϕ) 좌표는 똑같다고 하자[그림 3－49].

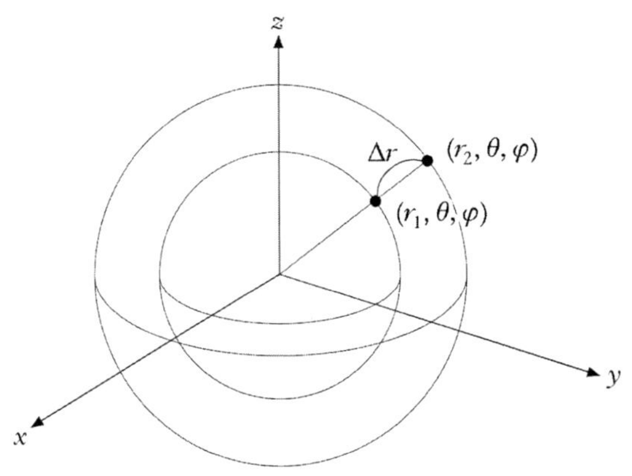

그림 3-49

이때, 이 두 관찰자 사이의 거리를 관찰자 S_∞의 좌표계로 표현하면 물론 Δr이 되겠지만, 실제로 r_1－관찰자가 관찰하는 거리(이 값을 Δr_1라 두자)는 이와는 다른 것이 된다. 이것은 위의 Schwarzschild 거리구조에 의해 다음과 같이 구할 수 있다(2.1절에서 배운 $\Delta\tau$의 의미를 상기).

$$\Delta r_1 = \Delta\tau|_{r_1} = \frac{\Delta r}{\sqrt{1-\frac{2GM}{r_1}}} \quad (\Leftarrow \Delta t = \Delta\theta = \Delta\phi = 0) \tag{5.2}$$

결과적으로, $\Delta r_1 > \Delta r$이고, $r_1 \to 2GM+$이면, $\Delta r_1 \to \infty$임을 알 수 있다.
이와 같은 거리구조의 상황은 [그림 3-50]에 의해 표현될 수 있다.

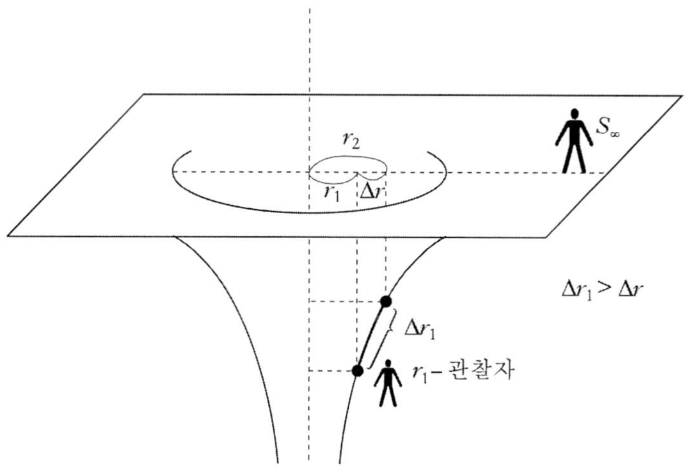

그림 3-50

또한 마찬가지 방법으로 r_1-관찰자의 고유시간인 Δt_1과 S_∞의 고유시간인 Δt 사이에는 다음 관계가 있음을 쉽게 알 수 있다.

$$\Delta t_1 = \sqrt{1-\frac{2GM}{r_1}}\,\Delta t \quad (\Leftarrow \Delta r = \Delta\theta = \Delta\phi = 0) \tag{5.3}$$

따라서 $\Delta t_1 < \Delta t$이고 $r_1 \to 2GM+$이면 $\Delta t_1 \to 0$임을 알 수 있다. 이처럼, $r > 2GM$인 영역에서는 관찰자 S_∞에 의한 시공간의 모습이 식 (5.1)을 통해 잘 파악이 되지만, $r = 2GM$부터는 이상한 일들이 벌어진다. 우선 $r = 2GM$에서는 Schwarzschild 거리구조의 두 번째 항이 무한대가 되어 관찰자 S_∞는 더 이상 연속적으로 $r \le 2GM$의 영역을 포함한 시공간 전체의 모습을 기술할 수가 없게 된다.

따라서 $r \le 2GM$의 영역에서의 상황을 묘사하기 위해서는 다른 관찰자의 좌표계가 필요한데, 그 중에서 특히, $r=\infty$ 로부터 (실제로는 충분히 먼 거리에서부터) 질량 M을 향해 자유 낙하하는 관찰자인 S의 좌표계를 이용하는 것이 유용하다.

우선, 관찰자 S에 의해 표현된 Schwarzschild 시공간의 모습을 소개하기 전에, 이러한 관찰자 S의 자유 낙하에 대한 몇 가지 역학적 측면들을 살펴보기로 하자.

5.2 Schwarzschild 시공간에서의 역학

① 고유시간 최대의 원리

논의를 간단히 하기 위해 먼저, [그림 3−51]에서와 같이, 임의의 한 관성계에 있는 관찰자의 시공간인 Minkowski 공간을 생각하자(편의상 $(t,\ x)$ 좌표계로서 $(t,\ x,\ y,\ z)$좌표계를 대신하였다). 이때, 이 시공간의 두 사건 $(0,\ 0)$와 $(0,\ b)$를 잇는 선분을 생각하면 이것은 원점에 정지해 있는 관찰자의 세계선이 되고 이 선분의 길이인 b는 이 관찰자의 고유시간이 된다.

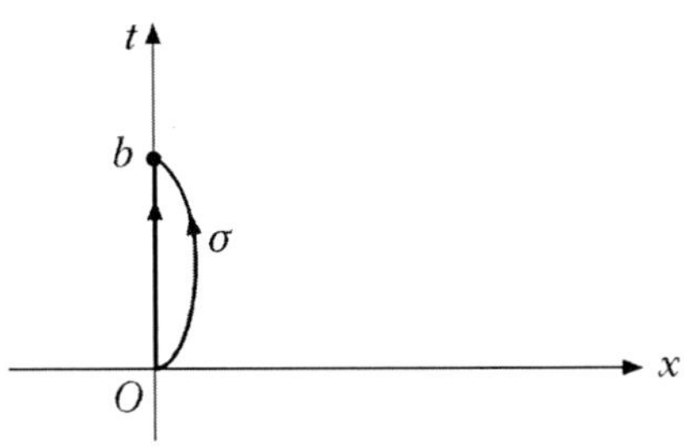

그림 3−51

한편, 동일한 두 사건을 잇는 임의의 다른 '시간을 닮은' 세계선 σ를 생각하면, 이것은 시각 $t=0$에 $x=0$을 출발하여 가속도 운동을 한 다음 시각 $t=b$에 다시 $x=0$로 돌아온 사람의 세계선이 될 것이다. 우리는 앞서 쌍둥이 역설을 살펴보면서(2장 5절) 이러한 관찰자의 고유시간을 계산해 본 바가 있다. 즉, 이 관찰자의 고유시간을 τ라고 하면, 제2장의 식 (5.3)에 의해 다음을 얻는다.

$$\tau=\int_{t=0}^{t=b} d\tau_{\text{고유}}=\int_0^b \sqrt{1-v^2/c^2}\,dt \ \le \int_0^b 1\,dt=b$$

따라서 임의의 가속도 운동을 하는 관찰자의 고유시간은 항상 가속도를 경험하지 않고 관성계에 있는 관찰자의 고유시간보다 클 수가 없다는 것을 알 수 있다.

우리는 임의의 휜 공간에서, 국소적으로 관성계를 경험하기 위해서는 자유 낙하하는 관찰자를 생각해야 함을 잘 알고 있고 이러한 자유 낙하하는 관찰자에 대해 위의 논의를 확장하여 적용하면 다음과 같은 중요한 원리를 발견하게 된다.

> '시공간 상에 두 사건 A, B가 주어졌다고 하자. 이때, 이 두 사건을 잇는 측지선이 나타내는(즉, 자유 낙하하는) 관찰자 S의 고유시간은 S와 충분히 가까운 거리에서 임의의 가속도 운동을 하면서 두 사건 A, B를 잇는 세계선의 고유시간보다 항상 크거나 같다'[97)][그림 3-52 참조].

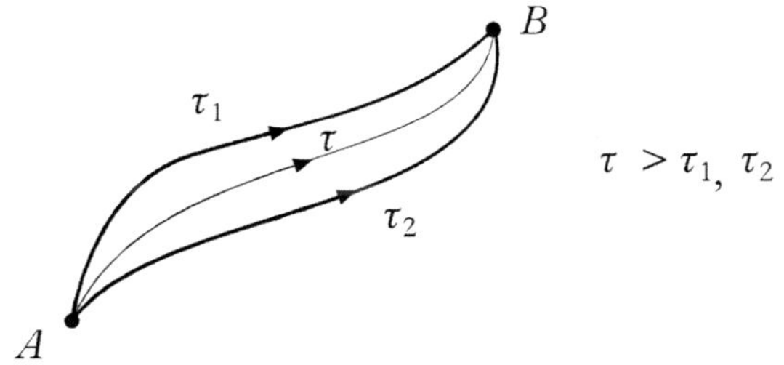

그림 3-52

우리는 이 원리를 '고유시간 최대의 원리'라고 부른다.

② S_∞가 관찰하는 S의 에너지

위에서 살펴본 '고유시간 최대의 원리'를 이용하면, 관찰자 S의 에너지에 대한 유용한 표현을 다음과 같이 얻어낼 수 있다.

먼저, 관찰자 S가 질량 M을 향해 자유 낙하를 하는 동안, 시각 t_1일 때 $r = r_1$인 위치를 지나고, 시각 t_3일 때, $r = r_3$인 위치를 통과했다고 하자. 만일 $r_1 > r_2 > r_3$인 r_2를 고정시켜 놓으면, 이 위치 r_2를 통과한 시각인 t를 어떻게 결정할 수 있을지에 대해 생각해보자[그림 3-53 참조].

단, 여기서 $t_3 - t_1$은 충분히 짧은 시간이라고 가정한다. 또한, $t_1 = 0$라고 가정해도 일반성을 잃지 않으므로 이후 논의에서는 $t_1 = 0$로 두기로 한다.

---

97) 이 사실의 엄밀한 증명은 '변분법(calculus of variation)'을 이용한다([O'neil 2] p.265 참고).

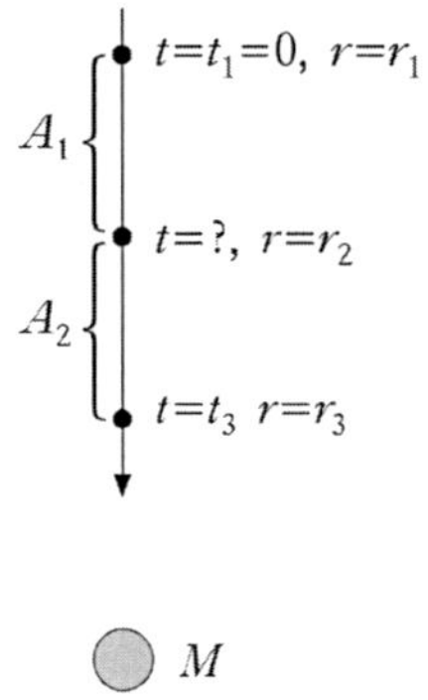

그림 3-53

만일 [그림 3-53]에서 구간 A_1을 지나는 동안에 경과한 관찰자 S의 고유시간을 τ_1이라 하면, Schwartzschild 거리구조에 의해 다음을 얻는다.

$$\tau_1 = \left[\left(1 - \frac{2GM}{r_1}\right)t^2 + (t\text{를 포함하지 않은 항들})\ \right]^{1/2}$$

즉, τ_1는 r_2를 통과한 시각 t에 의해 결정되는 일 변수 함수로 볼 수 있다.

여기서 이 식의 양변을 t에 대해 미분하면 다음을 얻는다(직접 계산을 통해 쉽게 확인할 수 있다).

$$\frac{d\tau_1}{dt} = \left(1 - \frac{2GM}{r_1}\right)\frac{t}{\tau_1} \tag{5.4}$$

마찬가지로 구간 A_2를 지나는 동안의 고유시간 τ_2에 대해서도 같은 논의를 적용하면,

$$\frac{d\tau_2}{dt} = -\left(1 - \frac{2GM}{r_2}\right)\frac{t_3 - t}{\tau_2} \tag{5.5}$$

을 얻는다.

이제, 고정된 두 사건 $(0, r_1)$, (t_3, r_3)를 통과하는 동안 관찰자 S의 총 고유시간을 τ라 하면 $\tau = \tau_1 + \tau_2$이므로, τ 역시 t에 의해 결정되는 일 변수 함수로 볼 수 있다. 그런데 위에서 언급한 '고유시간 최대의 원리'에 의하면 자유 낙하하는 관찰자 S의 고유시간은 항상 국소적으로 최댓값을 가지므로, 실제 물리적으로 S가 r_2를 통과할 때의 시각을 t_2라 하면, 다음이 성립한다.

$$\left.\frac{d\tau}{dt}\right|_{t=t_2}=0$$

한편, 위 두 식 (5.4), (5.5)를 이용하여 이것을 다시 표현하면 다음을 얻는다.

$$\begin{aligned}\left.\frac{d\tau}{dt}\right|_{t=t_2} &= \left.\frac{d\tau_1}{dt}\right|_{t=t_2}+\left.\frac{d\tau_2}{dt}\right|_{t=t_2}\\ &=\left(1-\frac{2GM}{r_1}\right)\frac{t_2}{\tau_1}-\left(1-\frac{2GM}{r_2}\right)\frac{t_3-t_2}{\tau_2}\\ &=0\end{aligned}$$

따라서 만일 관찰자 S의 고유시간을 $d\tau$, 관찰자 S_∞의 고유시간을 dt라고 쓰면, 위 식의 마지막 등식으로부터, $\left(1-\dfrac{2GM}{r}\right)\dfrac{dt}{d\tau}$가 항상 일정한 값을 갖는다고 말할 수 있다.

이 값의 물리적 의미는 무엇일까? 만일 $r\to\infty$로 두면, 관찰자 S가 M으로부터 무한히 먼 거리에서 처음 자유 낙하를 시작하던 시점으로 돌아가게 되는데, 이때

$$\left(1-\frac{2GM}{r}\right)\frac{dt}{d\tau}\to\left.\frac{dt}{d\tau}\right|_{r=\infty}$$

이 된다.

그런데 $\left.\dfrac{dt}{d\tau}\right|_{r=\infty}$는 관찰자 S_∞의 입장에서 본, S의 4차원 운동량 벡터 $\vec{P}$의 맨 앞에 나오는 항인 P^0를 S의 정지 질량 m_0로 나눈 값임을 확인할 수 있다[98](2장 4.3절 참조. 단, 여기서 우리는 $c=1$인 단위를 쓰고 있다). 이때, $P^0=E(=m/\sqrt{1-v^2}$ (v는 S_∞와 S가 같은 위치에 있는 순간에 S_∞ 입장에서 본 S의 속력)) 즉, S_∞의 입장에서 본 S의 에너지이므로, 결국 다음을 얻는다.

$$\begin{aligned}\left(1-\frac{2GM}{r}\right)\frac{dt}{d\tau} &= (\text{관찰자 } S_\infty \text{의 입장에서 본 } S\text{의 에너지})/(S\text{의 정지 질량})\\ &=\frac{E}{m_0}(\text{상수})\end{aligned}$$

98) 이때의 관찰자 S와 S_∞는 모두 질량 M으로부터 충분히 멀리 떨어져 있으므로, Minkowski 시공간에 있다고 생각할 수 있다.

특별히, 만일 S가 처음에 $r=\infty$에서 관찰자 S_∞에 대해 정지해 있었다면, 이때의 S와 S_∞ 사이에는 어떤 시간지연 효과도 없으므로 $\left.\dfrac{dt}{d\tau}\right|_{r=\infty}=1$이 된다. 즉, 이 경우는 $\left(1-\dfrac{2GM}{r}\right)\dfrac{dt}{d\tau}=\dfrac{E}{m_0}\left(=\left.\dfrac{dt}{d\tau}\right|_{r=\infty}\right)=1$이다.

뉴턴의 중력이론에 입각한 고전 역학적 관점에서 본다면, 관찰자 S_∞의 입장에서는 S가 자유 낙하하는 과정에서 운동에너지는 점차 증가하고 중력에 의한 위치 에너지는 점점 감소하는 것으로 관찰되므로, 이 둘의 총합인 역학적 에너지가 일정하게 유지된다고 말할 수 있을 것이다. 그러나 일반 상대론에서는 중력을 공간의 기하학적 구조로 인식하므로 자유 낙하하는 물체의 에너지에 대한 정의도 고전적인 것과는 차이가 있으며, 어떤 의미에서는 운동에너지와 위치에너지 그리고 질량 자체에 의한 에너지(m_0c^2) 등을 모두 포괄하는 형태의 상대론적 총에너지를 $\left(1-\dfrac{2GM}{r}\right)\dfrac{dt}{d\tau}\left(=\dfrac{E}{m_0}\right)$ 속에 담고 있다고도 할 수 있다.

③ 정지 상태로부터 자유 낙하하는 S의 속도 (S_∞와 r_1-관찰자의 입장에서)

이제 $r=\infty$에서 정지하고 있다가 자유 낙하하고 있는 S의 속도를 두 관찰자의 입장에서 기술해보기로 하자.

첫째는, 관찰자 S_∞의 입장에서 서술한 $\dfrac{dr}{dt}$를 계산해보는 것이다.

이 경우는 위 ②에서 언급한 바와 같이 $\left(1-\dfrac{2GM}{r}\right)\dfrac{dt}{d\tau}=1$이 성립하므로 다음과 같이 쓸 수 있다.

$$\left(1-\frac{2GM}{r}\right)dt=d\tau \tag{5.6}$$

한편, 질량 M을 향해 자유 낙하하는 S의 고유시간 $d\tau$를 Schwartzschild 거리구조를 이용하여 구하면($d\theta=d\phi=0$) 다음과 같다.

$$\left[\left(1-\frac{2GM}{r}\right)dt^2-\frac{dr^2}{\left(1-\dfrac{2GM}{r}\right)}\right]^{1/2}=d\tau$$

따라서 위 두 식의 좌변을 같게 놓고 양변을 제곱한 뒤, dt^2으로 나누어, $\frac{dr}{dt}<0$를 구하면 다음을 얻는다.

$$\frac{dr}{dt} = -\left(1-\frac{2GM}{r}\right)\left(\frac{2GM}{r}\right)^{1/2} \tag{5.7}$$

둘째로, 이번에는 $r=r_1$에 정지해 있는 r_1-관찰자의 입장에서 S가 자신을 통과할 때의 순간 속도인 $\frac{dr_1}{dt_1}$을 계산해보자. 우선, 식 (5.2)와 식 (5.3)으로부터 dr_1, dt_1을 각각 dr, dt를 이용하여 표현할 수 있음을 상기하자. 따라서 이로부터 다음을 얻는다.

$$\frac{dr_1}{dt_1} = \frac{\left(1-\frac{2GM}{r_1}\right)^{-1/2}dr}{\left(1-\frac{2GM}{r_1}\right)^{1/2}dt} = \left(1-\frac{2GM}{r_1}\right)^{-1}\frac{dr}{dt}\Big|_{r=r_1}$$

여기에 식 (5.7)을 이용하면,

$$\frac{dr_1}{dt_1} = -\sqrt{\frac{2GM}{r_1}}\left(<\frac{dr}{dt}<0\right) \tag{5.8}$$

임을 알 수 있다.

즉, 바깥쪽보다는 안쪽에 있는 관찰자일수록 (즉, r_1이 더 작을수록), S의 속도가 더 큰 것으로 관찰하게 된다. 이것은 고전 역학적으로 해석했을 때 자명한 얘기이다(중력가속도에 의해 자유 낙하하는 물체의 속도는 점점 증가한다).

④ r_1-관찰자 입장에서 관찰한 S의 에너지

위의 ③에서 본 바와 같이 안쪽에 있는 관찰자일수록 S의 속도가 더 큰 것으로 관찰하므로, 그만큼 에너지가 더 큰 것으로 관찰할 것이다.[99] 구체적으로 r_1-관찰자가 관찰하는 S의 에너지를 계산해보자.

99) 이것은 마치 지구 표면에 있는 한 사람이 (이 사람은 r_1-관찰자라고 할 수 있다) 하늘 높은 곳으로부터 자신에게 떨어지는 물체를 맞았을 때, 그 물체의 속도가 클수록 충격을 크게 받는 것과 같은 얘기다.

자신에 대해 식 (5.8)과 같은 속도로 움직이는 물체의 상대론적 총에너지 E_1을 구하기 위해 r_1 −관찰자는 다음과 같은 특수상대성이론적 에너지 공식을 사용할 것이다.

$$E_1 = \frac{m_0}{\sqrt{1-(dr_1/dt_1)^2}} = \frac{m_0}{\sqrt{1-(2GM/r_1)}} \quad (\text{단, } c=1\text{을 사용})$$

결과적으로, 정지 상태로부터 자유 낙하하는 S의 에너지를 S_∞ 입장에서 관찰한 값인 $E(=m_0)$과 r_1 −관찰자에 의해 관찰된 값인 E_1 사이에는 다음의 관계가 있음을 알 수 있다.

$$\frac{E_1}{E} = \frac{1}{\sqrt{1-(2GM/r_1)}} \tag{5.9}$$

⑤ S가 $r=3GM$인 위치에서부터 $r=0$까지 가는 데 소요되는 고유시간

식 (5.6)에 의하면 r 좌표가 $2GM$에 가까워질수록 S의 고유시간 $d\tau$에 대해, S_∞의 고유시간인 dt는 무한히 큰 시간지연을 경험하게 된다. 따라서 S가 S_∞로부터 자유 낙하를 시작하여, $r=2GM$의 위치까지 오는 데 소요되는 시간은 $r=2GM$ 근처로 올수록 무한히 많은 시간이 소요되는 것으로 S_∞에게 관찰된다.

구체적으로 가령 $r=3GM$에서 $r=2GM$까지 S가 자유 낙하하는 데 걸리는 시간을 S_∞의 고유시간으로 나타내보면 다음과 같다(식 (5.7)을 이용).

$$t = \int_{2GM}^{3GM} \frac{dr}{(1-2GM/r)\sqrt{2GM/r}} = \int_{2GM}^{3GM} \frac{r\sqrt{r}\,dr}{(r-2GM)\sqrt{2GM}}$$

여기서 $r-2GM=s$로 치환하면,

$$\begin{aligned} t &= \int_0^{GM} \frac{(s+2GM)\sqrt{s+2GM}\;ds}{s\sqrt{2GM}} \ge \int_0^{GM} \frac{(s+2GM)\,ds}{s} \\ &= \int_0^{GM}\left(1+\frac{2GM}{s}\right)ds = \infty \end{aligned}$$

가 된다. 즉, 관찰자 S_∞은 영원히 S가 $r=2GM$을 통과하는 것을 관찰할 수가 없다.

그러나 정작 S의 입장에서는 자신의 고유시간으로 $r=3GM$ 위치에서 $r=2GM$를 통과하여, $r=0$에까지 이르는 소요시간을 계산해보면, S_∞과는 달리 유한한 값을 얻게 됨을 알 수 있다. 이를 계산하기 위해 우선 정지 상태에서부터 자유 낙하하는 S에 대해 식 (5.6)과 식 (5.7)이 성립함을 상기하자. 즉,

$$\left(1-\frac{2GM}{r}\right)\frac{dt}{d\tau}=1,\quad \frac{dr}{dt}=-\left(1-\frac{2GM}{r}\right)\left(\frac{2GM}{r}\right)^{1/2}$$

이 성립한다.

따라서 이로부터 dt를 소거하면,

$$\frac{dr}{d\tau}=\frac{dr}{dt}\frac{dt}{d\tau}=-\left(\frac{2GM}{r}\right)^{1/2}$$

을 얻는다.

이제 이 식으로부터, S의 고유시간 τ를 계산해보면,

$$\tau=-\int_{3GM}^{0}\sqrt{\frac{r}{2GM}}\;dr=\sqrt{6}\,GM$$

임을 알 수 있다. 즉, S는 자신의 시계로 $\sqrt{6}\,GM$의 시간 후에 $r=0$에 도달한다고 할 수 있다.

5.3 사건 지평선과 블랙홀

5.2절의 ①~⑤를 통하여, 우리는 무한히 먼 거리에 정지해 있다가 질량 M을 향해 자유 낙하하는 관찰자 S와 관련된 여러 가지 역학적 측면들을 살펴보았다.

이제 이러한 논의를 바탕으로, 식 (5.1)에 주어진 Schwartzschild 시공간의 거리 구조를 관찰자 S_∞의 고유시간 dt 대신, 관찰자 S의 고유시간 $dt_S(=d\tau)$를 이용하여 표현해보도록 하자.

우선, r_1-관찰자의 고유시간 dt_1과 고유거리 dr_1을 이용하여 dt_S를 다음과 같이 표현할 수가 있다.

$$dt_S = \gamma(dt_1 - v_1 dr_1)$$

$$\left(\text{단, } v_1 = \frac{dr_1}{dt_1} = -\sqrt{\frac{2GM}{r_1}} \text{ 이고 } \gamma = \frac{1}{\sqrt{1-v_1^2}} = \frac{1}{\sqrt{1-2GM/r_1}}\right)$$

여기서 dt_1, dr_1은 각각 식 (5.2)와 식 (5.3)을 이용하여 dt, dr로 표현할 수 있으므로 이를 위 식에 대입하면,

$$dt_S = \gamma\left(\sqrt{1-\frac{2GM}{r_1}}\, dt - \frac{v_1}{\sqrt{1-2GM/r_1}} dr\right)$$

이 된다.

이제 이것을 dt에 관하여 푼 뒤, $v_1 = -\sqrt{\frac{2GM}{r_1}}$, $\gamma = \frac{1}{\sqrt{1-2GM/r_1}}$를 대입하면,

$$dt = dt_S - \frac{\sqrt{2GM/r_1}}{1-2GM/r_1} dr$$

이 된다. 여기서, r_1은 임의의 r 좌푯값을 취할 수 있으므로 그냥 r로 쓰기로 한다.

따라서 이 식을 Schwartzschild 거리구조인 식 (5.1)의 dt에 대입하면 다음을 얻는다.

$$d\tau^2 = -\left(1-\frac{2GM}{r}\right) dt_S^2 + 2\sqrt{\frac{2GM}{r}}\, dt_S\, dr + dr^2 + r^2 d\Omega^2 \qquad (5.10)$$

이 식은 Schwartzschild 시공간의 로렌츠 거리구조를 좌표계 (t_S, r, θ, ϕ)로 나타낸 것으로서 식 (5.1)과 달리, $r = 2GM$인 영역에서 계수에 무한대가 나오는 일이 없어졌음을 볼 수 있다. 이것은 관찰자 S_∞와는 달리 관찰자 S에게는 $r = 2GM$인 영역에서 아무런 특별한 일이 벌어지지 않음을 의미한다.

더 나아가, $r \leq 2GM$의 영역에서 무슨 일이 벌어지는지를 알아보기 위해, 식 (5.10)에 의해 주어진 거리구조에서 앞의 세 항에 대해 인수분해를 하면 다음과 같이 다시 쓸 수 있다.

$$d\tau^2 = \left[dr + \left(1 + \sqrt{\frac{2GM}{r}} \right) dt_S \right] \left[dr - \left(1 - \sqrt{\frac{2GM}{r}} \right) dt_S \right] + r^2 d\Omega^2$$

따라서 r 좌표축 방향 ($d\theta = d\phi = 0$)으로 움직이는 빛에 대해서, $d\tau = 0$를 적용하면, 다음 두 가지 경우를 생각할 수 있음을 알게 된다.

$$\frac{dr}{dt_S} = -\sqrt{\frac{2GM}{r}} \pm 1$$ [100)]

만일 $r > 2GM$일 때, $\frac{dr}{dt_S}$의 부호를 살펴보면, $\frac{dr}{dt_S} > 0$일 때 (우변에서 '$+1$'인 경우)와 $\frac{dr}{dt_S} < 0$일 때 (우변에서 '-1'인 경우)로 나누어짐을 알 수 있다.

여기서 $\frac{dr}{dt_S} > 0$에 해당하는 경우는 $r = \infty$를 향해 발사된 빛에 해당하고, $\frac{dr}{dt_S} < 0$에 해당하는 경우는 질량 M이 위치한 $r = 0$을 향해 발사된 빛을 나타낸다.

만일 $r = 2GM$이면, $\frac{dr}{dt_S} = 0$이거나 (우변에서 '$+1$'인 경우), $\frac{dr}{dt_S} = -2$ (우변에서 '-1'인 경우)임을 알 수 있는데, 이것은 $r = \infty$를 향해 발사된 빛은 계속 $r = 2GM$에 머물러 있고 ($\frac{dr}{dt_S} = 0$이므로 r은 상수), $r = 0$을 향해 발사된 빛은 r이 감소하는 방향인 $r = 0$을 향해 나아감을 의미한다.

한편, $r < 2GM$인 영역에서는 위 식의 우변에서 '± 1'인 경우 모두 $\frac{dr}{dt_S} < 0$임을 알 수 있는데, 이는 빛이 어느 방향으로 발사되든지 (심지어, $r = \infty$를 향해 발사된 빛이라 할지라도) 항상 r이 감소하는 방향, 즉 질량 M을 향해 나아감을 의미한다. 결과적으로 $r \le 2GM$의 영역에서 발사한 빛은 항상 $\frac{dr}{dt_S} \le 0$을 만족하기 때문에, r이 증가하는 방향, 즉 바깥쪽으로 빠져 나올 수가 없게 된다. 따라서 $r > 2GM$의 영역에 있는 관찰자에게는 $r \le 2GM$의 영역이 검은색으로만 보일 뿐이다. 뿐만 아니라, $r \le 2GM$의 영역에 있는 질량을 가진

---

100) 이때 dr은 S의 고유거리가 아니고 따라서 $\frac{dr}{dt_S}$는 Local observer S의 입장에서 관찰한 빛의 속력이 아니다. 따라서 $\left| \frac{dr}{dt_S} \right|$를 정량적으로 해석하여 빛의 속도가 1보다 크거나 작다고 해석해서는 안 된다.

모든 물체는 특수상대론에 의해 빛의 속도를 능가할 수 없고 따라서 빛원뿔 내부에서 시간을 닮은 세계선을 따라 운동하므로 $r \leq 2GM$의 영역 밖으로 빠져나올 수가 없다.

우리는 앞서 관찰자 S_∞가 자유 낙하하는 S의 모습을 관찰할 수 있는 한계는 $r > 2GM$이며, 영원히 S가 $r = 2GM$를 통과하는 것을 볼 수 없음을 언급했다. 이것은 S가 $r = 2GM$의 영역에 들어선 순간부터는 S로부터의 어떤 정보도 (빛조차도) S_∞을 향해 나아갈 수가 없다는 사실과 잘 일치함을 알 수 있다. 이것은 마치 끝없이 펼쳐진 대지에 서 있는 사람의 시야는 결코 지평선을 넘어설 수 없는 것과 마찬가지이다. 이러한 의미에서 $r = 2GM$에 해당하는 영역을 '**사건 지평선**(event horizon)'이라고 부른다.

또한, $r \leq 2GM$의 영역에서는 빛조차 빠져 나올 수 없으므로, 이 영역의 바깥에 있는 관찰자에게는 단지 검은 영역으로서 그 안에서는 어떤 것도 빠져 나오지 못하는 것으로 인식될 뿐이다. 이런 의미에서 $r \leq 2GM$의 영역을 '**블랙홀**'이라고 부른다.

참고로, [그림 3-54]와 같이 자유 낙하하는 S의 세계선을 (t_S, r) 좌표축 위에 그리고, 이 세계선 위의 각 점 (사건)에서의 빛원뿔[101]을 [그림 3-54]와 같이 표현하면, 위에서 했던 논의를 보다 분명하게 이해할 수 있을 것이다.

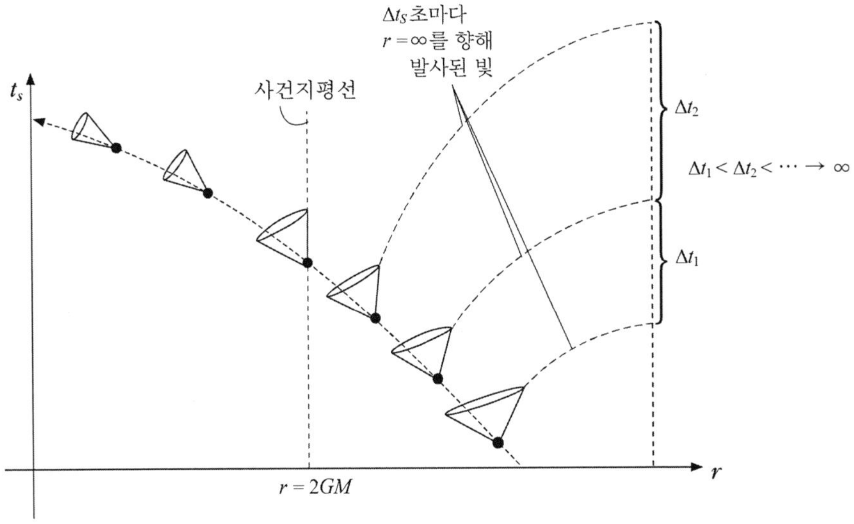

그림 3-54

만일 이러한 블랙홀의 존재가 질량 M을 가진 구형의 천체 주위를 기술하는 시공간의 한 영역이라면, 태양의 경우는 어떠할까? 어디엔가 블랙홀의 영역이 존재하고 있는 것일

101) 여기서의 빛원뿔은 시공간의 한 사건 p에 해당하는 시각과 위치에서 모든 방향으로 발사된 빛의 세계선들로 이루어진 원뿔을 의미한다.

까? 다행히도 태양계에 살고 있는 우리는 그런 걱정을 할 필요는 없다.

앞서 언급한 바와 같이, 블랙홀은 $r \leq 2GM/c^2$의 영역에 대한 이야기이며, 이때 '슈바르츠 쉴트 반경' $2GM/c^2$은 질량 M을 가진 대부분의 별들에게 있어서는 지극히 작은 수치에 해당한다. 실제로 태양의 경우는 그 반지름이 $695{,}980\,\mathrm{km}$에 달하고 이는 태양의 $2GM/c^2(\sim 1\mathrm{km})$에 비해 훨씬 큰 값이다. 따라서 우리가 사건 지평선을 경험하기도 전에 먼저 태양표면에 부딪히게 될 것이고, 따라서 태양이 블랙홀의 역할을 하기에는 그 반경이 너무 크다고 할 수 있다.

태양과 같은 질량을 갖는 백색왜성의 경우, 반지름이 약 $5{,}000\,\mathrm{km}$인데 이 역시 $2GM/c^2$에 비해서는 매우 큰 값이며, 중성자별의 경우는 반지름이 약 10km로서 훨씬 작은 값을 갖지만, 아직도 $2GM/c^2$보다는 큰 값이다.

따라서 블랙홀의 존재는 별이 '중력 붕괴'[102]로 인해 극도로 작은 반경의 천체로 내려앉았을 때만이 가능하며 이때의 별의 밀도는 거의 무한대에 가깝다고 할 수 있다.

102) 별이 수명을 다한 뒤 그 내부에서 더 이상 핵융합 반응에 필요한 연료가 공급되지 못할 때 자체중력을 이기지 못하고 압축 붕괴하게 되는데 이를 '중력 붕괴'라고 부른다.

제3장 6절

일반 상대론의 실험적 검증

6.1 중력에 의한 시간 지연과 적색편이

가령, 63빌딩의 1층에 사는 사람과 꼭대기 층에 사는 사람의 손목시계는 같은 속도로 가는지를 생각해보자. 지구의 질량을 M이라 하고, 지구 중심에서 1층까지의 거리를 r_1, 꼭대기 층까지의 거리를 r_2라 하면, 1층에 사는 사람은 바로 r_1 – 관찰자가 되고, 꼭대기 층에 사는 사람은 r_2 – 관찰자가 된다. 이때, 각각의 고유시간 dt_1, dt_2는 지구로부터 충분히 멀리 떨어진(지구의 인력권에서 거의 벗어난) 거리에 있는 사람 (앞에서 관찰자 S_∞ 으로 불리운)의 고유시간 dt와 다음의 관계가 있다는 것이 식 (5.3)의 내용이었다.

$$\frac{dt_1}{\sqrt{1-2GM/r_1}} = dt = \frac{dt_2}{\sqrt{1-2GM/r_2}}$$

따라서 다음을 얻는다.

$$\frac{dt_2}{dt_1} = \sqrt{\frac{1-2GM/r_2}{1-2GM/r_1}} > 1 \quad (r_1 < r_2)$$

이 결과에 의하면, 꼭대기 층에 사는 사람의 고유시간이 더 빨리 간다는 것을 알 수 있는데, 이처럼 시공간의 기하학적 구조에 따라 시간의 지연현상이 일어난다는 것은 곧 '중력에 의한 시간지연'으로 이해할 수 있다(중력현상의 결과가 곧 시공간의 기하학적 구조로 나타나므로).

또한, 이와 같은 시간지연에 의해, 다음과 같은 '적색편이' 현상을 관찰할 수 있다.

예를 들어, 1층에 사는 사람이 꼭대기 층에 사는 사람을 향해, 파장이 λ_1인 빛을 발사했다고 하자. 그리고 1층과 꼭대기 층에 사는 사람들이 각각 자신들의 실험 장치를 이용해 자신들이 관찰한 빛의 파형을 모니터 상으로 들여다 볼 수 있다고 하자[그림 3–55 참조].

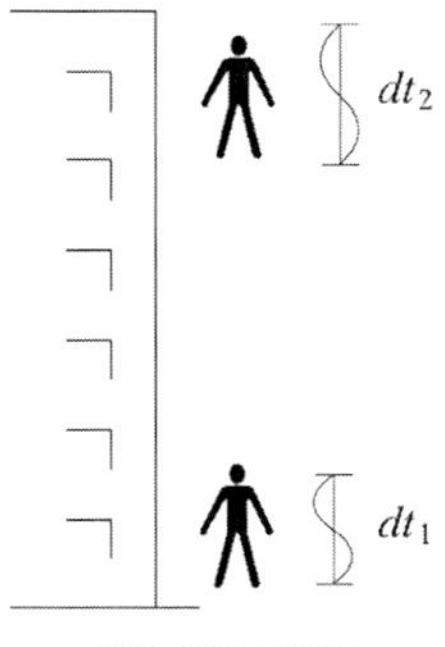

그림 3-55

만일 1층에 사는 사람이 자신이 발사한 빛의 파형을 보고, 그 주기가 $T_1 = dt_1$이라고 관찰했다면, 꼭대기 층에 사는 사람은, 위에서 논의한 시간지연에 의해 $T_2 = dt_2 (> dt_1)$를 자신이 관찰한 빛의 주기로 생각할 것이다.[103] 따라서 주기의 역수인 진동수 $f_1 = 1/T_1$, $f_2 = 1/T_2$에 대해서는 $f_1 > f_2$인 관계가 성립한다.[104] 한편, 두 관찰자 모두에게 빛은 항상 $c = 1$의 속도로 움직이고 $c = \lambda / T$이므로, 자신들이 관찰한 빛의 파장인 λ_1, λ_2는 다시 $\lambda_1 < \lambda_2$의 관계를 만족한다.

결과적으로 꼭대기 층에 사는 사람은 1층에서 보낸 빛의 원래 파장보다 약간 긴 파장의 빛을 관찰하게 된다. 사람의 가시 영역에 있는 빛의 파장이 길어지면 보라색 쪽에서 빨간색 쪽으로 이동하므로 이러한 현상을 '**중력에 의한 적색편이**'라고 부른다.

이와 같은 중력에 의한 적색편이는 1960년 파운드와 레브카가 하버드대 물리학과 건물에 있는 22.5m 높이의 엘리베이터 통로를 이용하여 정밀한 실험을 한 결과 실제로 확인되었다. 또한 중력에 의한 시간 지연의 효과는 오늘날 GPS시스템에도 적용되어, 지표면에서의 시간과 GPS인공위성에서의 시간을 서로 맞추는 데에도 응용되고 있다.[105]

---

103) 두 관찰자는 모두 자신이 관찰한 빛의 파동이 한 번 진동할 때마다 한 번 '째깍'거리는 시계를 사용하여 시간을 측정하기로 사전에 약속해 두었다고 할 수 있다.

104) 이것은 앞서 우리가 이끌어낸 식 (5.9)로부터 다음과 같이 유추할 수도 있다. 즉, 질량 m인 물체가 자유낙하할 때의 에너지 E_1을 r_1－관찰자의 입장에서 관찰하면 $\frac{E_1}{E} = \frac{1}{\sqrt{1-(2GM/r_1)}}$을 만족하므로, 이로부터, $\frac{E_1}{E_2} = \frac{\sqrt{1-(2GM/r_2)}}{\sqrt{1-(2GM/r_1)}}$을 알 수 있다. 그런데 이것은 임의의 질량 m에 대해 성립하므로, $m \to 0$일 때도 성립하고 따라서 빛의 경우에도 성립한다고 할 수 있다. 한편 진동수가 f인 빛의 에너지는 $h\nu(\nu = 2\pi f,\ h=$플랑크 상수$)$이므로, $\frac{\nu_1}{\nu_2} = \frac{\sqrt{1-(2GM/r_2)}}{\sqrt{1-(2GM/r_1)}} > 1$를 얻는다.

105) GPS위성은 지상으로부터 약 20,000 km 상공에서 지구 주위를 3.9 km/s의 속도로 원 궤도를 따라 회전하고 있다. 계산에 의하면 GPS위성에서의 시간은 하루에 약 0.00005 (50,000 나노 초)초 정도 지상보다 빠르다고 한다. 참고로 1 나노초 동안 전파(빛)이 30 cm 정도를 날아갈 수 있고 따라서 50,000나노초 동안은 약 15km를 날아갈 수 있다. 이는 무시할 수 없는 수치라 할 수 있다.

6.2 수성의 근일점 이동

태양에서 가장 가까운 행성인 수성은 태양의 질량에 의해 휘어진 시공간에서의 물체의 운동을 확인하기에 가장 좋은 조건을 갖추고 있다고 할 수 있다.

뉴턴 역학에 의하면, 수성은 태양 주위를 타원궤도를 그리며 돌고 있고, 따라서 수성과 태양으로부터의 거리 r은 일정한 주기를 가지며, 가까워졌다 멀어졌다를 반복하게 된다 [그림 3−56 참조]. 이때 r이 최소가 되는 위치를 근일점, 최대가 되는 점을 원일점이라고 한다.

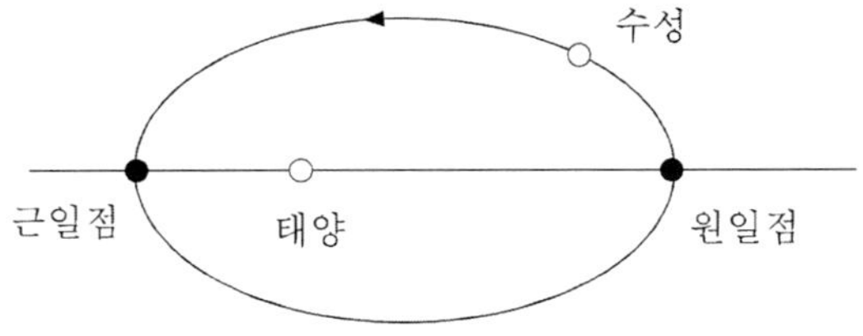

그림 3−56

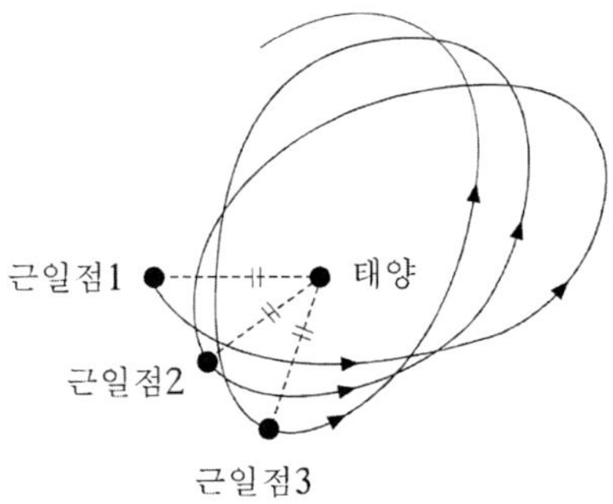

그림 3−57

만일 수성이 이 일정한 타원궤도만을 그리면서 움직인다면, 태양의 위치가 변하지 않는 한 근일점의 위치도 변하지 않을 것이다. 그러나 실제로 수성의 운동은 [그림 3−56]에서와 같이 한 개의 타원궤도를 계속해서 반복하여 움직이는 것이 아니라, [그림 3−57]에서처럼 근일점이 서서히 태양 주위를 회전하면서 움직이는 형태로 운동을 하고 있다는 것이 관측 결과 알려졌다. 물론 이 근일점의 이동은 지극히 천천히 일어나는 현상으로서, 100년에 약 $0.159°$ 정도이다. 아인슈타인 이전에, 이러한 근일점의 이동은 태양 이외의 다른 행성들이 수성에 미치는 중력 효과를 고려하여 계산하면 어느 정도 설명할 수는 있었다. 그러나 이러한 모든 효과들이 고려된다 해도, 근일점은 $0.159°(=574.10\pm0.65'')$에서 약 $0.0119°$ 정도가 못 미치는 회전을 하는 것으로 계산된다. 따라서 이 $0.0119°(=43.11 \pm 0.45'')$라는 무시할 수 없는 각도를 설명하는 것은 뉴턴 역학으로서는 불가능한 일이었다.

하지만 만일 일반상대성 이론에 입각하여 수성의 운동을 기술하면, 이 수성의 근일점 이동 문제는 깨끗이 해결된다. 이제 이 절에서는 어떻게 일반상대성이론이 이런 문제를 해결할 수 있는지를 간단히 살펴보기로 하자.

우선, 질량이 M인 태양을 중심으로 한 태양계를 Schwarzschild 시공간으로 간주하고, 수성은 태양에 비해 질량을 무시할 수 있는 작은 물체라고 생각한 뒤[106], 이 물체가 Schwarzschild 시공간 속에서 어떤 측지선을 따라 운동하는지를 분석해보기로 하자.

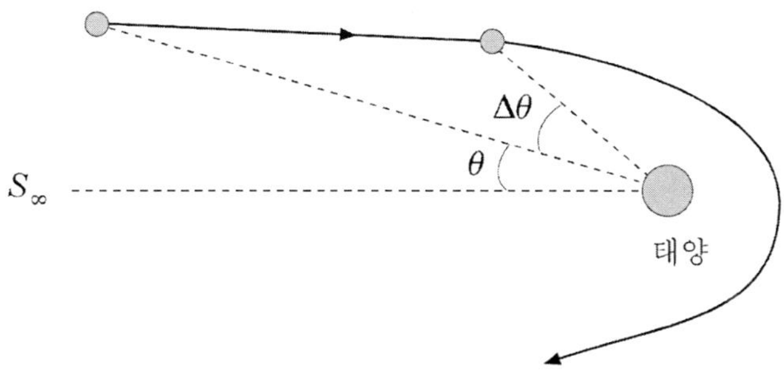

그림 3-58

우리는 5.2절의 ②에서 태양을 향해 r 좌표 방향으로 출발하여 자유 낙하하는 물체에 대해, $\left(1-\frac{2GM}{r}\right)\frac{dt}{d\tau}$은 변하지 않는 양이며, 이것은 태양으로부터 무한히 멀리 떨어진 사람이 관찰한 '단위 질량 당 에너지'임을 살펴보았다. 이 경우 굳이 태양을 향해 r 좌표 방향으로 자유 낙하하는 물체에 대해서 뿐만 아니라, [그림 3-58]과 같이 태양과 다른 방향으로 출발하여 자유 낙하하는 물체에 대해서도 똑같은 논의를 적용할 수 있고, 따라서(지금부터 m_0를 m으로 표기)

$$\left(1-\frac{2GM}{r}\right)\frac{dt}{d\tau}=\frac{E}{m} \tag{6.1}$$

은 이 경우에도 여전히 성립함을 확인할 수 있다.

이제 우리는 [그림 3-60]과 같은 상황에서 또 한 가지 불변하는 양을 발견할 수 있는데, 그 과정은 앞에서의 경우와 마찬가지로 '고유시간 최대의 원리'를 다음과 같이 이용하는 것이다.

106) 따라서 태양 이외의 수성이나 다른 행성들에 의한 시공간의 기하학적 구조의 변형은 무시할 수 있다.

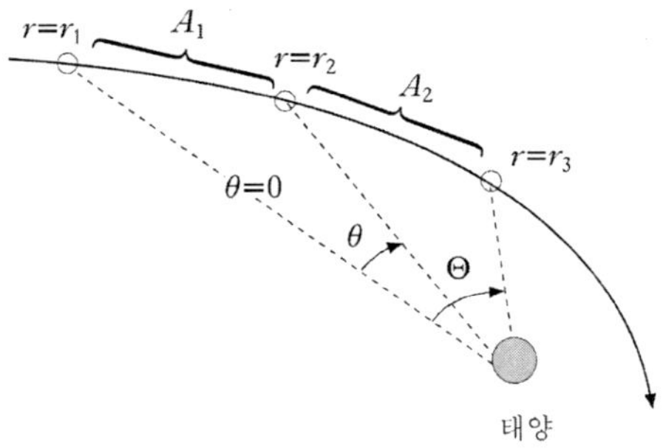

그림 3-59

먼저, [그림 3-59]에서와 같이 $r=r_1$ 상의 한 위치의 θ좌표를 0으로 잡고, $r=r_3$ 상의 한 위치의 θ좌표를 Θ라고 두자. 만일 이 두 위치를 지나가며 자유 낙하하는 한 물체가 도중에 $r=r_2(r_1>r_2>r_3)$의 어느 한 위치를 지난다면, 이때의 θ좌표 $(0<\theta<\Theta)$는 어떻게 결정할 수 있는지를 알아보자.

우선 그 전에 한 가지 언급할 것은, 만일 자유 낙하하는 물체의 세계선 $(t(\tau), r(\tau), \theta(\tau), \phi(\tau))$이 초기조건 $\phi(0)=\phi_0$, $\phi'(0)=0$을 만족시키면, 이후 모든 τ에 대해서도 항상 $\phi(\tau)\equiv\phi_0$가 된다는 것이다. 왜냐하면, 이 물체의 세계선이 측지선의 방정식 (2.5)를 만족해야 하고 특히, $x_\alpha=\phi$일 때 $\dfrac{d^2\phi}{d\tau^2}+\sum_{\mu,\nu=0}^{3}\Gamma^{\phi}_{\mu\nu}\dfrac{dx_\mu}{d\tau}\dfrac{dx_\nu}{d\tau}=0$을 만족해야 한다.

그런데 만일 $x_\mu\neq\phi$이고 $x_\nu\neq\phi$이면 식 (2.4)와 (5.1)로부터 $\Gamma^{\phi}_{\mu\nu}=0$임을 쉽게 알 수 있고, 따라서 $\Gamma^{\phi}_{\mu\nu}\dfrac{dx_\mu}{d\tau}\dfrac{dx_\nu}{d\tau}\neq 0$이기 위해서는 x_μ나 x_ν 중 적어도 하나는 ϕ라야 한다. 이때, $\phi(\tau)\equiv\phi_0$가 초기조건과 위의 측지선의 방정식을 모두 만족시키는 것은 자명하고, 미분방정식의 해의 유일성에 의해 $\phi(\tau)\equiv\phi_0$이 유일한 해임을 알 수 있다.

이상의 논의에 의하면, 자유 낙하하는 물체의 운동이 처음에 $\phi=\phi_0$인 평면상에서 일어났다면 이후에도 계속해서 이 평면 내에서 물체의 운동이 진행된다는 것을 알 수 있다. 따라서 우리는 식 (5.1)이 (θ,ϕ)에 대해 대칭이라는 사실을 이용하여 일반성을 잃지 않고 $\phi(\tau)\equiv 0$임을 가정할 수 있게 된다.

이제, 앞에서와 마찬가지로 우선 물체의 운동을 A_1, A_2구간으로 나누고 각 구간을 통과할 때 걸리는 물체의 고유시간 τ_1, τ_2을 식 (5.1)로부터 계산하면,

$$\tau_1=\sqrt{-r_1^2\theta^2+(\theta\text{를 포함하지 않은 항들})},$$
$$\tau_2=\sqrt{-r_2^2(\Phi-\theta)^2+(\theta\text{를 포함하지 않은 항들})}$$

이 된다.

이 식들을 각각 θ에 대해 미분하면, 다음을 얻는다.

$$\frac{d\tau_1}{d\theta} = -\frac{r_1^2\theta}{\tau_1}, \quad \frac{d\tau_2}{d\theta} = -\frac{r_2^2(\Theta-\theta)}{\tau_2}$$

이제 '고유시간 최대의 원리'에 의해 실제로 이 물체가 $r = r_2$를 통과할 때의 θ 좌표를 θ_2라고 하면, 다음이 성립한다.

$$\left.\frac{d\tau}{d\theta}\right|_{\theta=\theta_2} = \left.\frac{d(\tau_1+\tau_2)}{d\theta}\right|_{\theta=\theta_2} = -\frac{r_1^2\theta_2}{\tau_1} + \frac{r_2^2(\Theta-\theta_2)}{\tau_2} = 0$$

따라서 위 식의 마지막 등식으로부터, $r^2\frac{d\theta}{d\tau}$는 물체의 운동 과정에서 불변하는 양임을 알 수 있다. 뉴턴 역학이 적용되는 상황에서, $\frac{d\theta}{d\tau}$는 물체의 각 속도 ω에 해당하고, 따라서 $r^2\frac{d\theta}{d\tau} = r^2\omega$는 물체의 단위질량당 각 운동량인 $\frac{L}{m}$이 된다. 이러한 맥락에서 우리가 얻은 이 불변량 $r^2\frac{d\theta}{d\tau}$을 물체의 '단위 질량당 각 운동량'으로 정의하고 $\frac{L}{m}$로 표기하기로 한다. 즉,

$$r^2\frac{d\theta}{d\tau} = \frac{L}{m} \tag{6.2}$$

이다.

이제 우리가 얻은 불변량에 대한 식 (6.1)과 (6.2), 그리고 Schwarzschild 시공간의 거리 구조인 식 (5.1)을 이용하면 다음 질문에 대해 답할 수 있게 된다.

즉, 주어진 위치에서 주어진 속도로 출발한 물체가 Schwarzschild 시공간에서 자유 낙하한다면 이때의 이 물체의 궤도를 어떻게 예측할 수 있을까?

우리의 경우, 처음 물체의 위치는 $r(0)$, $\theta(0)$에 의해 결정되고 ($\phi(\tau) \equiv 0$임을 상기) 초기 속도 $t'(0)$, $\theta'(0)$과 식 (6.1), (6.2)를 각각 이용하면 E, L을 결정할 수 있다. 뿐만 아니라, 식 (6.1)과 (6.2)를 이용하여 dt, $d\theta$를 각각 이 물체의 고유시간 $d\tau$로 표현하면 다음을 얻는다.

$$dt = \frac{E/m}{1-2GM/r}\, d\tau \tag{6.3}$$

$$d\theta = \frac{L/m}{r^2}\, d\tau \tag{6.4}$$

한편, 이 두 식을 Schwarzschild 시공간의 거리구조인 식 (5.1)에 대입한 후 ($d\phi = 0$인 조건하에서), dr에 대해서 풀면 다음을 얻는다.

$$dr = \pm\left[\left(\frac{E}{m}\right)^2 - \left(1-\frac{2GM}{r}\right)\left\{1+\left(\frac{L}{mr}\right)^2\right\}\right]^{1/2} d\tau \tag{6.5}$$

여기서 $\pm$의 부호는 물체가 태양을 향할 때 $-$이고, 태양에서 멀어질 때 $+$가 된다.

이제, 우리는 식 (6.4)와 (6.5)로부터 물체의 고유시간 τ에 따라 그 궤도가 어떻게 변해나가는지를 다음과 같이 예측할 수가 있다.

가령, 시각 τ_i일 때, 물체의 위치가 $(r_i,\ \theta_i)$이었다면, 아주 짧은 시간인 $d\tau$ 후의 위치 $(r_{i+1},\ \theta_{i+1})$은 다음과 같이 결정된다.

$$r_{i+1} = r_i + dr = r_i \pm \left[\left(\frac{E}{m}\right)^2 - \left(1-\frac{2GM}{r_i}\right)\left\{1+\left(\frac{L}{mr_i}\right)^2\right\}\right]^{1/2} d\tau \text{ (식 (6.5)에 의해)}$$

$$\theta_{i+1} = \theta_i + d\theta = \theta_i + \frac{L/m}{r_i^2}\, d\tau \text{ (식 (6.4)에 의해)}$$

따라서 물체의 초기 위치만 주어지면 위 두 식에 의해 아주 짧은 시간 간격으로 그 물체의 위치를 파악해 나갈 수 있다.

또 다른 방법으로서, 식 (6.4)로부터 $d\tau$를 $d\theta$로 표현하여 식 (6.5)에 대입하면, 곧바로 다음과 같은 1계 미분방정식을 얻는다.

$$\frac{dr}{d\theta} = \pm\left[\left(\frac{E}{m}\right)^2 - \left(1-\frac{2GM}{r}\right)\left\{1+\left(\frac{L}{mr}\right)^2\right\}\right]^{1/2} \frac{r^2}{L/m} \tag{6.6}$$

풀기 쉽지는 않지만, 원론적으로 위 1계 미분방정식의 초기 조건만 주어지면 방정식을 만족하는 함수 $r = r(\theta)$를 구할 수 있고 이로써 물체의 궤도를 정확히 예측할 수가 있다. 대신 여기서는 식 (6.5)를 이용하여 고유시간 τ에 따라 물체와 태양 사이의 거리 r이 어떤 식으로 변해가는지를 살펴보도록 하자. 이를 위해 먼저 식 (6.5)를 다음과 같이 다시 쓰도록 하자.

$$\left(\frac{dr}{d\tau}\right)^2 = \left(\frac{E}{m}\right)^2 - V(r) \tag{6.7}$$

여기서

$$V(r) := \left(1 - \frac{2GM}{r}\right)\left\{1 + \left(\frac{L}{mr}\right)^2\right\} \tag{6.8}$$

이다. 이때 식 (6.7)의 양변을 τ에 대해 미분하면,

$$2\frac{d^2r}{d\tau^2} = -\frac{dV}{dr} \tag{6.9}$$

을 얻는다.

따라서 $r(0)$, $r'(0)$만 주어지면, 2계 미분방정식의 해의 존재성에 의해, 위 식을 만족시키는 $r = r(\tau)$가 유일하게 존재한다. 이것은 물리적으로, 마치 $\frac{1}{2}kr^2$과 같은 형태의 잠재에너지를 갖는 용수철에 매달린 물체의 초기 속도와 위치가 주어졌을 때, 임의의 시각에서 그 물체의 위치 r을 구하는 문제와 똑같은 상황임을 알 수 있다. 다만, 잠재 에너지가 $\frac{1}{2}kr^2$이 아닌, 식 (6.8)의 $V(r)$와 같은 형태로 주어졌다는 것만이 다를 뿐이다.

함수 $V(r)$의 그래프의 형태는 $\frac{L^2}{m^2}$의 값에 따라 약간씩 달라지는데, 여기서는 대표적으로 $\frac{L^2}{m^2} > 16G^2M^2$인 경우만 생각해보기로 하자 (나머지 $\frac{L^2}{m^2} \le 16G^2M^2$인 경우들에 대해서도 비슷한 논의를 적용할 수 있다[107]).

이 경우 $V(r)$의 그래프는 다음 [그림 3-60(a)]에서와 같이 주어지는데, 함수 $V(r)$가 $r = r_1$일 때 극댓값을, $r = r_2$일 때 극솟값을 취하며 $\lim_{r\to\infty} V(r) = 1$, $\lim_{r\to 0} V(r) = -\infty$임을 알 수 있다.

107) [O'neil] pp.375~377 참고할 것.

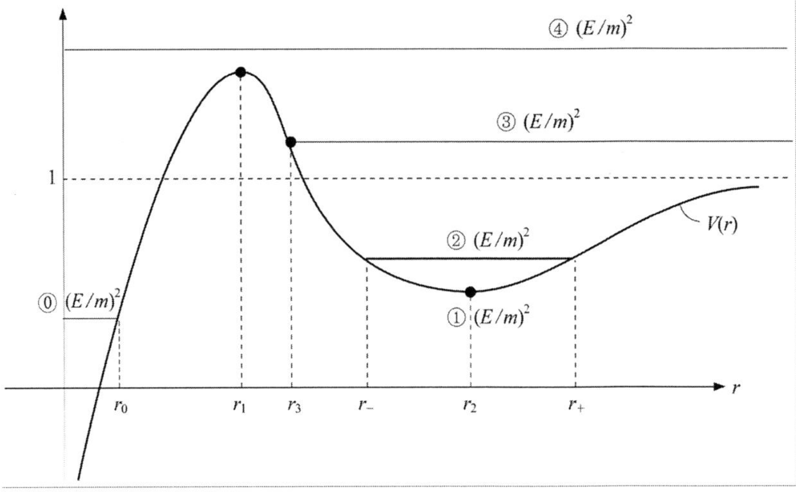

그림 3-60 (a)

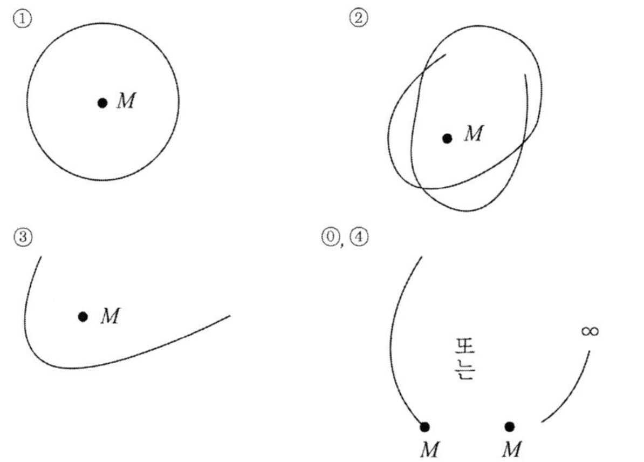

그림 3-60 (b)

이제 다음 몇 가지의 경우에 물체의 궤도가 어떤 형태를 취하는지를 알아보도록 하자 [그림 3-62(b) 참조].

⓪ $0 \leq (E/m)^2 < V(r_2)$일 때[그림 3-60(b) ⓪]

식 (6.7)에 의해 $V(r) \leq \left(\dfrac{E}{m}\right)^2$이므로 물체는 $0 < r < r_0$인 범위에 있어야 한다. 또 식 (6.9)에 의해 이 범위에서 $\dfrac{d^2r}{d\tau^2} < 0$이므로 물체는 항상 $r = 0$ 쪽으로 힘을 받게 되고 결국 태양과 충돌하게 된다.

① $(E/m)^2 = V(r_2)$일 때 [그림 3-60(b)①]

식 (6.7)에 의해, $(E/m)^2 - V(r) = V(r_2) - V(r) = \left(\frac{dr}{d\tau}\right)^2 \geq 0$이므로 처음 물체가 $r = r_2$의 위치에 있었다면 계속해서 $r = r_2$일 수밖에 없으며 이때, $\frac{dr}{d\tau} = 0$ 즉, r은 $r = r_2$로서 일정하게 유지됨을 알 수 있다.

② $V(r_2) < (E/m)^2 < 1,\ r(0) > r_1$일 때 [그림 3-60(b)②]

마찬가지로, 식 (6.7)에 의해 $(E/m)^2 - V(r) \geq 0$이므로 이 경우, 처음 물체가 $r_- \leq r \leq r_+$인 위치에 있었다면 계속해서 이 범위 안의 r에 해당하는 영역만을 움직여야 한다. 또한 $r_- \leq r < r_2$일 때는 $\frac{dV}{dr} < 0$이고, $r_2 < r \leq r_+$일 때는 $\frac{dV}{dr} > 0$이므로, 식 (6.9)에 의해 이 물체는 항상 $r = r_2$를 향한 복원력이 작용함을 알 수 있다. 따라서 만일 이 물체가 $r_- < r < r_+$인 어느 한 위치에서 움직이기 시작했다면 이 물체와 태양 사이의 거리 r은 구간 $[r_-, r_+]$ 사이를 왕복하면서 증가했다 감소했다를 반복하게 된다.

③ $1 \leq (E/m)^2 < V(r_1),\ r(0) > r_1$일 때 [그림 3-60(b)③]

만일 이 물체가 태양을 향해 움직이기 시작했다고 하자. 식 (6.7)에 의해 이 물체는 $r = r_3$에 도달할 때까지는 속도가 0이 되지 않는다. 그러나 $r = r_3$에 도달하는 순간 속도는 0이 되지만, 위 ②번에서의 논의에 의해 $r = r_2$ 방향으로 복원력이 작용하므로 다시 r이 증가하기 시작하며 이처럼 r이 증가하는 동안 속도가 결코 0이 되지 않으므로 이 물체의 r은 영원히 증가하게 된다.

④ $V(r_1) < (E/m)^2$일 때 [그림 3-60(b)④]

이 경우는 항상 $\left(\frac{dr}{d\tau}\right)^2 > 0$이므로 속도가 0이 되는 일은 결코 일어나지 않는다.

따라서 만일 이 물체가 태양을 향해 출발했다면 결국 $r = 0$까지 도달할 것이고, 반대 방향으로 출발했다면 영원히 태양 쪽으로 돌아서지 못할 것이다.

이제, 우리의 관심인 수성의 궤도에 논의의 초점을 맞추도록 하자.

수성은 항상 태양의 주위를 돌고 있으므로 위의 ③, ④번의 경우에는 해당하지 않는다. 또, 수성과 태양과의 거리도 일정하지 않음은 관측결과 잘 알려진 사실이며 위 ①번은 이에 해당하지 않는다. 따라서 수성은 ②번과 같이 r이 주기적으로 변하면서 태양의 주위를 돌고 있음을 알 수 있다.

만일 수성이 고정된 타원궤도를 그리면서 태양 주위를 돌고 있다면(뉴턴 역학에 의거하여), [그림 3-61]에서 보는 바와 같이, $r=r_-$ 인 A 위치에서 $r=r_+$ 인 B 위치로 이동하는 동안의 $\Delta\theta$는 정확히 π가 되어야 하고, 따라서 $\Delta\theta$의 두 배는 2π가 되어야 한다.

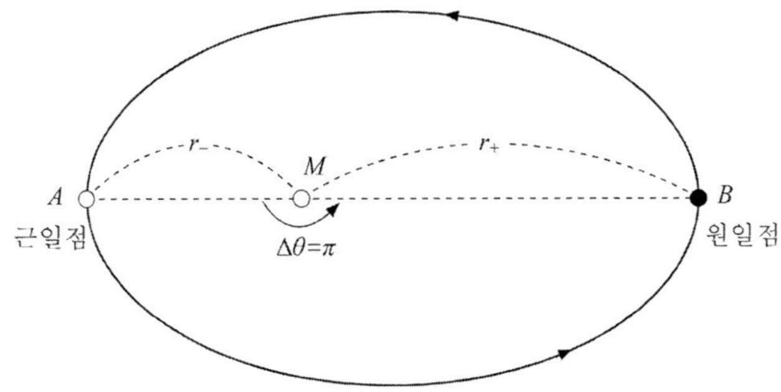

그림 3-61

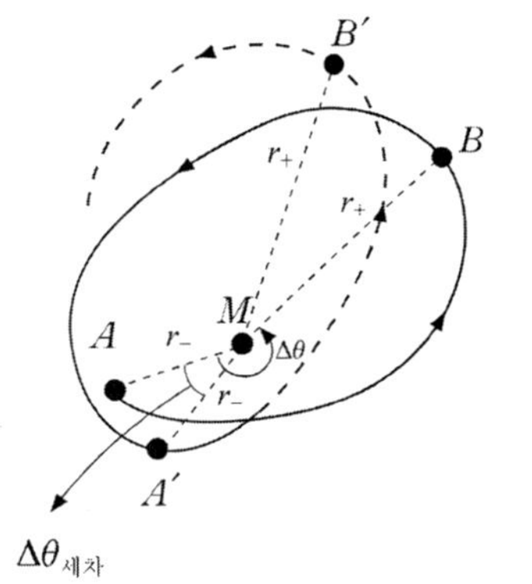

그림 3-62

그러나 [그림 3-62]와 같이 고정된 타원궤도가 아니라 근일점 A의 위치와 다음 번 근일점인 A'의 위치가 반지름 r_- 인 원주 상에서 움직이는 경우에는, $r=r_-$ 인 근일점 A 위치에서 $r=r_+$ 인 원일점 B 위치까지 움직이는 동안의 $\Delta\theta$의 두 배는 2π보다 크게 됨을 알 수 있다.

즉,

$$\Delta\theta_{세차} := 2\Delta\theta - 2\pi > 0$$

이다.

그런데 이 $\Delta\theta_{세차}$의 정확한 값은 $\Delta\theta$를 다음과 같이 계산함으로써 얻을 수 있다. 즉, 식 (6.6)에 의해,

$$\Delta\theta = \int_{r_-}^{r_+} \left[\left(\frac{E}{m}\right)^2 - \left(1 - \frac{2GM}{r}\right)\left\{1 + \left(\frac{L}{mr}\right)^2\right\}\right]^{-1/2} \frac{L/m}{r^2}\, dr$$

이 적분의 값은 수치해석적인 방법으로 그 근삿값을 찾을 수 있는데 여기서는 구체적인 계산은 생략하고 다만 그 결과로 얻은 $\Delta\theta_{세차}$값만 소개하도록 하자.108)

$$\Delta\theta_{세차} \simeq \frac{3\pi GM}{c^2}\left(\frac{1}{r_-} + \frac{1}{r_+}\right) = \frac{6\pi G}{c^2}\frac{M}{a(1-e^2)}$$

여기서 a와 e는 각각 뉴턴 역학에 의한 수성의 타원궤도의 장축의 길이($a = \frac{1}{2}(r_- + r_+)$)와 이심률($e = \frac{r_+ - a}{a}$)을 나타내는 상수이고 c는 빛의 속력이다.

구체적인 수치를 대입하여 $\Delta\theta_{세차}$의 값을 구하면 약 $0.1038''$를 얻게 되는데, 수성은 100년 동안 태양 주위를 415회 공전하므로 100년 동안 수성의 근일점은 $0.1038'' \times 415 = 43.03''$만큼 이동하는 것으로 계산된다.

실제로 관측을 통해 얻은 데이터로부터 다른 행성들의 인력에 의한 영향을 제거하고, 태양이 완전한 구가 아닌 데서 오는 효과 등을 모두 제거하고 난 후의 근일점 이동은 $43.11 \pm 0.45''$이다. 이로써 일반상대성이론이 수성의 근일점 이동을 정확히 설명하고 있음을 알 수 있다.

6.3 빛의 휘어짐

일반적으로 빛은 매질이 달라지면 진행속도가 달라지므로109) 이로 인한 굴절이 일어나게 된다. 유리잔 속에 담긴 빨대가 꺾여 보이는 것도 이러한 빛의 굴절현상에 기인한다. 뿐만 아니라, 빛이 동일한 매질인 진공 중을 진행할 때는 항상 직진하는 성질이 있다는 것

108) 자세한 계산은 [Hartle] pp.203~204를 참조.

109) 사실상, 겉보기 속도가 달라진다. 빛 알갱이인 photon은 언제나 3×10^8 m/s의 속도로 날아간다([Feynman] 31-1 참고).

또한 아인슈타인 이전에는 의심할 여지가 없는 사실이었다.

그러나 아인슈타인의 일반 상대성이론에 의하면, 물질의 존재에 의해 휘어진 시공간 속에서 곧게 '측지선'을 따라가는 빛은 그 시공간의 기하학적 구조에 따라 얼마든지 휘어질 수가 있다. 여기서는 Schwarzschild 시공간을 모델로 하여, 빛의 궤도를 살펴봄으로써 이러한 빛의 휘어짐이 어떻게 일어나는지를 알아보기로 하자.

이를 위해 우리는 먼저 식 (6.6)과 마찬가지로 빛의 운동을 기술하는 미분방정식을 얻을 필요가 있다.

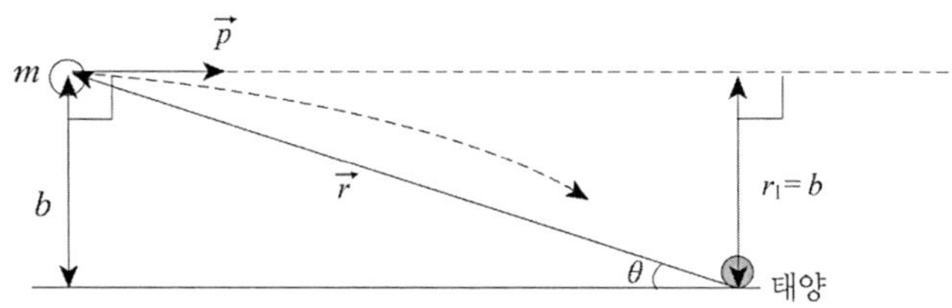

그림 3-63

우선, [그림 3-63]과 같이 태양으로부터 무한히 멀리 떨어진 한 위치에서부터 출발한 질량 m인 물체를 생각해보자. 이때, S_∞가 관찰한 이 물체의 태양에 대한 각 운동량(angular momentum)의 크기 L과 이 물체의 선 운동량(linear momentum)의 크기 $\|\vec{p}\|$의 비 값을 b라 하자. 이때, $\|\vec{p}\|$는 제 2장의 식 (4.3)에 의해 $\sqrt{E^2 - m^2}$으로 쓸 수 있으므로 (단, E는 S_∞이 관찰한 이 물체의 상대론적 총에너지이고, $c = 1$을 사용하고 있다) b는 다음과 같이 쓸 수 있다.

$$b := \frac{L}{\|\vec{p}\|} = \frac{L}{\sqrt{E^2 - m^2}} \quad (m > 0)$$

이 식에서 L과 E는 물체의 운동에 따라 변하지 않는 불변량이고, 따라서 S_∞에 의해 관찰된 b의 값도 물체의 운동에 따라 변하지 않는 상수임을 알 수 있다. 이 상수를 특별히 **'충돌상수'**라고 부른다.110)

충돌상수 b는 임의의 질량 $m(> 0)$을 가진 물체에 대해 항상 위와 같이 정의할 수 있으므로, $m = 0$일 때, 즉 빛의 경우에도 다음과 같이 정의할 수 있다.

---

110) 고전 역학적으로 b를 해석하면, [그림 3-65]에서 볼 수 있듯이 $b = \frac{L}{\|\vec{p}\|} = \frac{\|\vec{r} \times \vec{p}\|}{\|\vec{p}\|} = \|\vec{r}\| \sin\theta$이므로 고전적 의미에서의 충돌상수와 일치한다.

$$b := \frac{L}{E} \quad (m=0)$$

여기서 L과 E는 각각 S_∞이 관찰한 광자(빛 알갱이)의 태양에 대한 각 운동량($\vec{r} \times \vec{p}$, $\|\vec{p}\| = h/\lambda$)과 에너지($h\nu (= \hbar w)$)를 나타내는 것으로 볼 수 있다.[111]

한편, 식 (6.3), (6.4) 그리고 (6.5)로부터 $d\tau$를 소거하여 다음을 얻을 수 있다.

$$\frac{d\theta}{dt} = \frac{d\theta}{d\tau}\frac{d\tau}{dt} = \left(\frac{L}{E}\right)\frac{(1-2GM/r)}{r^2} \quad (m>0)$$

$$\left(\frac{dr}{dt}\right)^2 = \left(\frac{dr}{d\tau}\right)^2\left(\frac{d\tau}{dt}\right)^2 = \left(1-\frac{2GM}{r}\right)^2 - \left(1-\frac{2GM}{r}\right)^3\left[\frac{m^2}{E^2} + \frac{1}{r^2}\left(\frac{L}{E}\right)^2\right] \quad (m>0)$$

앞에서와 마찬가지로 이 식들은 임의의 양수 m에 대해 성립하므로 $m \to 0$을 취하면 다음과 같은 빛의 운동 방정식을 얻게 된다.[112]

$$\frac{d\theta}{dt} = \frac{b}{r^2}\left(1-\frac{2GM}{r}\right) \quad (m=0) \tag{6.10}$$

$$\frac{dr}{dt} = \pm\left(1-\frac{2GM}{r}\right)\left[1-\left(1-\frac{2GM}{r}\right)\frac{b^2}{r^2}\right]^{1/2} \quad (m=0) \tag{6.11}$$

따라서 식 (6.10)과 (6.11)로부터 dt를 소거하면,

$$d\theta = \pm\frac{1}{r^2}\left[\frac{1}{b^2} - \frac{1}{r^2}\left(1-\frac{2GM}{r}\right)\right]^{-1/2} dr \tag{6.12}$$

을 얻는다.

---

111) [Hartle] p.205 참조.

112) 시공간에서 정지 질량이 $m \geq 0$인 물체의 세계선을 나타내는 곡선 $\alpha(\lambda)$가 측지선이 되기 위해 만족해야 하는 운동 방정식은 $D_{\alpha'}\alpha' = 0$, 즉 $\frac{d^2x_\alpha}{d\lambda^2} + \sum_{\mu,\nu=0}^{3} \Gamma^\alpha_{\mu\nu}\frac{dx_\mu}{d\lambda}\frac{dx_\nu}{d\lambda} = 0$이다. 이것이 $m>0$인 물체의 측지선('시간을 닮은')인지, $m=0$인 빛의 세계선('빛을 닮은')인지는 초기조건 $\alpha'(0)$에 의해 결정된다. 예를 들어, 민코브스키 시공간에서 측지선의 방정식은 $\frac{d^2x_\alpha}{d\lambda^2} = 0$이고 이때 이 물체의 속력 v는 $v = \frac{\|\vec{p}\|}{E}$로 나타낼 수 있다. 따라서 $dx = vdt = \frac{\|\vec{p}\|}{E}dt = \frac{\|\vec{p}\|}{\sqrt{m^2 + \|\vec{p}\|^2}}dt$이고 여기서 $v \to 1 (\Leftrightarrow E \to \|\vec{p}\| \Leftrightarrow m \to 0)$이면 빛의 측지선이 된다.

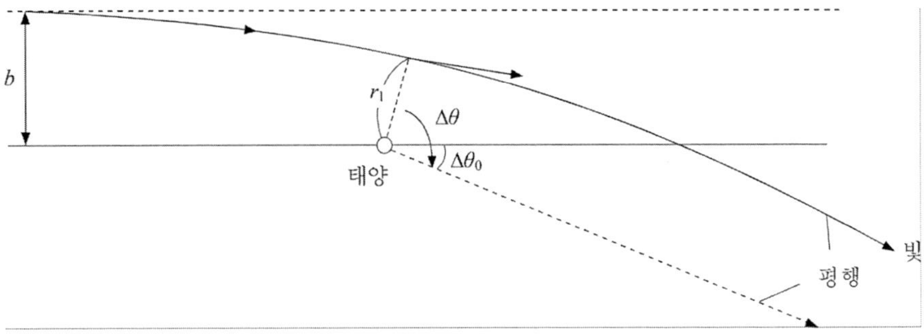

그림 3-64

이제 [그림 3-64]에서처럼, 먼 거리에서부터 태양이 있는 쪽으로 날아가는 빛의 궤적을 생각해보자. 이때 이 빛이 태양으로부터 가장 가까운 위치에 있을 때의 거리를 r_1이라 하면, 이 r_1은 $\left.\frac{dr}{d\theta}\right|_{r=r_1}=0$을 만족시키는 값이다. 즉, 위의 식 (6.12)로부터 $\frac{1}{b^2}-\frac{1}{r_1^2}\left(1-\frac{2GM}{r_1}\right)=0$이 성립한다.

만일, 빛이 태양 주위를 지나면서 휘어지지 않고 직진한다면 [그림 3-63]처럼 $r_1=b$가 되고, $r=r_1$에서부터 $r=\infty$까지 움직이는 동안의 $\Delta\theta$는 $\frac{\pi}{2}$가 되는 것은 자명하다. 그러나 [그림 3-64]처럼 빛이 휘어지는 경우에는 $2\Delta\theta$의 값이 π를 넘게 되는데 그 차이를 $\Delta\theta_0 := 2\Delta\theta-\pi$로 정의하자. 이때 $\Delta\theta$는 식 (6.12)로부터 다음과 같이 구할 수 있다.

$$\Delta\theta=\int_{r_1}^{\infty}\frac{1}{r^2}\left[\frac{1}{b^2}-\frac{1}{r^2}\left(1-\frac{2GM}{r}\right)\right]^{-1/2}dr$$

약간의 수학적 기교를 이용해, 위 적분값을 $\frac{GM}{c^2b}$(c를 다시 복귀)가 충분히 작다는 가정하에 계산해보면, 대략 다음과 같은 $\Delta\theta_0$의 근삿값을 얻는다.113)

$$\Delta\theta_0\simeq\frac{4GM}{c^2b}$$

별빛이 태양 주위를 거의 스치듯 지나가서 지구에 도달한다고 가정한다면 위 식에서 b는 태양의 반경에 해당한다고 볼 수 있고, 이때 $\Delta\theta_0$의 값을 계산해보면 약 $1.75''$가 나온다.

113) 자세한 계산은 [Hartle] pp.211 ~ 212 참조

실제로, 1919년에 영국의 에딩턴은 태양을 지나 지구로 오는 별빛이 휘어짐을 관찰하여 아인슈타인의 일반 상대론이 옳다는 것을 검증하였으며, 이 사건으로 아인슈타인은 비로소 세계적인 명성을 얻게 되었다.

에딩턴의 관측에서 태양을 스쳐 지나오는 별빛이 휘어지는 것을 관찰하기 위해서는 개기 일식을 이용할 필요가 있었는데 이때야말로 태양빛에 묻혀 잘 보이지 않던 주위의 별빛들이 모습을 잘 드러내기 때문이다. 따라서 에딩턴은 개기 일식을 이용해 태양 주위를 스쳐오는 별빛들의 위치를 관측하고 이 자료를 6개월 전에 얻은 자료와 비교하여 [그림 3-65(a),(b)]와 같은 결과를 얻게 되었다.

그림 3-65

이때 그림 (b)에서의 별들의 위치가 (a)에서의 별들의 위치보다 바깥쪽으로 이동한 것을 볼 수 있는데 이는 [그림 3-66$(a)'(b)'$]에서 보여주듯이 별빛의 휘어짐에 의한 것임을 알 수 있다.

그림 3-66

사실 에딩턴이 얻은 관측 자료는 실험오차가 꽤 큰 것이어서 일반상대성이론을 확실히 검증했다고 하기에는 무리가 있는 것이었다. 그러나 그 이후 더욱 정밀한 많은 실험들이 이루어져 오늘날에는 0.1% 이내의 오차로 그 이론을 검증하고 있다.

6.4 중력파

일반상대성이론에 의하면 물질의 분포가 시공간의 기하학적 형태를 결정하므로 만일 물질의 분포가 변하면 그에 따라 시공간의 형태도 변하게 된다.

이것은 마치 신축성이 뛰어난 고무판 위에서 볼링공이 작은 원을 그리며 돌아다니면 그에 따라 고무판도 출렁이게 되는 것과 같고 이러한 출렁임은 볼링공으로부터 멀어지면서 전체 고무판 위로 퍼져나갈 수 있다.

이처럼 시공간 상의 어떤 물질 분포의 변화에 의해 시공간의 작은 물결이 퍼져나가는 현상을 '중력파'라고 부른다. 아인슈타인은 1905년 일반상대성이론을 발표한 직후 자신의 이론을 이용하여 이러한 중력파의 존재를 예견하였다.

이에 대해 좀 더 구체적으로 알아보기 위해 먼저, 우리 우주의 물질 분포에 의한 에너지 밀도가 매우 작은 값으로서 약 $5\times10^{-30}\,\mathrm{g/cm^3}$ 정도임에 유의해 보자. 이는 1 평방미터당 수소원자 3개 정도의 밀도인데 이 정도의 물질분포로는 진공의 시공간인(즉, 중력이 전혀 작용하지 않는) Minkowski 시공간의 기하학적 형태를 크게 변형할 수 없으리라 생각할 수 있다.

이를 수학적 가정으로 변환해 보면, 우리 우주의 시공간 거리구조 $(g_{\mu\nu})$가 Minkowski 시공간의 거리구조인 $(\eta_{\mu\nu})$에 약간의 변형을 가해 $(h_{\mu\nu})$을 더해준 형태라고 가정할 수 있다.

즉, 다음과 같이 가정할 수 있다.

$$g_{\mu\nu}=\eta_{\mu\nu}+h_{\mu\nu}\quad(|h_{\mu\nu}|\ll 1)$$

만일 적당히 잘 선택된 좌표계 (x_μ)에 대해 위 가정을 만족하는 $g_{\mu\nu}$를 아인슈타인 방정식의 좌변에 대입한 후, $h_{\mu\nu}$에 대해 선형인 항들(즉, $h_{\mu\nu}$, $\frac{\partial h_{\mu\nu}}{\partial x_\lambda}$, $\frac{\partial^2 h_{\mu\nu}}{\partial x_\sigma \partial x_\lambda}$, …과 같은 $h_{\mu\nu}$의 일차항들) 이외의 나머지 비선형인 항들(즉, $h_{\mu\nu}h_{\sigma\lambda}$, $\frac{\partial h_{\mu\nu}}{\partial x_\lambda}\frac{\partial h_{\rho\tau}}{\partial x_\rho}$, … 과 같은 $h_{\mu\nu}$의 2차 이상의 항들)을 모두 무시하면[114] 다음과 같은 '선형화 된'(linearized) 장 방정식을 얻게 된다.

$$\left(\frac{\partial^2}{\partial x_1^2}+\frac{\partial^2}{\partial x_2^2}+\frac{\partial^2}{\partial x_3^2}-\frac{1}{c^2}\frac{\partial^2}{\partial x_0^2}\right)h_{\mu\nu}=-16\pi GT_{\mu\nu}$$

여기서 만일 $T_{\mu\nu}=0$을 대입하면 (즉, 물질이 존재하지 않는 진공인 영역에서의 시공간 거리 구조를 생각하면) 다음과 같은 파동방정식을 얻는다.

114) 이것은 $|h_{\mu\nu}|\ll 1$ 로부터 정당화 할 수 있다.

$$\left(\frac{\partial^2}{\partial x_1^2}+\frac{\partial^2}{\partial x_2^2}+\frac{\partial^2}{\partial x_3^2}-\frac{1}{c^2}\frac{\partial^2}{\partial x_0^2}\right)h_{\mu\nu}=0$$

우리는 앞서 1장의 4절에서 전자기파를 소개할 때 위와 똑같은 파동방정식을 다룬 적이 있다.

전자기파의 경우와 마찬가지로 위 파동방정식은 시간에 따라 빛의 속력 c로 전파되어 나가는 '파동' $h_{\mu\nu}$ (이 파동을 '중력파'라고 부른다)를 기술하고 있다. 이때 기본적으로 $h_{\mu\nu}$는 다음과 같은 형태로 표현된다.[115)]

$$h_{\mu\nu}(x_0,\, x_1,\, x_2,\, x_3)=C_{\mu\nu}\cos(\vec{k}\cdot\vec{r}-\omega x_0)\quad (\vec{r}=(x_1,x_2,x_3),\ \mu,\ \nu=0,\ \cdots,\ 3)$$

여기서 전자기파의 경우는 전기장과 자기장의 진동이 진공 중에 전파되어가는 데 비해, 중력파의 경우는 시공간의 거리구조, 즉, '시공간 자체'의 진동이 전파되어 나간다는 것이 중요한 차이점이라고 할 수 있다.[116)]

만일 이와 같은 시공간의 진동인 중력파가 지나가면 그 곳에 있는 물체들에게는 어떤 일이 벌어질까? 자세한 분석과정은 생략하고 여기서는 결과만 다음과 같이 소개하도록 하자.

편의상, 만일 중력파가 x_3축 방향으로 지나가고 이와 수직인 x_2x_3 평면상에 원형(중력파가 지나가기 전의 형태)으로 물체들이 배열되어 있다고 해보자. 이때 중력파가 진행함에 따라 물체들은 기본적으로 아래 [그림 3-67]의 (a), (b)와 같은 두 가지 방식으로 진동을 하게 된다.

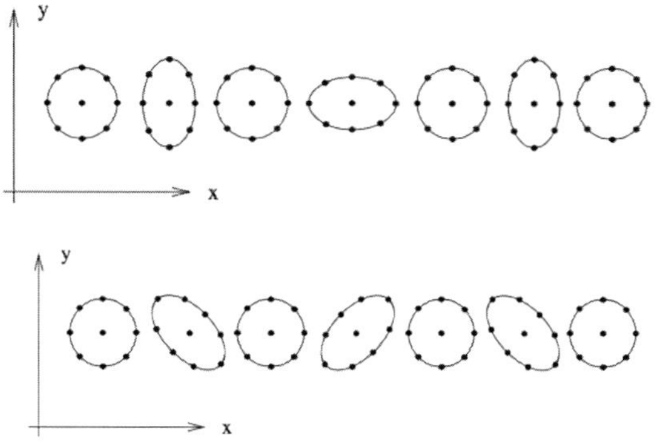

그림 3-67

115) 일반해로서 $h_{\mu\nu}$는 $h_{\mu\nu}(x_0,\vec{x})=\mathrm{Re}\int d^3\vec{k}\,C_{\mu\nu}(\vec{k})e^{i(\vec{k}\cdot\vec{x}-\omega x_0)}$의 형태가 된다.

116) 적당히 선택된 좌표계에서 이 중력파는 '시간'의 진동을 포함하지 않고 오직 '공간'만이 기본적으로 두 가지 방식으로 진동하는 것으로 표현된다. ([Carroll] pp.296~297 참조)

위 그림은 사실 이해를 돕기 위해 다소 과장되게 그려진 측면이 있는데, 실제의 경우 중력파에 의한 공간의 길이 변형은 대단히 미미한 수준으로서 그 변화를 측정하는 것은 지극히 어려운 기술에 속한다.

중력파가 존재한다는 증거를 간접적으로 처음 발견한 사람은 미국의 천체물리학자 조지프 테일러 박사와 러셀 헐스 박사로서, 이들은 1974년 두 펄사[117)]가 서로에 대해 공전하는 '쌍성 펄서'라는 새로운 유형의 천체를 발견하였다. 이후 관측 결과 두 펄서가 점점 가까워진다는 사실을 알아냈고, 그 원인이 아인슈타인의 일반상대성이론에 따라 쌍성 펄서의 공전에 따른 중력파의 방출로 인해 궤도 에너지를 잃기 때문이라고 결론을 내렸다. 이는 질량을 가진 물체가 움직일 때 나오는 중력파의 존재를 간접적으로 증명한 것이었으며 이 공로로 이들은 1993년에 노벨물리학상을 받았다.

그러나 중력파의 직접적인 증거는 그 후로도 오랫동안 미해결로 남아있었는데 한참 후인 2016년에 이르러서야 마침내 중력파 신호를 직접 검출하는 실험에 성공하게 되었다.

이 실험의 기본적인 원리는 수직방향으로 갈라진 두 빛이 중력파의 영향으로 서로 달라진 길이의 경로를 왕복한 후 다시 만나면 위상차에 의한 간섭현상을 일으킨다는 마이클슨－몰리의 간섭계와 같은 것이었다.

미국 과학재단 (NSF)의 지원을 받아 이 실험을 주관한 '레이저 간섭계 중력파 관측소'(LIGO)에서는 2015년 9월에 검출한 중력파 신호를 분석한 결과, 이 중력파가 각각 태양 질량보다 29배와 36배 큰 질량을 갖는 두 블랙홀의 충돌과정에서 태양 질량의 약 3배에 해당하는 질량이 순간적으로 중력파 에너지로 전환되어 방출되었으며 이것이 13억 년 전에 발생했다는 것을 알아냈다.

전파 망원경을 통해 우주의 모습과 기원을 관측하고 연구하는 기존의 '전파 천문학'이 갖고 있는 한계를 넘어, 약 100경 분의 1m의 길이변화까지 측정하는 라이고(LIGO)의 중력파 측정능력을 통한 중력파 망원경은 우주를 보다 깊고 멀리 바라볼 수 있는 새로운 눈을 제공하여 '중력파 천문학'의 시대를 열었다는 점에서 2016년 2월 중력파 검출 성공이 공식 발표된 것은 금세기의 위대한 과학적 사건 중 하나로 기록될 만하다고 할 수 있다.

이로써 아인슈타인이 1915년 예견한 중력파의 존재가 101년 만에 검증되었고, 앞서 다루었던 세 가지 실험적 예측(중력에 의한 시간지연 등)을 포함하여 아인슈타인이 자신의 이론을 검증하기 위해 제시한 네 가지 실험적 예측은 모두 사실로 밝혀지게 되었다.

---

117) 무거운 별이 수명을 다한 후 '초신성' 폭발을 일으키고 나면 지름이 10～20 ㎞이고 질량이 태양의 1.4～2.1배 정도 되는 소위 '중성자별'이 되는 경우가 있다. 펄서(pulsar)는 빠르게 자전하는 중성자별을 말하는데 펄서의 자기장 축이 자전축을 따라 회전하면서 지구를 향할 때 마다 강한 빛을 뿜어내어 지구에서 관측하면 등대처럼 깜빡이는 것으로 보인다.

참고문헌

S.M. Carroll, Spacetime and Geometry, Addison－Wesley, 2004

R. Feynman, R. Leighton, M. Sands, The Feynman Lectures on physics, vol.1, Addison－Wesley, 1963

S. Gallot, D. Hulin, J. Lafontaine, Riemannian Geometry, Springer－Verlag, 1987.

J. Hartle, Gravity, Addison－Wesley, 2003.

C. Misner, K. Thorne, J. Wheeler, Gravitation, Freeman, 1973.

B. O'neil 1, Elementary Differential Geometry, 2nd Ed., Elsevier, 1997

B. O'neil 2, Semi－Riemannian Geometry, Academic Press, 1983.

E. Taylor, J. Wheeler, Exploring Black Holes, Addison－Wesley Longman, Inc., 2000.

S. Weinberg, Gravitatin and Cosmology, John Wiley & Sons, Inc., 1972.

김응태, 박승안, 선형대수학(제4판), 경문사, 2007

이일해, 선형대수학(개정판), 희중당, 1990

제 3 장 연습문제

1. 제 1.1절의 예 ③에서 함수 X가 선형관계식 $x'' = ax + by$, $y'' = cx + dy$을 만족함을 보여라.

2. 제 1.2절 ②에서 두 접벡터

$$v_P = \sum_{i=1}^{2} a_i \frac{\partial}{\partial x_i}\bigg|_P = \sum_{i=1}^{2} a'_i \frac{\partial}{\partial y_i}\bigg|_P, \quad w_P = \sum_{i=1}^{2} b_i \frac{\partial}{\partial x_i}\bigg|_P = \sum_{i=1}^{2} b'_i \frac{\partial}{\partial y_i}\bigg|_P$$

사이의 내적 $\langle v_P, w_P \rangle_g$에 대해 다음이 성립함을 보여라.

$$\langle v, w \rangle_g = \sum_{i,j=1}^{2} g_{ij} a_i b_j = \sum_{i,j=1}^{2} g'_{ij} a'_i b'_j = \langle v, w \rangle_{g'} \text{ (}P\text{는 생략)}$$

3. 식 (1.6)에 대해, $D_{\vec{v}} W = \frac{d}{dt}\Big|_{t=0} W(\gamma(t))$가 성립함을 보여라. (단, $\gamma(0) = p$, $\gamma'(0) = \vec{v}$)

4. 유클리드 공간 $(\mathbb{R}^3, (x, y, z), \langle , \rangle_0)$에서 식 (1.6)으로 정의된 공미분에 대해 성질 ⓪~⑤가 성립함을 보여라.

5. 구면 위의 대원을 따라 일정한 속력으로 움직이는 곡선 $\alpha(t)$ 에 대하여 $D_{\alpha'(t)}\alpha'$ 는 항상 구면의 중심방향임을 보여라.

6. 식 (2.3)이 성립함을 보여라.

7. (비퇴화(non－degenerate) 쌍선형 사상)

벡터 공간 V와 대칭인 쌍선형 사상 $b: V \times V \to \mathbb{R}$이 주어졌을 때, 다음이 성립하면 b를 '비퇴화 사상'이라고 부른다.

'모든 $w \in V$에 대해 $b(v, w) = 0$이면 $v = 0$이다.'

이때 다음에 답하여라.

① 벡터 v에 대해 $l_v(w) := b(v, w)$ 로 정의하면 함수 $F: V \to V^*$, $F(v) = l_v$는 동형 사상(isomorphism)임을 보여라. (단, $\{V^* = f: V \to lR \mid f$ 는 선형함수$\}$)

② b가 비퇴화인 것은 벡터공간 V의 임의의 한 기저 $\{e_i\}$에 대해 행렬 (b_{ij}) (단, $b_{ij} = b(e_i, e_j)$)가 가역인 것과 필요충분관계임을 보여라.

③ 국소적 관성계를 이용하여 로렌츠 내적 $\langle , \rangle: T_PM \times T_PM \to \mathbb{R}$은 비퇴화임을 보여라.

④ 위 ②를 이용하여 로렌츠 내적을 표현하는 행렬 $(g_{\mu\nu})$는 가역임을 보여라.

8. $D_{\alpha'(t)}\alpha' = 0$를 만족하는 측지선은 항상 속력이 일정함을 보여라.

9. 구형인 천체의 중심으로부터 충분히 멀리 떨어져 중력의 영향을 거의 무시할 수 있는 거리에 정지해 있는 사람을 A라 하고, 천체의 중심으로부터 r만큼 떨어져 중력의 영향을 받는 곳에 정지해 있는 사람을 B라고 하자.
슈바르츠 쉴트 시공간의 거리구조에 따르면, A의 입장에서 1초가 경과하는 동안 B의 입장에서 경과한 시간을 y라고 할 때 다음의 관계식이 성립한다.

$$y = \sqrt{1 - k/r}$$

(단, 상수 k는 $2GM/c^2$ 이고 이때 $G = 6.673 \times 10^{-11}\,\mathrm{m^3 kg^{-1} s^{-2}}$은 만유인력 상수, M은 천체의 질량, $c = 3 \times 10^8$ m/s는 빛의 속력을 나타낸다)

위 식을 이용하여 천체의 중심으로부터 r_1, r_2만큼 떨어져 중력의 영향을 받는 두 위치에서의 시간의 흐름이 얼마나 다른지 비교해 보아라.

제4장

양자 역학

1절 파동과 간섭

2절 빛의 이중성

3절 물질의 이중성

4절 불확정성의 원리

5절 슈뢰딩거 방정식

제4장 1절

파동과 간섭

고전적인 뉴턴 역학이 주어진 질량을 가지며 공간 상의 한정된 영역을 차지하고 있는 입자의 위치가 시간에 따라 어떻게 변해 나가는지를 주로 다루는 데 비해, 양자 역학은 입자의 운동은 물론 입자의 존재 방식 자체를 일종의 파동현상으로 보고 이를 파동역학으로 기술하고 있다. 따라서 양자 역학을 이해하는 데 있어 파동(wave)에 대한 기본적인 개념과 성질을 살펴보는 것이 필요하다.

이 절에서는 파동현상과 관련한 기본적인 용어들을 소개하고, 입자의 운동과 비교할 때 파동현상의 가장 두드러진 특징이라 할 수 있는 간섭현상에 대해 간단히 고찰해보도록 하자.

1.1 파동

파동이란 무엇이고 어떻게 만들어지는 것일까?

그림 4-1

[그림 4-1]에서처럼 기다란 줄의 한쪽 끝에서 줄을 잡고 있는 사람이 아래위로 줄을 흔들면 그림과 같이 줄의 출렁거림이 오른쪽으로 전파되어 가는 것을 알 수 있다.

이때 오른쪽으로 전파되어 가는 줄의 출렁거림은 물리적으로 어떻게 기술해야 할까?

자세히 살펴보면 각 위치에서 줄은 그저 상하운동만을 반복할 뿐 '줄 자체'는 오른쪽으로 움직여 나가는 것이 아님을 알 수 있다. 단지 줄을 흔드는 사람의 손에서 시작된 일종의 에너지가 줄을 통해서 전파되어 나가는 것이다. 이것은 잔잔한 수면에 작은 조약돌을 던졌을 때에도 마찬가지로 얘기할 수 있다. 즉, 조약돌이 가진 운동에너지가 수면을 통해 사방으로 전파되어나가는 것이 우리가 관찰하는 물결의 출렁거림인 것이다.

이처럼 공간 상의 한 위치(즉, 파원(波原))에서 발생한 에너지가 특정한 물질을 통해 전파되어 나가는 것을 '**역학적 파동**(mechanical wave)'이라고 부르고 이때 에너지를 전달하는 이 특정한 물질을 '**매질**(medium)'이라고 부른다. 예를 들어 위에서의 줄이나 물은 모두 매질에 해당하고 공기 분자들을 통해 에너지가 전파되는 파동현상인 '소리(음파)'의 경우 공기 분자들이 매질이 된다고 할 수 있다. 한편 제 2장에서 살펴본 전자기파와 같은 경우는 매질이 없는 진공 중에서도 에너지가 전파되는 현상이므로 이런 파동은 특별히 '**전자기적 파동**(electromagnetic wave)'이라고 하여 역학적 파동과는 구별하기도 한다.

이와 같은 파동은 그 파동의 형태인 파형(波形)에 따라 여러 가지일 수 있으나, 그 중 가장 기본이 되는 파형의 파동은 [그림 4-2]와 같이 형성되는 '사인파(sine wave)'라고 할 수 있다. 그림에서 보는 바와 같이 x축 상의 각 위치에서 매질은 주기적으로 상하로 진동하고 있고 ($a_1 \sim a_4$), 파형은 사인 함수의 형태를 유지한 채 오른쪽으로 진행하고 있다.

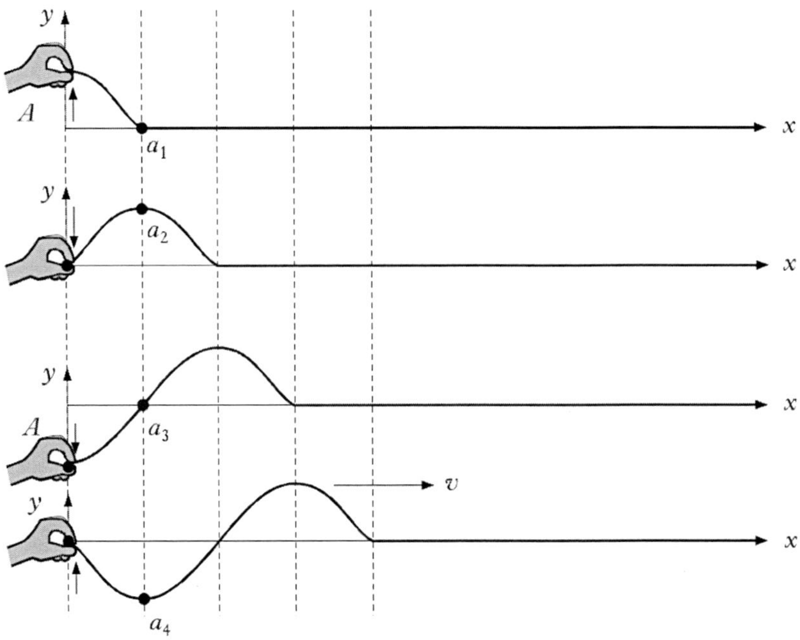

그림 4-2

이제 이 사인파를 다음과 같이 분석해보기로 하자.

만일 파원($x=0$)에서 매질의 진동이 상하로 $(-A, +A)$ 사이를 $y = A\sin\omega t$ (t는 시

각)에 따라 진동하고 있다면, 이 진동이 한 번 일어나는 데 걸리는 시간인 주기 T는 $\frac{2\pi}{\omega}$라고 할 수 있다. 이때 $\omega = \frac{2\pi}{T}$가 되는데 이를 '**주파수**'라고 한다.118)

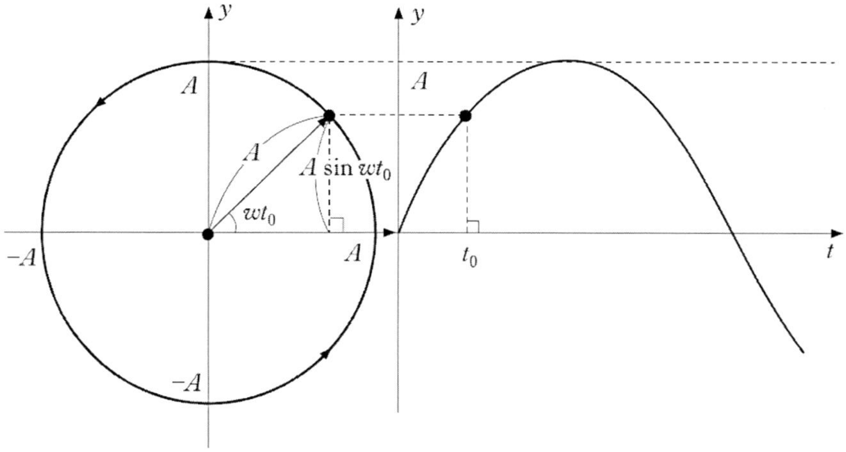

그림 4-3

이 주파수의 의미는 [그림 4-3]과 같이 매질의 상하 운동을 각속도 $\omega\left(=\frac{d\theta}{dt}\right)$로 움직이는 등속 원운동으로 이해함으로써 분명해진다. 또한 매질의 상하 진동 폭인 A를 '**진폭**'이라고 부른다.

이제 이러한 파원에서의 매질의 상하운동이 오른쪽으로 진행되어 간다고 하고 그 진행속도를 v라고 하자. 이것은 임의의 위치 $x > 0$에서 상하운동을 하는 매질의 시각 t초일 때의 위치가 x/v초 전의 파원($x = 0$)에서의 매질의 위치와 같다는 것을 의미한다.

따라서 임의의 위치 x에서의 시각 t초일 때의 매질의 위치는 다음과 같이 나타난다.

$$y = A \sin \omega (t - x/v)$$

결과적으로 고정된 시각 t에서의 파동의 진행 모습을 (x, y)좌표로 나타내면 [그림 4-4]와 같이 사인 함수의 모습이 된다는 것을 확인할 수 있다. 이때 이 사인파가 한 주기 T초 동안 진행한 거리를 '파장'이라고 하는데 [그림 4-4]의 λ에 해당한다.

118) 참고로 단위 시간 동안 진동이 일어나는 횟수인 $\nu = \frac{1}{T}$을 '진동수'라고 부른다. 따라서 $\omega = 2\pi\nu$이다.

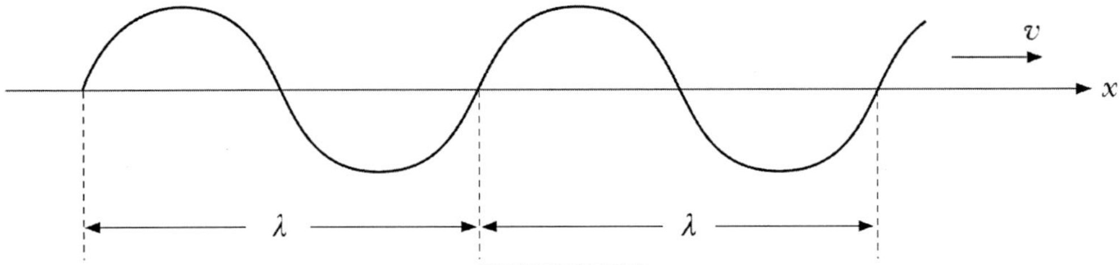

그림 4-4

우리는 이 파동이 v의 속도로 이동한다는 것을 알고 있으므로 이로부터 $v = \lambda / T = (\lambda\omega)/(2\pi)$임을 알 수 있다. 따라서 이를 위 식에 대입하면 다음을 얻는다.

$$y = A \sin\left(\omega t - \frac{2\pi}{\lambda} x\right) = A \sin 2\pi\left(\frac{t}{T} - \frac{x}{\lambda}\right) \tag{1.1}$$

이 식에서 x를 고정하면 위치 x에서의 매질의 진동이 시간에 따라 변해가는 모습을 읽을 수 있고, 반면에 시각 t를 고정하면 주어진 시각 t일 때 x축을 따라 진행하는 파동의 순간적 모습, 즉 파형을 읽을 수 있음에 유의하자.

만일 파동이 오른쪽이 아니라 왼쪽으로 진행하고 있다면 위 식 (1.1)에서 x 대신 $-x$를 대입하여 다음과 같이 표현해야 함을 쉽게 알 수 있다.

$$y = A \sin\left(\omega t + \frac{2\pi}{\lambda} x\right) = A \sin 2\pi\left(\frac{t}{T} + \frac{x}{\lambda}\right)$$

1.2 파동의 간섭

만일 서로 다른 사인파인 $y_1 = A_1 \sin 2\pi\left(\frac{t}{T_1} - \frac{x}{\lambda_1}\right)$과 $y_2 = A_2 \sin 2\pi\left(\frac{t}{T_2} + \frac{x}{\lambda_2}\right)$가 서로 한 위치에서 만나게 되면 어떤 일이 벌어질까?

가령, [그림 4-5]에서처럼 서로 반대 방향으로 진행하는 두 개의 파동이 만나 합성파 y_3가 만들어지면 각 위치 x에서의 합성파 y_3는 어떻게 표현될까?

이 경우 우리는 소위 '중첩의 원리'를 적용하여 y_3를 표현할 수 있다. 즉, 중첩의 원리에 따르면 서로 다른 두 개의 파동 y_1, y_2가 겹쳐져 새로운 합성 파동인 y_3가 만들어지면 $y_3 = y_1 + y_2$로서 합성파를 표현할 수 있다.[119)]

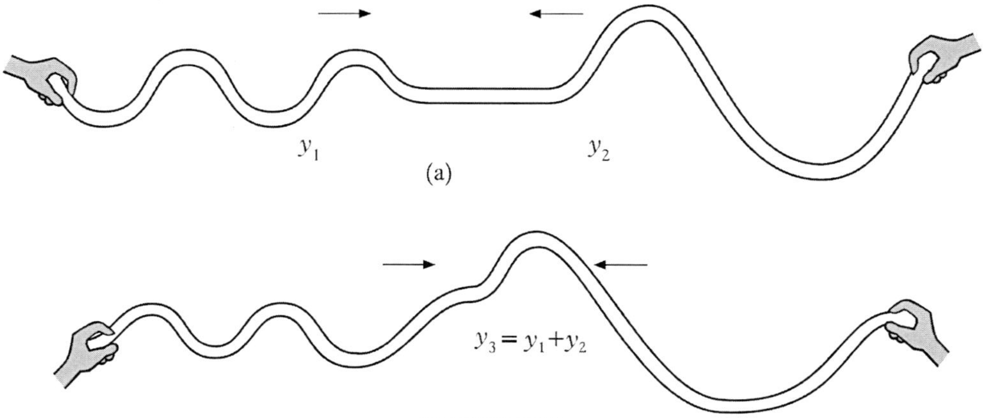

그림 4-5

따라서 위의 경우 우리가 구하는 합성파 y_3는 다음과 같이 표현할 수 있다.

$$y_3 = A_1 \sin 2\pi\left(\frac{t}{T_1} - \frac{x}{\lambda_1}\right) + A_2 \sin 2\pi\left(\frac{t}{T_2} + \frac{x}{\lambda_2}\right) \tag{1.2}$$

만일 특별히 $A_1 = A_2$이고 $T_1 = T_2$ (즉 $\omega_1 = \omega_2 (=: \omega)$)인 경우 식 (1.2)는 다음과 같이 다시 쓸 수 있다.

$$y_3 = A \sin\left(\omega t - \frac{2\pi}{\lambda_1}x\right) + A \sin\left(\omega t + \frac{2\pi}{\lambda_2}x\right) \tag{1.3}$$

여기서 $-\frac{2\pi}{\lambda_1}x = \phi_1$, $\frac{2\pi}{\lambda_2}x = \phi_2$로 두고 삼각함수 공식을 이용하면[120)] 식 (1.3)은 다음과 같이 쓸 수 있다.

$$\begin{aligned} y_3 &= A\sin(\omega t + \phi_1) + A\sin(\omega t + \phi_2) \\ &= 2A\cos\left(\frac{\phi_1 - \phi_2}{2}\right)\sin\left(\omega t + \frac{\phi_1 + \phi_2}{2}\right) \end{aligned} \tag{1.4}$$

---

119) 수학적으로 이 중첩의 원리는 파동함수가 만족하는 편미분방정식인 파동방정식의 선형성에 기인한 것이다.
120) $\sin A + \sin B = 2\sin((A+B)/2)\cos((A-B)/2)$을 이용한다.

결과적으로 위치 x에서의 합성파 y_3는 진폭이 $2A\cos\left(\frac{\phi_1-\phi_2}{2}\right)$이고 주파수 ω인 진동을 하고 있다고 말할 수 있다.

따라서 $\phi_1-\phi_2=2n\pi$(n은 정수)인 경우는 합성파의 진폭이 $\pm 2A$이 되고, 이 경우를 '보강 간섭(constructive interference)이 일어났다'라고 부른다.[121] 반면에, $\phi_1-\phi_2=(2n+1)\pi$ (n은 정수)인 경우는 합성파의 진폭이 0이 되고, 이 경우 '상쇄 간섭(destructive interference)이 일어났다'라고 부른다.

이제 이상과 같은 논의를 약간 다른 방법으로 설명해보자.

우리는 앞서 1.1절에서 $y=A\sin\omega t$을 따라 상하 진동하는 매질의 운동과 각속도 ω로 등속원운동하는 물체의 운동을 동일시 할 수 있음을 언급한 적이 있다[그림 4-3 참조]. 만일 이러한 등속원운동을 [그림 4-3]에서처럼 (x, y) 평면에 $(A\cos\omega t, A\sin\omega t)$로 표현한다면 다시 이것을 복소평면 $\{x+iy \mid x\in\mathbb{R}, y\in\mathbb{R}\}$ 상의 $\Psi=(A\cos\omega t)+i(A\sin\omega t)$와 동일시 할 수 있다. 이와 같은 표기법을 이용하면 위 식 (1.4)에서 등장한 $y_1=A\sin(\omega t+\phi_1)$과 $y_2=A\sin(\omega t+\phi_2)$을 각각에 대응하는 복소수 $\Psi_1=A(\cos(\omega t+\phi_1)+i\sin(\omega t+\phi_1))$, $\Psi_2=A(\cos(\omega t+\phi_2)+i\sin(\omega t+\phi_2))$의 허수부인 $Im\Psi_1$, $Im\Psi_2$로 이해할 수 있다.

따라서 $y_3=A\sin(\omega t+\phi_1)+A\sin(\omega t+\phi_2)$은 두 복소수의 합 $\Psi_1+\Psi_2$의 허수부인 $Im(\Psi_1+\Psi_2)$가 되는데[그림 4-6 참조], [그림 4-6] 상에서 간단한 계산을 통해 $|\Psi_1+\Psi_2|$가 $2A\cos\left(\frac{\phi_1-\phi_2}{2}\right)$이 되고 $\Psi_1+\Psi_2$의 편각이 $\omega t+\frac{\phi_2+\phi_1}{2}$임을 확인할 수 있고(연습문제 1), 이로부터 식 (1.4)와 동일한 결과를 얻을 수 있음을 알 수 있다. 즉,

$$\begin{aligned} y_3 &= Im(\Psi_1+\Psi_2) \\ &= 2A\cos\left(\frac{\phi_1-\phi_2}{2}\right)\sin\left(\omega t+\frac{\phi_1+\phi_2}{2}\right) \end{aligned}$$

이다.

또한 [그림 4-6] 상에서 Ψ_1, Ψ_2가 각각 일정한 각속도 ω로 반지름 A인 원 둘레를 등속도로 돌고 있는 한편, $\Psi_1+\Psi_2$는 같은 각속도 ω로 반지름 $2A\cos\left(\frac{\phi_1-\phi_2}{2}\right)$인 원둘레를 등속원 운동함을 볼 수 있다.

---

121) 파동의 진동을 나타내는 $y=A\sin(\omega t+\phi)$에서 ϕ를 보통 '위상(phase)'이라고 부른다. 또한 두 파동 $A\sin(\omega t+\phi_i)$ $(i=1, 2)$에 대하여, $\phi_1-\phi_2$를 '위상차(phase difference)'라고 부른다.

이러한 관점은 서로 다른 두 파동의 합성에 대한 문제를 평면 상의 두 벡터의 합성에 대한 문제로 전환하여 보다 시각적인 직관을 얻게 하는 장점이 있을 뿐만 아니라 많은 경우 계산의 효율성을 가져다주기도 한다.

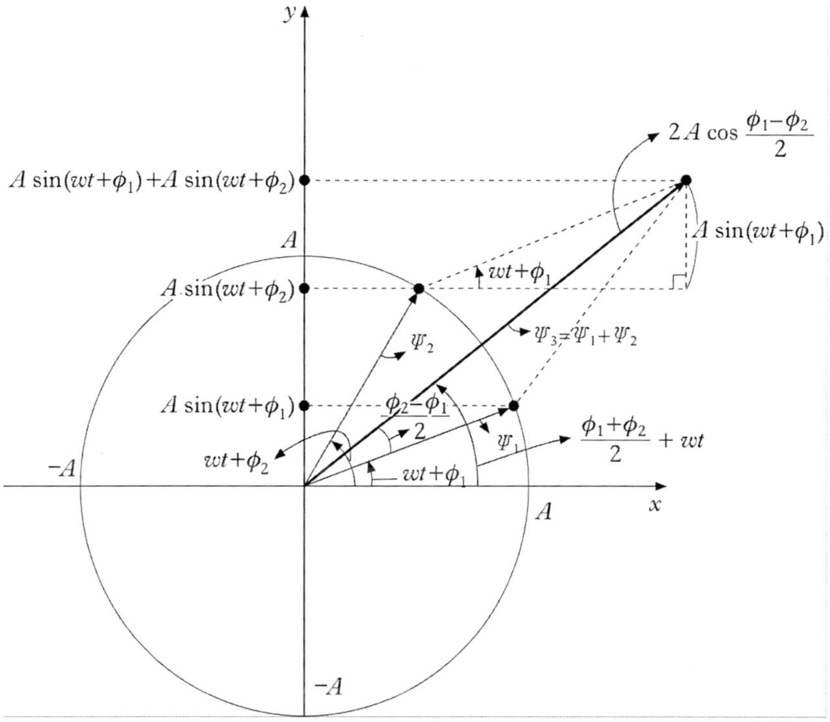

그림 4-6

제4장 2절

빛의 이중성

빛이 특정한 입자들의 흐름인지, 아니면 매질을 통한 일종의 파동현상으로 이해해야 하는지에 대해서는 오랫동안 논쟁이 있어 왔다.

일찍이 뉴턴은 빛의 직진성과 반사법칙 등을 설명하기 위해 빛의 입자설을 주장하였지만, 후크(R. Hooke)나 호이겐스(C. Huygens) 등은 빛의 굴절 현상을 설명하면서 빛의 파동성을 옹호하였다. 그러나 당시에는 뉴턴의 명성과 권위에 눌려 빛의 파동설은 크게 받아들여지지 않고 있었다. 그 후 1801년 영(T. Young)의 유명한 이중간섭 실험에 의해 빛의 파동성이 실험으로 확인되었으며, 19세기 초 프랑스의 물리학자 프레즈넬(A. Fresnel, 1788－1827)에 의해 빛의 간섭과 회절에 대한 광범위한 실험이 이루어졌고, 이를 통해 파동설에 대한 이론적 기반도 다져지게 되었다.

결정적으로, 1860년대에 이르러 맥스웰(J. Maxwell)의 전자기파 이론이 완성되면서 빛은 곧 전자기파라는 파동현상으로 이해해야 한다는 것이 밝혀져 당시까지 알려진 빛에 관한 모든 실험결과들을 전자기파의 입장에서 성공적으로 설명할 수 있게 되었으며 이로써 빛의 입자설과 파동설의 오랜 논쟁은 종지부를 찍는 듯 했다.

그러나 20세기에 들어서 다시 광전효과와 콤프턴 효과가 알려지면서 빛의 입자설이 실험적 근거를 확보하게 되었으며, 이로써 빛은 입자성이나 파동성 어느 하나만으로는 설명할 수 없는 **이중성**(duality)을 갖고 있음을 알게 되었다. 이것은 빛이 어떤 경우에는 입자처럼 행동하고 어떤 경우에는 파동처럼 행동한다는 것을 의미하는데,[122] 이처럼 우리의 직관과 상식에 맞지 않는 현상적 결과들은 곧 대상을 입자 혹은 파동 중 하나로 파악하여 자연을 이해하는 우리의 사고체계에 근원적인 문제가 있음을 시사하는 것으로 볼 수 있다. 이러한 문제를 고전역학의 범주에서는 결코 해결할 수 없으며, 물질에 대한 새로운 이해 방식인 '물질파'와 '파동 다발[123](wave packet)'의 개념을 도입한 양자역학에 의해 비로소 이러한 이중성을 이론적으로 설명할 수 있는 기반이 마련되었다.

122) 양자역학에 의하면, 빛의 입자성과 파동성을 동시에 관찰할 수 있는 방법은 없다.

123) 이러한 개념들을 '양자장 이론'에서는 '물질장(matter field)'이라고 부른다. 특수상대성이론을 고려한 양자역학 이론인 양자장론에 의하면 우주를 구성하는 물리적 실체는 물질장, 힘장(force field=gauge field), 중력장(gravitational field)으로 나눌 수 있다.

이 절에서는 빛의 파동성의 실험적 근거가 되는 영의 실험과 입자설의 실험적 근거가 되는 광전효과 및 콤프턴 효과 등을 소개함으로써, 다음 절에 소개되는 물질의 이중성에 대한 개연성을 제공해보도록 하자.

2.1 영의 실험

먼저 [그림 4-7]과 같이, 파장이 λ인 빛을 발하는 광원 S의 앞에 두 개의 막 M_1, M_2을 설치하되 앞쪽에 있는 막인 M_1에는 그림과 같이 두 개의 홈 S_1, S_2가 파져 있어서 빛이 통과할 수 있도록 하자(단, 이 두 개의 홈은 각각 광원 S로부터 같은 거리에 위치하게 한다).

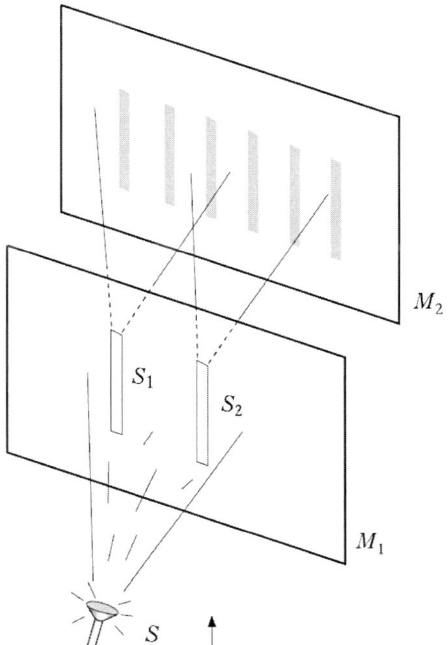

그림 4-7

이때 뒤쪽에 설치한 막 M_2에 나타나는 빛의 무늬를 살펴보면 그림과 같이 일정한 간격으로 밝고 어두운 줄무늬가 나타나는 것을 볼 수 있다.

만일, 빛이 특정한 입자들의 흐름이라면 이러한 줄무늬를 설명할 수가 없고, 오직 파동의 간섭현상으로서만 이 결과를 다음과 같이 설명할 수가 있다.

[그림 4-8]의 (a)처럼 처음에 광원 S를 출발한 빛의 파동은 막 M_1을 만나게 되고 이때, '호이겐스의 원리'에 의해 두 홈인 S_1, S_2은 각각 새로운 광원의 역할을 하게 된다. 뿐만 아니라, 각각의 홈은 광원 S로부터 같은 거리에 떨어져 있었으므로 이 두 홈을 출발하는 각각의 빛의 파동은 초기조건이 정확히 일치한다(즉, 진폭, 주파수, 위상 등이 모두 일치한다).

이제 [그림 4-8]의 (b)와 같이 막 M_2 상의 위치 p에서 이 두 개의 파동이 어떻게 만나는지를 알아보기 위해서는 1.2절에서와 같이 두 파동의 합성을 이용하면 될 것이다. 먼저 위치 p에서 각각의 빛의 파동, 즉 전자기파의 진동을 나타내는 식을 $y_1 = A\sin(\omega t + \phi_1)$, $y_2 = A\sin(\omega t + \phi_2)$으로 나타내면 $\phi_1 = -\frac{2\pi}{\lambda}x_1$, $\phi_2 = -\frac{2\pi}{\lambda}x_2$이 될 것이다(1.2절 참조).

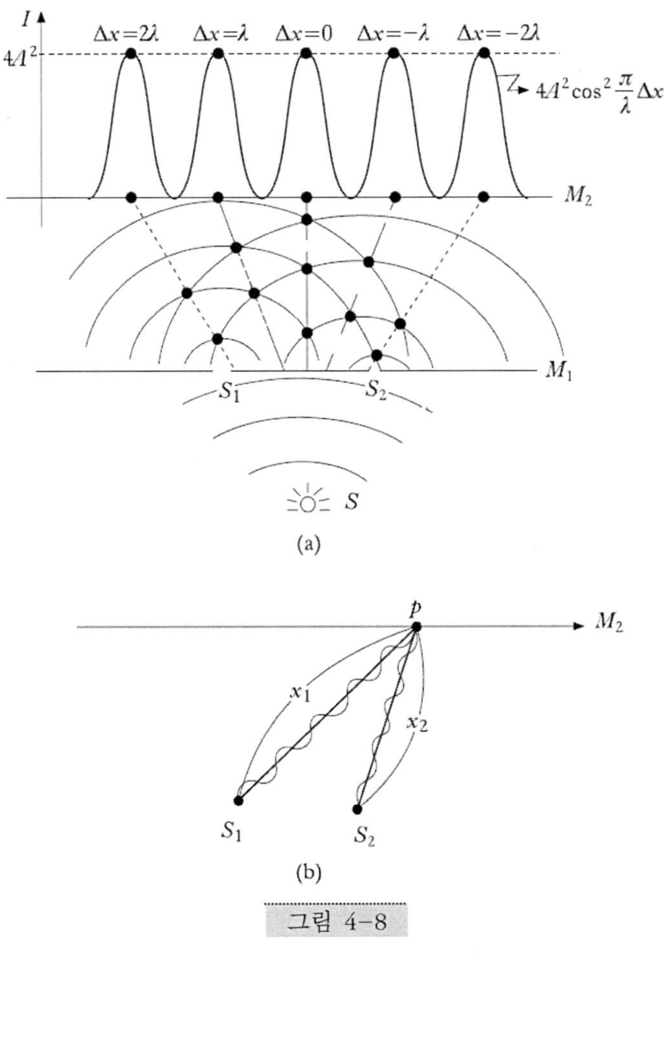

그림 4-8

따라서 $\phi_1 - \phi_2 = \frac{2\pi}{\lambda}(x_2 - x_1)$이고 1.2절의 논의에 따르면, 합성파 $y_1 + y_2$의 진폭은 $2A\cos\left(\frac{\phi_1 - \phi_2}{2}\right) = 2A\cos\left(\frac{\pi}{\lambda}\Delta x\right)$ (단, $\Delta x := x_2 - x_1$)이 된다. 특히, $\Delta x = n\lambda$ (n은 정수)이면 보강 간섭이 일어나서 진폭이 두 배가 되고, $\Delta x = \left(n + \frac{1}{2}\right)\lambda$ (n은 정수)일 때 상쇄간섭이 일어나서 진폭이 0이 된다.

그런데 전자기파를 포함한 일반적인 파동이론에서 잘 알려진 사실 중에 하나가, 파동이 전파될 때 그 파동에 의해 전달되는 에너지의 강도(intensity)[124)]는 진폭의 제곱에 비례한다는 것이다(쉽게 말해서, 파도의 높이가 두 배가 되면 그 파도에 실린 에너지는 네 배가 된다는 것이다).

따라서 Δx에 따른 빛의 강도를 I라 하면 $I = 4A^2\cos^2\left(\frac{\pi}{\lambda}\Delta x\right)$가 됨[125)]을 알 수 있다 [그림 4-8(a) 참조].

특별히, 보강 간섭이 일어나는 곳에서는 빛의 강도가 4배가 되어 밝게 나타나고 상쇄간섭이 일어나는 곳은 진폭이 0이므로 빛의 강도도 0이 되어 어둡게 나타나는 것이다.

앞서 1-2절에서 우리는 복소평면을 이용하여 파동의 합성을 시각적으로 쉽게 이해할 수 있음을 알았다. 만일 이러한 사실과 오일러의 공식 $e^{a+ib} = e^a(\cos b + i\sin b)$를 이용하면 파동의 강도와 관련해 더욱 간단한 표현이 가능해진다.

즉, 위치 p에서 광원 S_1에 의한 파동 y_1에 대응하는 복소수를 $\Psi_1(p,t) = Ae^{i(\omega t + \phi_1)} = Ae^{i\phi_1}e^{i\omega t} = \psi_1(p)e^{i\omega t}$ (단, $\psi_1(p) = Ae^{i\phi_1(p)} \in \mathbb{C}$)로 나타내고[126)], 마찬가지 방법으로 광원 S_2에 의한 파동 y_2에 대응하는 복소수를 $\Psi_2(p,t) = \psi_2(p)e^{i\omega t}$ (단, $\psi_2(p) = Ae^{i\phi_2(p)}$)로 나타내면 파동 y_1의 강도는 $|\Psi_1(p,t)|^2 = |\psi_1(p)|^2 = A^2$이 되고, 파동 y_2의 강도는 $|\Psi_2(p,t)|^2 = |\psi_2(p)|^2 = A^2$이 된다. 이때 합성파인 $\Psi_1 + \Psi_2 = (\psi_1 + \psi_2)e^{i\omega t}$의 진폭은 $|\Psi_1 + \Psi_2| = |\psi_1 + \psi_2|$과 된다는 것을 1.2절에서 확인하였고 따라서 합성파의 강도는 $|\Psi_1 + \Psi_2|^2 = |\psi_1 + \psi_2|^2$과 같음을 알 수 있다.

여기서 계산을 통해 $|\Psi_1 + \Psi_2|^2 = |Ae^{i\phi_1} + Ae^{i\phi_2}|^2 = 4A^2\cos^2\frac{\phi_1 - \phi_2}{2}$임을 확인할 수 있다.

124) 파동에 의한 에너지의 강도(intensity)는 엄밀하게, 단위 시간 동안 파동의 진행 방향에 수직인 단위 면적을 통과한 에너지의 양으로 정의한다.

125) 우리의 논의에서 비례상수는 중요하지 않으므로 생략하기로 한다.

126) $\phi_1 = -\frac{2\pi}{\lambda}x_1$이고 $x_1 = x_1(p)$로 쓸 수 있으므로 $\phi_1 = \phi_1(p)$로 쓸 수 있다.

2.2 광전효과(光電效果, photoelectric effect)

1884년, 독일의 물리학자 헤르츠(H. R. Hertz, 1857－1894)에 의해 금속 표면에 빛을 쪼이면 금속표면으로부터 전자가 튀어나온다는 것이 처음 발견되었고[127], 이후 이 현상에 대해 많은 사람들의 연구가 이어지게 되었다. 빛을 전자기파로 간주하고 '광전효과'로 불리는 이 현상을 설명하는 것은 얼핏 보기에 그리 어려운 일은 아닌 것 같았다.

즉, [그림 4－9]와 같이 금속의 표면을 자유롭게 돌아다니는 자유전자가 전자기파인 빛을 만나게 되면, 전자기파를 이루고 있는 진동하는 전기장 $\vec{E}$ (제 1장 4절의 내용을 상기)에 따라 진동을 하게 된다. 만일 빛이 계속해서 금속표면에 쬐여지게 되면 전자기파의 에너지가 계속해서 자유전자의 진동에너지로 흡수(전이)되어 더 심한 진동이 일어나고 마침내 자유전자가 전기적 인력을 이기고 금속 표면을 탈출할 수 있는 충분한 에너지를 얻게 되면 금속 밖으로 튕겨 나올 수 있다.

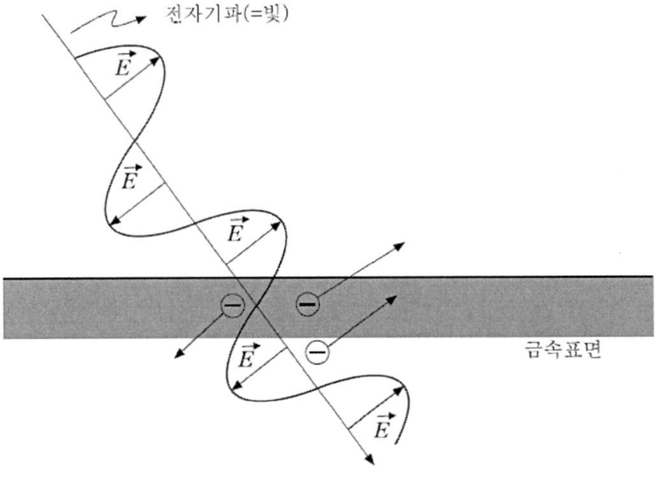

그림 4－9

광전효과에 대한 이와 같은 설명에 의하면 금속 표면에서 진동하는 전자의 진동에너지는 금속에 쪼여준 빛의 강도(intensity)[128]에 비례하고, 빛을 쪼여준 시간에 비례할 것으로 예상된다.

그러나 이러한 전자기파 이론에 입각한 광전효과에 대한 설명은 실제 실험결과와 비교해 볼 때 몇 가지 모순점을 안고 있음이 밝혀졌다.

---

127) 이러한 전자를 '광전자(photoelectron)'라고 부른다.

128) 2.1절에서 언급한 바와 같이 이 빛의 강도(intensity)는 진동하는 전기장의 진폭의 제곱에 비례한다. 즉, 전자기파의 파도가 높을수록 전자라는 배는 더 크게 요동을 치게 된다.

우선, 첫째로 위 이론에 의하면 쪼여준 빛의 파장에 관계없이 충분히 오랜 시간동안 금속표면에 빛을 쪼여주거나 빛의 강도를 강하게 하여(즉, 진폭이 큰 전자기파를 사용하여) 쪼여주면, 전자는 충분한 진동에너지를 흡수하여 금속을 탈출할 수 있어야 한다. 그러나 실제로는 특정 파장인 λ_0보다 긴 파장의 빛인 경우, 아무리 오랜 시간동안 강하게 빛을 쪼여 주어도 전자는 튀어나오지 않는데 반해, λ_0보다 짧은 파장의 빛을 쪼여주면, 그 빛의 강도에 관계없이(즉, 아무리 희미하고 약한 빛이라도) 그 즉시 전자가 튀어 나오는 것을 확인할 수 있다.

결과적으로, 전자가 튀어나오느냐의 여부는 쪼여준 빛의 파장에만 관계할 뿐 쪼여준 빛의 강도나 쪼여준 시간에는 무관하다는 것이다.

둘째로, 전자기파의 이론에 의하면 빛의 강도가 크면(즉 전자기파의 진폭이 크면) 그만큼 자유전자의 진동에너지도 커서 금속표면을 탈출해 나오는 광전자의 운동에너지도 클 것으로 예상되는데, 실제로는 빛의 강도는 오로지 튀어나오는 광전자의 개수에만 관여할 뿐 운동에너지는 빛의 강도와 무관한 것으로 밝혀졌다. 오히려, 금속표면을 탈출하는 광전자의 운동에너지는 쪼여준 빛의 진동수 $\nu\left(=\dfrac{c}{\lambda}\right)$에만 '선형적'으로 비례한다는 것이 실험으로 밝혀졌다.

이처럼 전자기파 이론에 의한 광전효과의 설명은 실험과는 완전히 모순되는 결과를 가져왔으며 이러한 모순은 빛을 전자기 파동으로 이해하는 데에 문제가 있음을 시사하게 되었다.

1905년, 아인슈타인은 빛의 입자설을 부활시키면서 광전효과를 성공적으로 설명하게 되었는데 이후 1921년에 그 공로로 노벨 물리학상을 받게 되었다.

광전효과를 설명하기 위한 아인슈타인의 아이디어의 핵심은 빛을 [그림 4-9]에서와 같은 '연속적인' 전자기 파동의 흐름으로 보기보다는 [그림 4-10]에서와 같이 '띄엄띄엄' 덩어리져 있는 일련의 파동다발(wave packet)[129)]들의 흐름으로 보았다는 것이다.

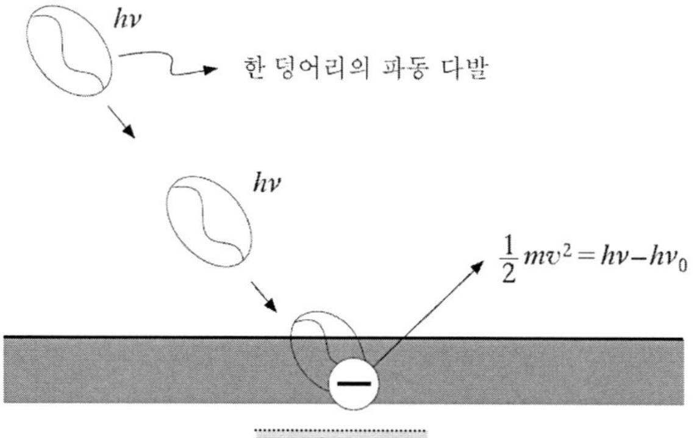

그림 4-10

129) '파동다발'의 보다 엄밀한 의미는 3.2절의 내용을 참고할 것.

아인슈타인의 설명에 의하면 이러한 파동다발 한 덩어리가 갖고 있는 에너지는 $h\nu$ 로서 모두 똑같다(단, 여기서 h는 플랑크 상수로서, $6.625\times10^{-34}J\cdot s$의 값을 가지고 ν는 그 빛의 진동수에 해당한다).

일찍이 독일의 플랑크(M. Plank, 1858-1947)는 1900년에 흑체에 의해 복사된 빛의 파장별 강도(intensity) 분포에 대한 실험결과와 당시의 이론 사이의 불일치를 해결하기 위해 진동수 ν인 빛의 에너지는 $h\nu$의 정수배에 해당하는 값만을 가진다는 소위 '플랑크의 양자 가설'을 제안했었는데, 그 당시에는 이러한 양자가설이 단지 실험결과를 이론적으로 설명하기 위한 수학적 장치의 일환으로만 여겨졌으며, 실제 물리적인 의미를 갖는 개념으로 받아들여지지는 않았다. 그러나 아인슈타인은 이러한 플랑크의 양자가설과 광전효과의 실험결과 중 광전자의 운동에너지가 쪼여준 빛의 진동수에만 선형으로 비례한다는 사실에 주목하여 빛을 연속적인 파동의 흐름이 아닌 한 덩어리, 한 덩어리로 양자화된(quantized) 파동다발로 파악해야 함을 간파한 것이다.[130)]

이제 이러한 '광양자설'을 바탕으로 광전효과를 다시 설명해보기로 하자.

우선, 특정한 파장 λ_0보다 긴 파장의 빛을 쪼여준 경우 광전자가 튀어나오지 않은 것은 이 파장에 해당하는 진동수 $\nu_0=\dfrac{c}{\lambda_0}$보다 작은 진동수 ν를 갖는 광양자의 에너지인 $h\nu$가 금속표면에 붙잡혀 있는 전자의 탈출에너지[131)]인 $h\nu_0$보다 작기 때문으로 해석할 수 있다. 즉, 이는 무거운 볼링공을 움직이기 위해 에너지가 작은 탁구공을 던지는 경우에 비유할 수 있고, 이 경우 단위 시간 동안 아무리 많은 탁구공을 던진다 해도 볼링공을 움직일 수 없듯이 빛의 강도를 아무리 강하게 해도 광전자는 튀어 나올 수 없다. 또 아무리 오랜 시간 탁구공을 던져도 볼링공은 움직이지 않듯이 빛을 오래 쪼여준다고 해서 광전자가 튀어나오는 것이 아님을 알 수 있다.

그러나 만일 전자의 탈출에너지 $h\nu_0$보다 큰 에너지인 $h\nu$를 갖는 광양자가 전자에 부딪히면 전자는 탈출에 충분한 에너지를 흡수하고 즉시 금속을 탈출할 뿐 아니라, 광양자로부터 흡수한 에너지 $h\nu$ 중에 탈출에 필요했던 에너지 $h\nu_0$를 뺀 나머지 에너지인 $h\nu-h\nu_0$에 해당하는 운동에너지 E_k를 가지고 금속으로부터 튀어나오게 되는 것이다.

이것을 식으로 표현하면 $E_k=h\nu-h\nu_0$가 되는데 이는 광전자의 운동에너지가 쪼여준 빛의 진동수에 선형적으로 비례한다는 실험결과를 잘 설명하고 있다.

또한 빛의 강도가 강하다는 것은 단위 시간 동안 금속에 전달되는 광양자의 수가 많다는

130) 이처럼 덩어리진 한 개의 파동다발을 '광양자'라고 불렀으며, 오늘날에는 '광자(photon)'라고 부른다.
131) 전자가 금속을 탈출하는데 필요한 최소한의 에너지.

것을 의미하므로 결과적으로 E_k 만큼의 운동에너지를 갖고 튀어나오는 광전자의 숫자가 많아진다는 것을 설명할 수가 있다.

이와 같이, 아인슈타인은 빛을 연속적인 전자기 파동의 흐름으로 보기보다는 덩어리진 파동다발, 즉 광양자로 간주하고 이로부터 광전효과를 성공적으로 설명하게 되었다.

2.3 콤프턴 효과

아인슈타인은 파동다발로서의 광양자를 도입하여 각각의 파동다발이 $h\nu$에 해당하는 에너지를 갖는 것으로 간주함으로써 고전적인 빛에 대한 생각을 바꾸어 놓았다.

1923년, 미국의 물리학자 콤프턴(A. H. Compton, 1892－1962)은 한층 더 나아가 각각의 광양자들이 $\frac{h}{\lambda}\left(=\frac{h\nu}{c}\right)$에 해당하는 운동량을 가진 입자처럼 행동한다는 것을 실험으로 확인하여 빛의 입자성을 더욱 확실히 보여주었다.

콤프턴의 실험은 짧은 파장 λ_0를 갖는 X선을 얇은 금속 막에 비추었을 때 금속 막에 의해 산란된 X선의 파장을 여러 각도에서 측정하여 분석한 것인데, 이 실험의 주된 핵심만을 간단히 그림으로 나타내면 [그림 4－11]과 같다.

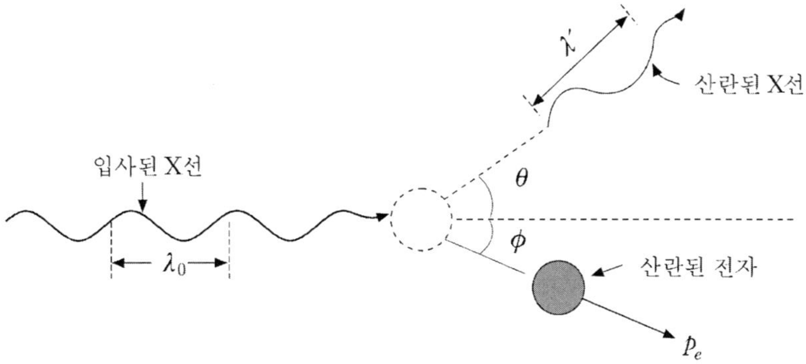

그림 4-11

그림에서 처음 금속에 비춰준 X선이 금속 안에 있는 전자에 의해 θ의 각도로 산란된 모습을 볼 수 있다. 이때 놀라운 사실은 전자에 의해 산란된 X선의 파장 λ'이 처음 파장

λ_0보다 길어졌다는 것인데 이것은 산란된 X선의 진동수 ν'이 처음 입사된 X선의 진동수 ν_0보다 작아졌음을 의미한다.

고전적인 전자기파 이론에 의하면 전자기파가 전자를 만나게 되면 에너지를 흡수한 전자가 전기장의 진동에 따라 진동을 하게 되고 이러한 전자의 진동에 의해 전기장의 진동수와 동일한 진동수를 가진 새로운 전자기파(산란된 전자기파)가 방출되는 것으로 알려져 있다. 그렇다면 이 과정에서 새롭게 방출되는 전자기파는 원래 전자기파와 동일한 진동수, 즉 동일한 파장이라야 한다. 일반적으로 파동이론에서 주어진 파동의 진동수는 파원에서 어떤 진동수의 진동이 일어나는지에 의해서만 결정되며 파동의 간섭이나 굴절, 산란 등에 의해 변하지 않는 것으로 알려져 있다.

따라서 콤프턴의 실험에서 산란된 X선의 파장이 길어졌다는 사실은 이러한 전자기파 이론으로는 설명이 불가능한 것이다. 콤프턴은 빛을 광자라는 입자로 다루어 전자라는 입자와 탄성충돌을 했을 때, 광자의 운동량이 감소하는 것으로 이 실험을 설명하였다. 이를 좀 더 구체적으로 알아보자.

우선 진동수 ν인 광자 한 개가 갖는 에너지가 $h\nu$인 것을 상기하자.

만일 광자가 입자라면 이 입자의 정지질량은 얼마일까? 우리는 특수상대성이론으로부터 v의 속도로 움직이는 입자의 상대론적 총에너지는 $\dfrac{m_0c^2}{\sqrt{1-(v/c)^2}}$임을 알고 있고($m_0$는 입자의 정지 질량) 광자의 경우 $v=c$이므로 이 에너지 값이 유한한 값인 $h\nu$가 되기 위해서는 정지질량 m_0가 0이 될 수밖에 없음을 알 수 있다.

또한 우리는 제 2장의 식 (4.3)으로부터 입자의 에너지 E와 운동량 p 사이에 다음의 관계가 성립함을 알고 있다.

$$E^2 = c^2p^2 + (m_0c^2)^2$$

여기서 $m_0 = 0$을 대입하고 $E = h\nu = h\dfrac{c}{\lambda}$를 이용하면 다음을 얻는다.

$$p = \frac{E}{c} = \frac{h}{\lambda} \tag{2.1}$$

결과적으로 파장 λ인 광자 한 개는 $h\dfrac{c}{\lambda}$의 에너지와 $\dfrac{h}{\lambda}$의 운동량을 가진 입자로 이해할 수 있다.

이제 이러한 광자와 금속 안의 전자 사이의 완전탄성 충돌을 가정하고, 충돌 전과 충돌 후의 운동량 보존과 에너지 보존을 적용하면 다음과 같은 식을 얻는다.

1) **에너지 보존**

$h_0\nu + m_e c^2 = h\nu' + \sqrt{(m_e c^2)^2 + p_e^2 c^2}$ (단, m_e는 전자의 정지 질량이고 p_e는 충돌 후 전자의 운동량이다).

2) **운동량 보존**

x 성분 : $\dfrac{h\nu_0}{c} = \dfrac{h\nu'}{c}\cos\theta + p_e\cos\phi$

y 성분 : $0 = \dfrac{h\nu'}{c}\sin\theta - p_e\sin\phi$

이제 위 식들을 연립하여 풀면 다음과 같은 결론을 얻을 수 있다.

$$\triangle\lambda = \lambda' - \lambda_0 = \frac{h}{m_e c}(1-\cos\theta)$$

이로부터 각 방향 θ에서의 산란된 X선의 파장 λ'을 예측할 수가 있는데 이것은 실제 콤프턴의 실험결과를 잘 설명해 주는 것이었다.

이로써 콤프턴 효과는 빛을 광자(photon)라는 개념으로 이해해야 한다는 사실에 더욱 확신을 심어주게 되었다.

한 가지 유의할 것은 콤프턴 효과에서와 같이 광자가 운동량을 가진 입자처럼 행동하는 것은 X선과 같은 짧은 파장의 빛에서 주로 관찰되는 현상이며, 에너지가 작은 긴 파장의 빛을 다룰 때는 이와 같은 입자적 성질보다는 고전적인 파동적 성질이 더 두드러진다는 것이다.[132)]

132) [Ingram] p.70 참조.

제4장 3절 물질의 이중성

3.1 드브로이의 물질파(matter wave)

콤프턴 효과가 발견된 지 1년 후인 1924년, 프랑스의 물리학자 드브로이(L. V. de Broglie, 1892－1987)는 파리 대학의 박사학위 논문에서 대담한 제안을 하게 되는데, 바로 물질파 이론이 그것이었다.

그에 의하면 파장이 λ인 파동성을 가진 빛이 $p = \frac{h}{\lambda}$의 운동량을 가진 입자적 성질을 가진다면 역으로 운동량이 p인 전자와 같은 입자들도 파장 $\lambda = \frac{h}{p}$인 파동적 성질을 가질 수 있다는 것이다.

처음에는 이러한 주장이 받아들여지지 않았지만, 약 3년 후인 1927년 미국의 데이비슨(C. J. Davisson, 1881－1958)과 점머(L. H. Germer, 1896－1971)가 전자에 의한 회절현상을 실험적으로 확인함으로써 드브로이의 이론은 사실로 확인되었고 그 공로로 세 사람은 공동으로 노벨상을 받게 된다. 드브로이의 물질파 이론은 오늘날 전자현미경의 이론적 근거가 되고 있으며, 전자 이외의 다른 입자에서도 물질파 이론에 의한 파동성이 확인되고 있다. 이와 같은 전자의 파동성을 보여주는 가장 극적인 예로서 전자에 의한 이중슬릿 실험을 소개해보자.

기본적으로 2.1절에서 소개한 영의 실험과 같은 장치를 준비하되 이번에는 빛을 발하는 광원 S 대신 '한 번에 한 개씩' 첫 번째 막 M_1을 향해 이리저리 전자를 발사하는 전자총을 준비하자[그림 4－12].

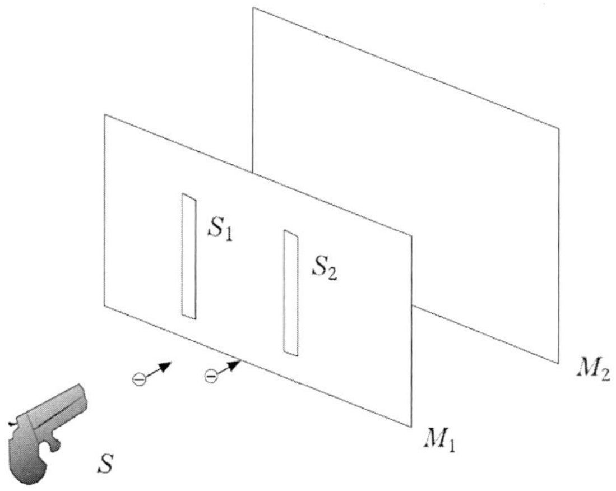

그림 4-12

시간이 지나면서 막 M_1의 두 홈을 통과한 전자들이 막 M_2에서 검출되기 시작할 것이다. 만일 전자들이 입자처럼 행동한다면, 당연히 막 M_2에서 검출된 전자들의 분포는 두 홈 S_1, S_2의 뒤편에서 가장 많을 것이고, 따라서 [그림 4-13(a)]와 같은 분포를 보여야 할 것이다. 그러나 실제 실험결과는 앞서 2.1절에서 영이 실험했던 결과와 동일한 [그림 4-13(b)]와 같이 나타나게 된다.

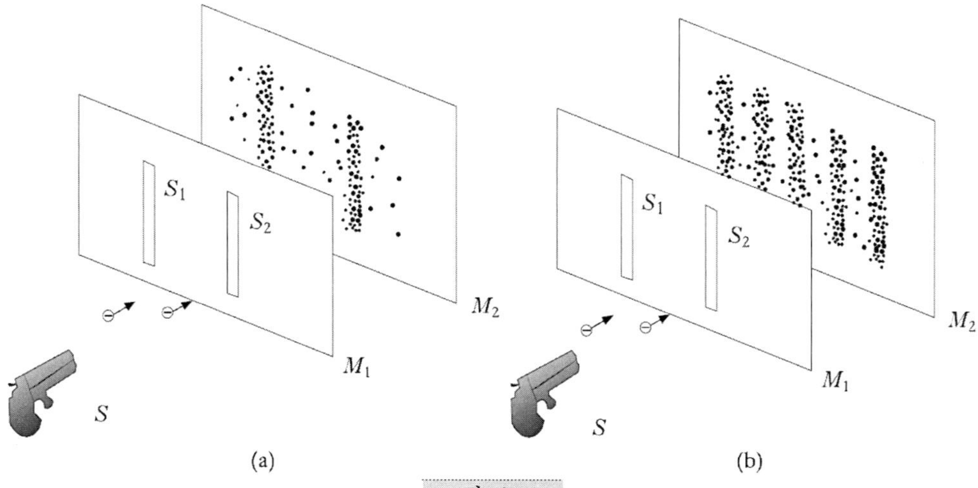

그림 4-13

앞서 우리는 영의 실험결과를 파동의 간섭현상으로 훌륭하게 설명할 수 있음을 보았는데 전자의 경우 정확히 이러한 간섭에 의한 무늬가 나타나게 된 것이다.

그런데 지금처럼 전자총이 한 번에 한 개의 전자를 발사하고 있는 상황에서 각각의 전자들이 어떻게 간섭현상을 나타낼 수가 있을까? 이것은 전자를 입자로 이해해서는 결코 설명할 수 없는 현상이다.

따라서 드브로이의 물질파 이론을 따른다면, 전자총에 의해 발사된 개개의 전자는 자신이 갖고 있는 운동량 p에 상응하는 파장 $\lambda = \frac{h}{p}$의 파동으로 이해하여, $\Psi = Ae^{i\left(\omega t - \frac{2\pi}{\lambda}x\right)} = \psi e^{i\omega t}$와 같은 파동함수로서 표현해야 한다(여기서 우리는 2.1절의 끝부분에 있는 표기를 사용하였다). 그러면 이 전자의 파동은 영의 실험과 같이 두 홈 S_1, S_2에서 각각 새로운 파원을 만들고 이때 발생하는 새로운 두 개의 파동 $\Psi_1 = \psi_1 e^{i\omega t}$, $\Psi_2 = \psi_2 e^{i\omega t}$이 막 M_2 상의 한 위치 p에서 만나 간섭을 일으키면, $|\Psi_1(p,t)+\Psi_2(p,t)|^2 = |\psi_1(p)+\psi_2(p)|^2$ 만큼의 '강도(intensity)'로 M_2에서 검출된다고 할 수 있다. 이 말의 구체적인 의미는 3.3절에서 좀 더 자세히 살펴보기로 하고 그 전에 먼저 다음 질문을 생각해보자.

즉, 전자기파의 경우 주파수에 해당했던 $\omega = \frac{2\pi}{T}$을 전자의 경우에는 무엇으로 해석해야 할까?

우선 파장이 λ이고 주파수가 ω인 전자기파를 나타내는 파동함수가 식 (1.1)과 2.1절 끝부분에 있는 표기법을 사용하여 다음과 같이 표현됨을 상기하자.

$$\Psi(x, t) = A e^{i(\omega t - (2\pi/\lambda)x)} \tag{3.1}$$

한편, 이 전자기파를 광자(photon)들의 흐름으로 보고 위 식을 광자라는 입자에 대응하는 파동함수로 해석했을 때, 광자의 에너지 E는 $h\nu = \frac{h}{T} = 2\pi\frac{\hbar}{T} = \hbar\omega$로 쓸 수 있다(여기서 $\hbar$는 $\frac{h}{2\pi}$로서 'h bar'로 읽는다). 또한 광자의 운동량 p는 $\frac{h}{\lambda} = 2\pi\frac{\hbar}{\lambda}$이므로 $\frac{2\pi}{\lambda} = \frac{p}{\hbar}$의 관계식을 얻는다. 따라서 이 두 사실을 이용하여 식 (3.1)을 다음과 같이 쓸 수 있다.

$$\Psi(x, t) = A e^{i(Et - px)/\hbar} \tag{3.2}$$

이 식은 운동량이 p이고 에너지 E를 갖는 전자와 같은 입자에 대응하는 물질파를 어떻게 표현해야 할지를 잘 보여주고 있다.

즉, 물질파 $\Psi(x, t) = Ae^{i\left(\omega t - \frac{2\pi}{\lambda}x\right)}$의 주파수 ω는 $E/\hbar$로 해석하는 것이 합당할 것이다.

3.2 파동다발(wave packet)

식 (3.1) (혹은 (3.2))에 주어진 형태의 파동을 평면파(plane wave)라고 부르는데, 이러한 평면파는 x축 상의 전 공간에 두루 퍼져서 진행하고 있는 파형을 갖고 있다[그림 4-14].

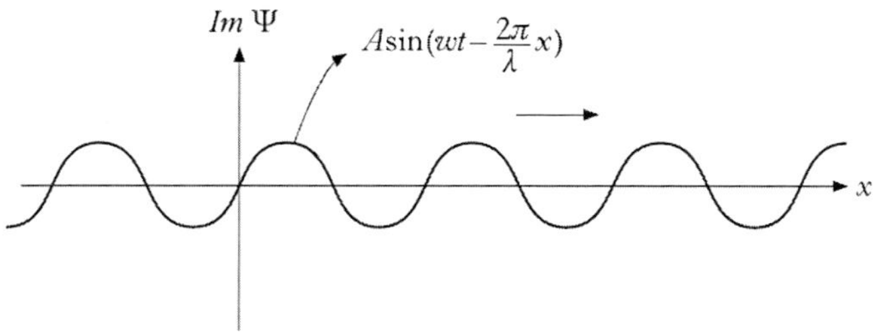

그림 4-14

그러나 파원으로부터 공간 상의 전 영역으로 동시에 퍼져나가는 파동과는 달리, 전자와 같은 입자는 공간의 극히 제한된 영역만을 확보하며 존재하는 것으로 관찰된다. 따라서 공간의 전 영역에 퍼져서 진행하는 파동을 표현하는 식 (3.2) 대신에, 이러한 '국소성(locality)'을 가진 파동의 형태를 도입해야 할 필요성이 생기는데, 이것은 소위 '파동다발(wave packet)'이라는 개념을 통해 가능하다. 여기서 파동다발이란, 서로 다른 파장과 진동수 등을 가진 여러 개의 평면파들을 합성하여 만들어진 합성파동을 말한다.

예를 들어, [그림 4-15]와 같이 파장이 약간 다른 두 개의 파동 y_1, y_2를 합성하여 얻은 y_1+y_2는 보강 간섭을 일으키는 위치를 중심으로 띄엄띄엄 덩어리진 형태를 취하게 된다.

이제 이러한 파동다발을 좀 더 구체적으로 분석해보기로 하자.

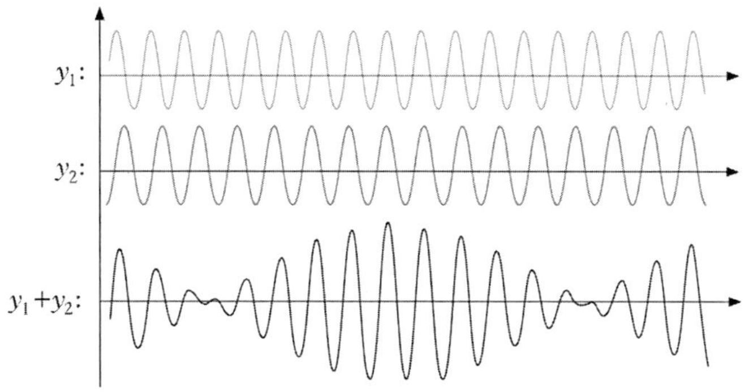

그림 4-15

우선 편의를 위해 $k = p/\hbar(=2\pi/\lambda)$라고 두고 평면파를 $e^{i(kx-\omega t)}$[133]로 표현하자.

이제 서로 다른 k (즉, λ) 값들에 대해 이 평면파들을 합성하고자 하는데 여기에 관여하는 k 값들이 $k_1, k_2, \cdots k_N$와 같이 띄엄띄엄 떨어져 있는 값들로서 분포되어 있다면 합성파의 형태도 $e^{i(k_1x-\omega t)} + e^{i(k_2x-\omega t)} + \cdots$와 같이 표현될 것이다.

특별히 이러한 N개의 k 값들 중에 n_1개가 k_1과 같은 값이고, n_2개가 k_2와 같은 값이고, 일반적으로 n_l개가 k_l $(l=1, 2, \cdots)$과 같은 값이라면, 우리의 합성파는 다음과 같이 표현될 수 있을 것이다.

$$\Psi(x, t) = e^{i(k_1x-\omega t)}n_1 + e^{i(k_2x-\omega t)}n_2 + \cdots \tag{3.3}$$

여기서 n_1, n_2 등은 각각에 해당하는 k_1, k_2 값 등에 대한 일종의 '가중치(weighting value)'로서 해석할 수 있다.

이제 만일 k 값의 분포가 위와 같이 띄엄띄엄 떨어져 있는 경우가 아니라 연속적인 값을 가지면서 분포해 있다면, 위 식 (3.3)에서 $n_l(l=1, 2, \cdots)$들의 역할을 다음과 같이 적당한 함수 $f(k)$로 대신할 수 있다. 즉, $(k, k+dk)$ 사이에 있는 k 값들에 대해 $f(k)dk/\sqrt{2\pi}$ 만큼의 '가중치'를 부여한다고 생각하면, 위 식 (3.3)에 해당하는 합성파는 다음과 같이 표현될 것이다.

$$\Psi(x, t) = \frac{1}{\sqrt{2\pi}}\int_{-\infty}^{+\infty} e^{i(kx-\omega t)}f(k)\,dk \tag{3.4}$$

이제 식 (3.4)가 나타내는 합성파의 구체적인 모습을 살펴보기 위해, $f(k)$가 다음과 같이 표현되는 특별한 경우에 대해 알아보자.

$$f(k) = \frac{\sqrt{a}}{\sqrt[4]{2\pi}}\, e^{-\frac{a^2(k-k_0)^2}{4}} \tag{3.5}$$

여기서 $|f(k)|^2$은 매우 잘 알려진 가우스분포로서 [그림 4-16]과 같이 평균이 k_0이고 폭[134]이 $\frac{1}{a}$인 종 모양의 분포이다.

133) 원래 식 (3.1)의 표기를 따르면, 지수부분에 $\omega t - kx$를 사용해야 하지만 관례상의 표기를 따라 부호를 바꾸었다. 이것은 $\sin(\omega t - kx)$ 대신 $-\sin(\omega t - kx)$을 사용하는 것에 해당하고 본질적으로 같은 평면파를 의미한다.

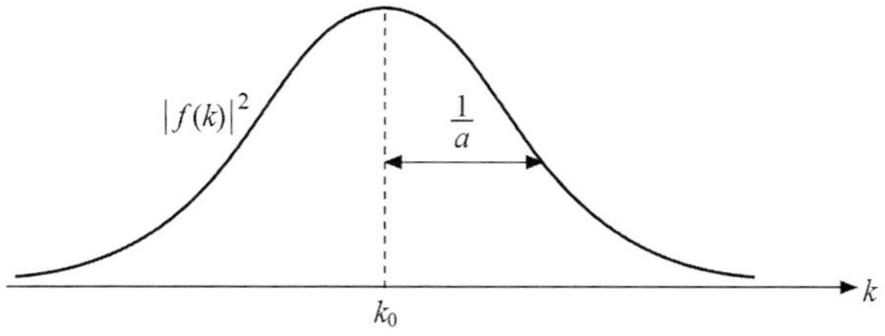

그림 4-16

이 경우, 식 (3.4)는 다음과 같이 쓸 수 있다.

$$\Psi(x,\, t) = \frac{\sqrt{a}}{(2\pi)^{3/4}} \int_{-\infty}^{+\infty} \exp\left[-\frac{a^2 (k-k_0)^2}{4} + i(kx - \omega t) \right] dk \qquad (3.6)$$

이제 특정 시각인 $t=0$에서 이 파동식의 파형이 어떤 모습인지를 알아보기 위해 위의 적분식에서 $t=0$을 대입한 후 계산하면 다음과 같은 결과를 얻는다.[135)]

$$\Psi(x,\, 0) = \sqrt[4]{\frac{2}{\pi a^2}}\, \exp\left[ik_0 x - \frac{x^2}{a^2} \right] \qquad (3.7)$$

위 식 (3.7)에 의해 표현되는 파형은 [그림 4-17]과 같이 $x=0$을 중심에 두고, 가우스 분포에 따라 진동하는 파동다발(wave packet)의 모습을 띄고 있음을 알 수 있는데, 이로써 우리는 앞서 광전효과를 설명할 때 사용한 광자(photon)라는 파동다발을 좀 더 엄밀히 기술할 수가 있다. 즉, 파장 $\lambda_0 \left(= \dfrac{2\pi}{k_0} \right)$를 중심으로 하는 적당한 영역의 파장들이 섞여 있는 전자기파의 모습을 식 (3.7)에서와 같은 파동다발로 이해할 수 있는 것이다.

134) 일반적으로, 가우스 분포 $\frac{1}{\sqrt{2\pi}\,\sigma} \exp[-x^2/(2\sigma^2)]$에 대해 표준편차에 해당하는 σ를 '폭'으로 정의한다.

135) [Bohm] p. 62 참조.

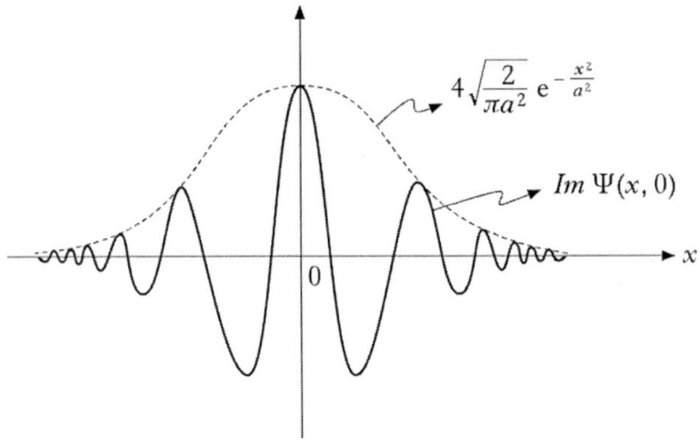

그림 4-17

앞서 2.1절의 끝 부분에서 우리는 두 개의 파동 Ψ_1, Ψ_2의 합성파 $\Psi_3 = \Psi_1 + \Psi_2$의 강도(intensity)는 $|\Psi_3|^2 = |\Psi_1 + \Psi_2|^2$로 표현됨을 언급하였다. 마찬가지로 식 (3.5)에서 주어진 k의 '가중치 함수(weighting function)' $f(k)$에 따른 합성파 $\Psi(x, t)$의 강도(intensity) $I(x, t)$는 $|\Psi(x, t)|^2$로 표현된다고 할 수 있다. 특별히 $t = 0$인 순간에 x에 따른 파동의 강도(intensity)는 다음과 같음을 알 수 있다.

$$I(x, 0) = |\Psi(x, 0)|^2 = \sqrt{\frac{2}{\pi a^2}}\ e^{-\frac{2x^2}{a^2}} \tag{3.8}$$

따라서 위치 x에 따른 파동의 강도 분포 역시 평균 0이고, 폭이 $\frac{a}{2}$인 가우스분포를 따른다는 것을 알 수 있다[그림 4-18].

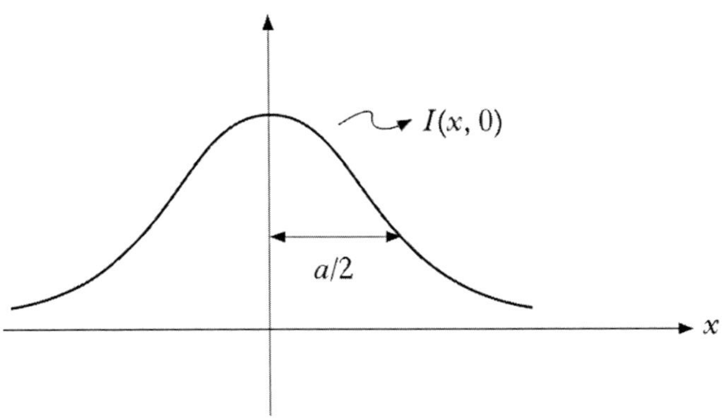

그림 4-18

3.3 파동다발의 퍼짐

만일 $t=0$으로부터 일정한 시간이 흐른다면 식 (3.6)에서 주어진 $\Psi(x,t)$의 모습은 어떻게 변해 나갈까?

이것을 살펴보기 위해서는 식 (3.6)에 나타난 ωt 항을 고려해야 한다.

우선 유의해야 할 것은, 대부분의 물리적 상황에서 ω는 k에 대한 함수로 표현된다는 것이다. 예를 들어 전자기파의 경우는 $c=\lambda\nu=\lambda\frac{\omega}{2\pi}=\omega/k$로부터 $\omega=ck$를 얻을 수 있고, 운동에너지 $E=\frac{1}{2}mv^2=\frac{p^2}{2m}$ (단, $p=mv$는 운동량)만을 갖고 있는 전자, 즉 자유전자를 나타내는 파동의 경우, 3.1절의 끝 부분의 논의에 의해 $\omega=\frac{E}{\hbar}=\frac{p^2}{2m\hbar}=\frac{1}{2m\hbar}(\hbar k)^2=\frac{\hbar k^2}{2m}$ 이 됨을 알 수 있다.

따라서 일반적으로 $\omega=\omega(k)$로 두고 식 (3.6)을 다시 쓰면,

$$\Psi(x,t)=\frac{\sqrt{a}}{(2\pi)^{3/4}}\int_{-\infty}^{+\infty}\exp\left[-\frac{a^2(k-k_0)^2}{4}+i(kx-\omega(k)t)\right]dk \tag{3.9}$$

이 된다.

이 식을 계산하기 위해서는 구체적인 $\omega(k)$이 주어져야겠지만, 우선 다음과 같은 테일러 전개를 생각하여 $\omega(k)$가 근사적으로 k에 대한 이차식으로 주어진 경우를 생각해보도록 하자.

$$\omega(k)\sim\omega_0+v_g(k-k_0)+\alpha(k-k_0)^2 \tag{3.10}$$

(단, 여기서 $\omega_0=\omega(k_0)$, $v_g=\omega'(k_0)$, $\alpha=\frac{1}{2}\omega''(k_0)$이다).

만일 식 (3.10)을 식 (3.9)에 대입하여 구체적인 적분계산을 하면 다음과 같은 결과를 얻게 된다.[136)]

---

136) [Bohm] pp.65 ~ 66 참고.

$$\Psi(x,t) = A\exp\left[i(k_0x-\omega_0t)\right]\exp\left[-\frac{a^2(x-v_gt)^2}{a^4+4t^2\alpha^2}\right]\exp\left[\frac{2i\alpha t(x-v_gt)^2}{a^4+4t^2\alpha^2}\right]$$

(단, $A = \sqrt[4]{\frac{2}{\pi}}\sqrt{\frac{a}{a^2+2i\alpha t}}$ 이다)

위의 복잡한 식보다도 우리의 관심은 파동 $\Psi(x,t)$의 강도(intensity)인 $I(x,\,t) = |\Psi(x,\,t)|^2$에 있는데 이것은 아래와 같이 표현될 것이다.

$$I(x,\,t) = |A|^2\exp\left[\frac{-2a^2(x-v_gt)^2}{a^4+4\alpha^2t^2}\right] \tag{3.11}$$

이 식 역시 중심이 v_gt인 가우스 분포를 이루고 있으며 그 폭을 $\triangle x$라 하면,

$$\triangle x = \frac{a}{2}\sqrt{1+4\alpha^2t^2/a^4} \tag{3.12}$$

이 된다. 따라서 시간이 흐를수록 $\triangle x$는 증가하여 $I(x,\,t)$의 분포는 점차 평평한 모양을 하게 된다[그림 4－19 참조].

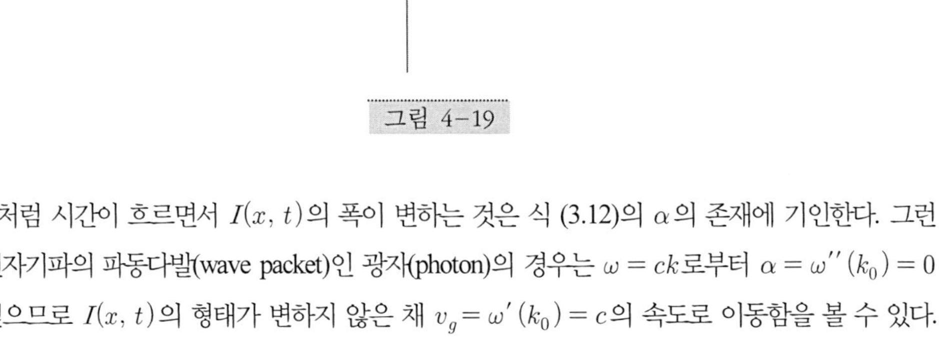

그림 4－19

이처럼 시간이 흐르면서 $I(x,\,t)$의 폭이 변하는 것은 식 (3.12)의 α의 존재에 기인한다. 그런데 전자기파의 파동다발(wave packet)인 광자(photon)의 경우는 $\omega = ck$로부터 $\alpha = \omega''(k_0) = 0$을 얻으므로 $I(x,\,t)$의 형태가 변하지 않은 채 $v_g = \omega'(k_0) = c$의 속도로 이동함을 볼 수 있다.

3.4 물질파의 확률적 해석

지금까지 우리는 전자와 같은 입자가 갖는 파동성(3.1절의 이중슬릿 실험)을 설명하기 위해 전자의 운동량에 해당하는 파장 $\left(\lambda = \dfrac{h}{p}\right)$과 전자의 에너지에 해당하는 주파수 $\left(\omega = \dfrac{E}{\hbar}\right)$를 갖는 파동식인 $e^{i(kx - \omega t)}$을 도입하였고(3.1절), 이로부터 다시 입자의 국소성(局所性, locality)을 설명하기 위해 특정 파장을 중심으로 적당히 분포되어 있는 여러 파장들에 의한 파동들을 모두 합성함으로써 파동다발(wave packet)이라는 개념을 도입하여(3.2절), $\Psi(x, t)$ 라고 하는 파동함수를 얻게 되었다.

그러나 여전히 남는 문제는 과연 이 파동함수 $\Psi(x, t)$을 물리적으로 어떻게 해석해야 하느냐이다. 전자기파의 경우, 파동함수가 나타내는 것이 실제 전자기파를 구성하고 있는 전기장의 진동을 나타내고 있음을 볼 때 드 브로이의 물질파 이론에 의한 전자의 파동 함수 역시 우리가 알 수 없는 어떤 식으로 물리적인 전자를 구성하고 있는 그 무엇으로 해석할 수 있을까? 그러나 이런 식의 해석은 당장 문제에 부딪힌다. 왜냐하면 앞서 3.3절에서 보았듯이 한 전자를 표현하는 파동 다발은 시간이 지날수록 공간 상에서 한없이 퍼져나가기 때문에 만일 이 파동다발이 실제로 물리적인 전자를 구성하고 있는 그 무엇이라면 오랜 시간이 지난 후 한없이 넓은 공간의 영역 여기저기에서 같은 전자의 '조각'이 갖고 있는 음전하가 관찰되어야 하겠지만 실제로 한 전자는 언제나 공간의 제한된 영역만을 차지하고 있는 것으로 관찰되기 때문이다. 이것이 또한 전자를 파동이 아닌 입자로 간주해 왔던 주된 원인이기도 하다.

그렇다면 과연 우리가 도입한 파동 함수 $\Psi(x, t)$을 어떻게 해석해야 할까?

우선 전자기파의 경우를 다시 살펴보도록 하자. 우리는 앞서 $\Psi(x, t)$로 표현된 전자기파의 강도(intensity)가 $|\Psi(x, t)|^2$에 비례함을 언급하였고 이러한 강도에 따라 이중슬릿 실험의 두 번째 막에서 밝은 무늬와 어두운 무늬가 나타남을 보았다.

어떤 위치에서의 전자기파의 강도를 광자(photon)의 관점에서 간단히 표현하면 단위 시간 동안 얼마나 많은 광자들이 그 위치를 지나가는지를 나타내는 양이라 할 수 있다. 따라서 강도가 큰 곳은 광자들이 많이 지나가는 곳이고, 강도가 작은 곳은 광자들의 수가 적은 곳이라 할 수 있다. 광자들이 많이 지난다는 것은 그곳에서 광자를 발견할 확률이 높다는 것을 의미하고, 광자들이 적게 지난다는 것은 그곳에서 전자를 발견할 확률이 낮다는 것을 의미한다.

이처럼 광자의 경우에 대한 $|\Psi(x, t)|^2$의 확률적인 해석을 전자와 같은 입자의 물질파에 마찬가지로 적용하면 다음과 같아진다.

$$|\Psi(x, t)|^2\, dx = \text{'입자가 구간 } (x,\ x + dx)\text{에서 발견될 확률'}$$

즉, $|\Psi(x, t)|^2$는 시각 t일 때, x축 상의 일차원 공간에서 입자가 존재할 확률의 분포를 나타내는 확률밀도함수로서 해석한다. 따라서 만일 $|\Psi(x, t)|^2$가 [그림 4-20]과 같이 나타났다면,[137] B구간에서 입자가 발견될 확률이 가장 높고 그 다음이 A구간이며, C구간은 입자가 발견될 확률이 아주 낮은 곳이라고 할 수 있다.

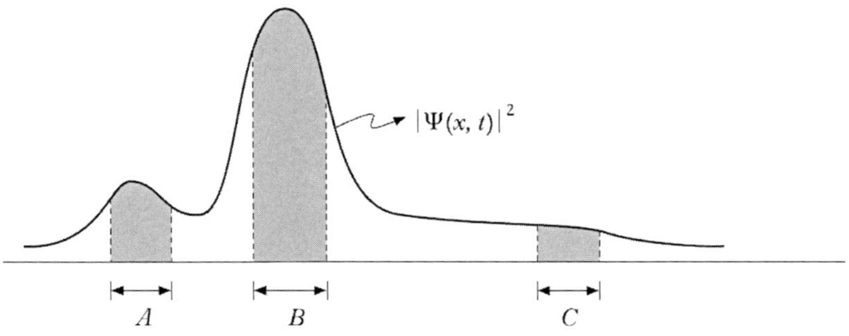

그림 4-20

지금까지 우리는 입자가 x축을 따라 일차원 운동을 하는 경우만 고려했는데, 만일 3차원 공간 상을 움직이는 입자가 있고, 이 입자를 나타내는 파동함수 $\Psi(x, y, z, t)$가 주어지면 마찬가지로 다음과 같이 해석할 수 있다.

$$|\Psi(x, y, z, t)|^2 dxdydz$$
$$= \text{'입자가}(x, x+dx)\times(y, y+dy)\times(z, z+dz)\text{에서 발견될 확률'}$$

이와 같이 파동함수에 확률적 해석을 가함으로써 자연 현상의 확률적 본성을 제안한 사람은 독일의 물리학자 막스 보른(Max Born, 1882-1970)인데 그의 이런 확률적 해석은 이후 덴마크의 코펜하겐에서 주로 활약하던 닐스 보어(Niels Bohr, 1885-1962)와 하이젠베르크(W. K. Heisenberg, 1901-1976) 등을 중심으로 한 소위 '코펜하겐 학파'에 의해 더욱 발전하게 되어 오늘날 양자역학에서 가장 널리 받아들여지고 있는 정설로 여겨진다.

이처럼 물질의 운동을 기술하는 데 있어 확률적 개념이 도입되게 된 것은 물론 입자의 파동성과 같은 이중성에서 출발하여 파동함수의 개념이 도입되고 이러한 파동함수를 해석하는 과정에서 생겨난 것이라 할 수 있다.

그러나 뉴턴의 고전역학에 익숙한 결정론자들에게는 이러한 확률적인 해석이 꽤 못마땅하게 여겨질 것이며, 물리학의 퇴보로 여겨질지도 모른다.

---

137) 파동함수의 형태는 식 (3.4)에서 $f(k)$의 분포에 따라 여러 가지로 나타날 수 있음을 상기할 것.

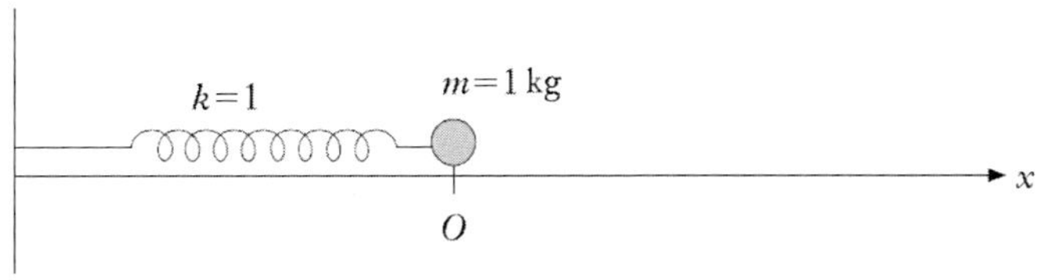

그림 4-21

예를 들어, 다음과 같은 상황을 생각해보자. [그림 4-21]과 같이 용수철상수 $k=1\ \mathrm{N/m}$ 인 용수철 끝에 질량 $m=1\,\mathrm{kg}$인 입자가 매달려 있다고 하자. 마찰력을 무시할 때 이 입자의 운동을 뉴턴의 운동법칙에 따라 서술하면 다음과 같아질 것이다.

$$x''(t) = -x(t)(\text{단, } x(t)\text{는 시각 } t\text{에서의 입자의 위치})$$

이 미분방정식의 일반해는 적당한 상수 a, b에 대해 다음과 같은 형태로 나타남을 쉽게 확인할 수 있다.

$$x(t) = a\sin(t+b) \tag{3.13}$$

따라서 만일 초기조건인 $x(0)=x_0$, $x'(0)=v_0$만 주어진다면 위 식 (3.13)의 a, b를 유일하게 결정할 수 있고 이것은 입자의 처음 위치와 속도만 알면 이후 모든 시각에서의 입자의 위치를 결정할 수 있다는 얘기가 된다. 이처럼 초기 조건에 의해 물체의 운동은 완전히 결정된다는 결정론적 자연관에서는 초기조건에 대한 충분한 정보만 주어진다면 자연계의 운동을 기술하는데 있어 확률적 개념이 끼어들 여지는 없어 보인다.

그런데 만일 초기조건에 대한 정보가 그리 정확하지 못하다면 어떻게 될까? 가령 $x(0)$와 $x'(0)$의 값이 각각 약간씩의 오차를 갖고 있다면 그에 따라 유일하게 결정되는 $x(t)$도 약간의 오차를 갖게 될 것이고, 따라서 입자의 위치를 정확히 결정할 수는 없게 될 것이다. 문제는 과연 우리가 초기조건 $x(0)$, $x'(0)$에 대한 정보를 얼마나 (적어도 이론적으로) 정확히 기술할 수 있는가일 것이다.

이에 대해 대부분의 사람들은 원론적으로 위치와 속도를 측정하는 기구의 성능만 무한히 정밀하다면 이러한 초기정보에 대한 오차는 적어도 이론적으로는 0으로 수렴할 것이라고 생각할 것이다.

이러한 생각에 정면으로 위배되는 이론을 제기한 사람이 바로 독일의 물리학자 하이젠베르크였는데 그의 이론이 바로 오늘날 '불확정성의 원리'로 불리는 것이다.

다음 절에서는 이 불확정성의 원리에 대해 알아보자.

제4장 4절 불확정성의 원리

하이젠베르크에 의하면, 만일 우리가 운동하는 입자의 운동량[138] $\vec{p}$의 x축 성분을 Δp_x의 오차로 측정했다면 어떤 식으로든 아무리 정밀한 기구를 이용한다 하더라도 그 입자의 x축 상의 위치를 오차 Δx가 $\frac{\hbar}{2\Delta p_x}$보다 더 작게 관측할 수는 없다는 것이다. 즉,

$$\Delta x \Delta p_x \geq \frac{\hbar}{2} \qquad (4.1)$$

이다(이것은 y축이나 z축에 대해서도 마찬가지이다).

다시 말해서 운동량의 오차를 줄이기 위해서는 위치에 대한 오차를 늘릴 수밖에 없고, 반대로 위치에 대한 오차를 줄이기 위해서는 운동량에 대한 오차를 늘릴 수밖에 없다는 것이다. 식 (4.1)에서 $\hbar$의 값이 $1.054573 \times 10^{-34}\,(Js)$임을 상기할 때, 이것은 무척 작은 값이기는 하지만 원자나 소립자와 같은 미시세계를 다룰 때는 무시할 수 없는 값이다. 이와 같이 거시적 직관에 위배되는 듯 보이는 하이젠베르크의 불확정성 원리는 오늘날 양자역학의 이론적 지지대 역할을 하고 있으며 만일 불확정성의 원리를 부인한다면 양자역학의 이론 자체가 붕괴하게 될 뿐만 아니라 양자역학을 통해 성취한 지난 100년에 가까운 세월 동안의 놀라운 과학적 성과 모두를 부인하게 되는 결과를 낳게 된다.

실제로, 양자역학의 이론적 전개에 있어 몇 가지 기본적인 가설(즉, 공리)들을 받아들인다면 식 (4.1)은 엄밀하게 수학적으로 증명할 수 있는 사실임이 잘 알려져 있다.

이 절에서는 이러한 엄밀한 수학적 증명보다는 관측이라는 행위에 어떻게 불확정성이 개입하게 되는지, 그리고 앞 절에서처럼 입자를 파동다발(wave packet)로 이해하는 관점에서 어떻게 불확정성 원리를 해석할 수 있는지 등에 대해서 알아봄으로써 불확정성 원리에 대한 개연성을 살펴보고자 한다.

다만 먼저 한 가지 주의해야 할 것은 불확정성 원리가 금지하고 있는 것은 물체의 운동량과 위치를 '동시에' 정확히 측정할 수 없다는 것이지, 위치 '혹은' 운동량 중 어느 하나를

---

138) 질량 m인 물체가 $\vec{v}$의 속도로 운동할 때 운동량 $\vec{p}$는 $\vec{p} = m\vec{v}$로 정의됨을 상기할 것.

주어진 순간에 정확히 관측하는 것이 이론적으로 불가능하다는 것을 말하는 것은 아니라는 것이다. 다만 위에서 언급한 대로 $\Delta x \rightarrow 0$이면 $\Delta p_x \geq \frac{\hbar}{2\Delta x} \rightarrow \infty$가 되고 따라서 위치에 대한 측정이 완벽하게 정확하다면 운동량에 대한 정보는 완전히 사라지게 되고 그 반대의 경우도 마찬가지이다. 즉, 만일 어느 순간에 입자의 운동량을 정확히 관측했다면 그 순간의 입자는 우주공간 어디에도 같은 확률로 존재한다(즉, $\Delta x = \infty$)고 할 수 있는 것이다.

이와 같이 직관과 어울리지 않는 결과의 주범은 바로 $\hbar$라는 숫자가 대략 10^{-34} 단위로서 우리의 직관이 경험하지 못하는 아주 작은 숫자라는 것이다.

만일 $\Delta p_x = \frac{\hbar}{2}\frac{1}{\Delta x}$의 그래프를 그려 본다면 [그림 4-22]와 같이 거의 가로축과 세로축에 극히 가까이 달라붙어 있는 모습일 것이다.

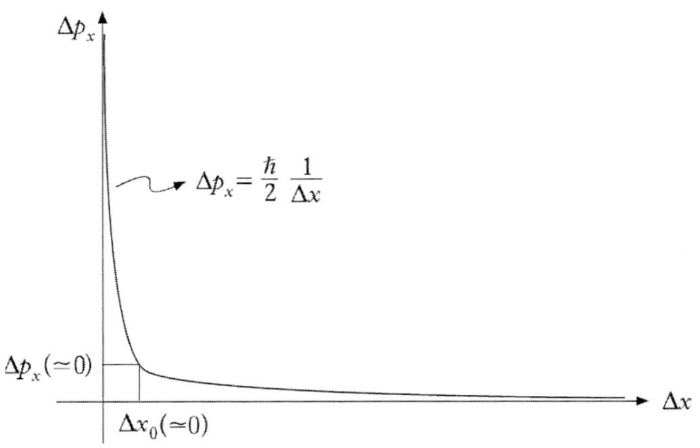

그림 4-22

따라서 일상적인 경우에는 거의 0에 가까운 Δx에 대해 거의 0에 가까운 Δp_x가 허용되는 것으로 보인다. 그러나 Δx가 $\hbar$에 비교될 만큼 작은 오차인 경우는 불확정성 원리에 의해 Δp_x의 값이 급속히 커질 수 있음을 볼 수 있다(반대의 경우도 마찬가지).

또 한 가지 언급해야 할 것은 불확정성 원리에서 주어진 시각에 두 양을 동시에 정확히 '관측'할 수 없다고 했을 때 '관측'이란 단지 그 순간에 한 관찰자가 특정 장치를 통해 대상에 대한 정보를 경험한 것만을 의미하지는 않는다는 것이다. 여기서의 관측은 필요하다면 여러 명의 관찰자가 참여하여 주어진 시각에 다양한 실험 장치를 통해 얻은 데이터를 분석하고 계산하여 그 시각의 대상에 대한 물리적 정보를 얻어내는 일련의 과정을 말한다.

4.1 관측과 불확정성 원리

우리가 입자의 위치를 관측하는 가장 일반적인 방법은 빛과 광학기구(눈, 현미경, 망원경 등) 두 가지를 이용하는 것이다. 빛이 있어야 물체를 볼 수 있음은 당연한 일이고, 우리가 사용하는 대부분의 광학기구는 결국 렌즈를 통해 물체의 상을 만드는 구조로 이루어져 있다.

그런데 우리가 빛을 사용해서 물체의 위치를 확인할 때 매우 가까이 위치한 서로 다른 두 점을 구별할 수 있으려면 그만큼 밝은 빛을 사용해야 한다. 예를 들어 불그스레한 장작불 근처에서 어두운 밤에 깨알 같은 글씨를 보려고 하면 글씨가 잘 안 보이게 된다. 이것은 이 빛으로는 아주 가까이 있는 두 점들이 뭉개져 하나로 보이는 현상[139]을 피할 수 없기 때문이다. 이처럼 특정한 빛과 광학기구를 사용했을 때 서로 다른 두 점의 위치를 어느 정도까지 구별해 낼 수 있는가를 그 광학 시스템의 '분해능'으로 나타낸다.

즉, 분해능은 그 광학 시스템으로 '두 점을 구별할 수 있는 최소 간격인 Δx'로서 분해능이 뛰어나다는 것은 그만큼 Δx가 작다는 것을 의미한다.

일반적으로 광학에서 잘 알려진 사실은 [그림 4-23]과 같이 파장 λ인 빛과 렌즈가 주어졌을 때 렌즈로부터 각 α로 표현되는 거리에서의 분해능 Δx는 대략 다음과 같다는 것이다.

$$\Delta x \sim \frac{\lambda}{2\sin\alpha} \tag{4.2}$$

즉, 파장이 짧을수록 Δx가 짧으므로 분해능이 뛰어나다고 할 수 있다. 또한 이러한 광학기구로 전자와 같은 입자를 관찰했을 때 Δx만큼 위치에 대한 오차를 감수해야 한다는 것을 알 수 있다.

이제 만일 전자의 위치를 가능한 작은 오차로 측정하기 위해 파장이 짧은 X선을 이용해 전자를 비추어 보았다고 하자.

편의상 한 개의 X선 광자가 전자를 향해 날아갔다고 하면 이 광자는 전자와 부딪힌 후 산란되어 렌즈를 향해 가고 렌즈에서 다시 굴절이 되어 렌즈 뒤의 스크린(눈의 경우는 망막)에 부딪혀서 그곳에 전자의 상(image)을 만들게 된다(눈의 경우는 망막의 해당위치에 연결된 시신경을 자극해 전기신호를 뇌로 보냄으로써, 전자의 위치에 대한 정보를 전달하고, 카메라의 경우는 스크린에 발라져 있는 형광물질과 반응하여 그곳에 전자의 상을 형성하게 된다).

139) 본질적으로 이 현상은 '빛의 회절'에 의한 것이다.

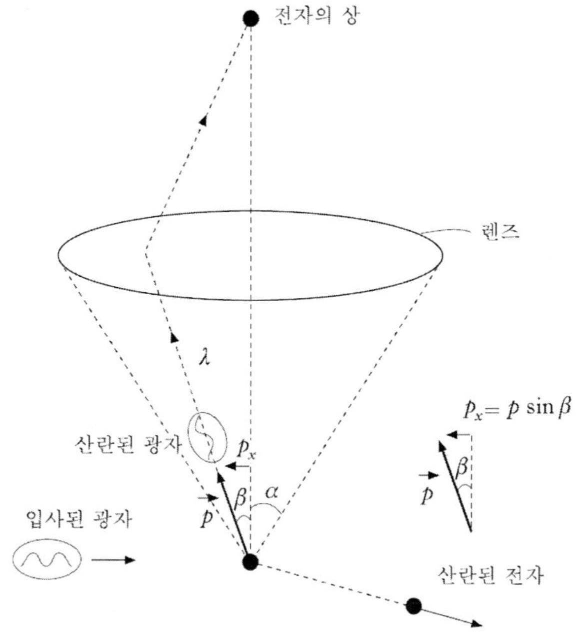

그림 4-23

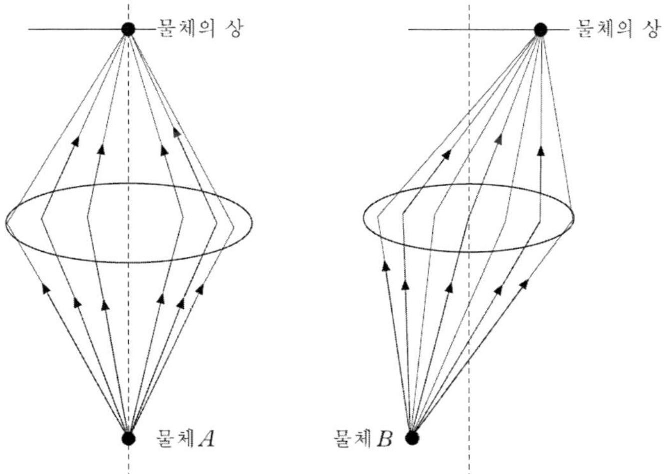

그림 4-24

그런데 전자에 의해 산란된 광자는 실제로 여러 방향으로 산란될 수가 있고, 어떤 방향으로 산란되든지에 관계없이 렌즈를 통과한 광자는 스크린의 한 점으로 향하게 되어[그림

4－24 참조] 그 점에 상을 형성하므로, 이 과정에서 광학기구는 어느 방향으로 산란된 광자에 의한 상인지는 구별하지 않는다. 즉, 산란된 광자의 방향에 대한 정보는 광학기구의 입장에서는 사라지는 것이다. 이것은 산란된 광자의 운동량 $\vec{p}$의 x 성분인 p_x에 다음과 같은 불확실성이 생기는 것이라 할 수 있다(적어도 광학기구의 입장에서는).

$$-p\sin\alpha \leq p_x = p\sin\beta \leq p\sin\alpha \quad (\text{단, } p = |\vec{p}|\text{이다}).$$

한편 산란된 광자의 운동량과 파장 사이에는 $p = \dfrac{h}{\lambda}$의 관계가 있으므로 결과적으로 p_x에 대해서 $\Delta p_x = 2\dfrac{h}{\lambda}\sin\alpha$만큼의 불확실성이 있다고 할 수 있다. 그런데 산란된 광자의 운동량의 x 성분에 대한 불확실성은 곧, 충돌 순간 산란되어 나가는 전자의 운동량의 x 성분의 불확실성을 반영한다고 할 수 있다. 왜냐하면 산란된 광자의 운동량의 x 성분을 정확히 알 수 있다면 탄성 충돌 시 전체 운동량이 보존된다는 사실로부터 산란된 전자의 운동량의 x 성분이 어떻게 변했는지를 정확히 계산해 낼 수가 있기 때문이다.

따라서 전자의 운동량의 x 성분 역시 Δp_x만큼의 불확실성을 갖게 된다.

이제 식 (4.2)를 이용하여, $\Delta x \Delta p_x$를 계산하면 다음과 같음을 알 수 있다.

$$\Delta x \Delta p_x \sim h$$

물론 $h > \hbar = \dfrac{h}{2\pi}$이므로 이것은 불확정성 원리와 일관되는 결과이다. 즉, Δx를 (또는 Δp_x를) 줄일수록 Δp_x가(또는 Δx가) 커지고 있음을 잘 보여주고 있다.

이와 같은 논의를 통해 곧바로 불확정성 원리를 주장하는 것은 얼핏 많은 무리가 따르는 것 같아 보이기도 한다. 가령, 우리가 좀 더 '잘 준비된 관측'을 통해 전자로부터 산란되어 나오는 광자의 방향을 정확히 알아낼 수만 있다면 이와 같은 불확정성을 해소할 수 있지 않을까? 혹은 아예 빛을 이용하지 않고 간접적인 실험방법으로 전자의 위치와 운동량에 대한 정보를 동시에 얻어낼 수 있는 방법이 있지는 않을까?

그러나 불행하게도 어떤 식으로든 운동량과 위치 중 한 쪽의 정확도를 높이려는 시도를 한다면 그러한 시도과정에서 필연적으로 다른 한 쪽에 대한 정보량을 어느 정도 포기해야 하는 상황이 발생한다는 것을 많은 사고 실험과 실제 실험을 통해 알게 되었다.

그렇다면 한 걸음 양보해서 이러한 자연의 불확정성은 단지 인간의 관측행위에 따른 한계를 의미하는 것일까? 아니면 자연 그 자체에 내재한 근원적 본성일까? 다시 말해서 그 어떤 실험 장치를 통하지 않고도 자연의 운동을 있는 그대로 들여다 볼 수 있는 존재가 있다면 그에게도 불확정성 원리가 의미를 가질 수 있을까?

많은 논쟁을 야기할 수 있는 이 질문에 대해 오늘날 양자역학의 정설은 불확정성의 원리가 곧 자연 현상에 내재된 근원적 본성으로 봐야 한다고 말하고 있다.

이것은 물론 많은 실험적 검증을 거쳐 도달한 결론이기도 하지만 다른 한편으로는 양자역학을 기술하는 모든 수학적 논리들이 불확정성 원리가 자연 현상에 내재된 기본법칙임을 받아들여야 한다고 말하고 있기 때문이라고도 할 수 있다.[140)]

4.2 파동 다발과 불확정성 원리

우리는 앞서 3절에서 운동량이 p이고 에너지가 E 인 입자를[141)] $e^{i(px-Et)/\hbar}$와 같은 파동 함수로 표현하였고 이로부터 주어진 입자의 양자역학적 표현인 파동다발에 대해 논의한 바가 있다. 이 논의에 따르면 관계식 $p=\hbar k,\ E=\hbar\omega$을 이용해 다음과 같이 입자의 파동다발(wave packet)을 표현할 수 있었다(식 (3.4)).

$$\Psi(x,t)=\frac{1}{\sqrt{2\pi}}\int_{-\infty}^{+\infty}e^{i(kx-\omega t)}f(k)\,dk \tag{3.4'}$$

또한 이로부터 이 파동의 강도(intensity)인 $|\Psi(x,t)|^2$을 '시각 t일 때, 위치 x에서 입자를 발견할 확률밀도'로 해석할 수 있음을 언급하였다.

이번에는 이러한 입자의 파동성에 기인한 파동다발의 개념을 통해 앞 절에서의 불확정성 원리를 어떻게 설명할 수 있는지를 살펴보기로 하자.

우선 논의에 앞서, 위 식 (3.4′)으로부터 얻을 수 있는 유용한 사실 하나를 소개할 필요가 있다. 먼저 이 식에 $t=0$을 대입하면 다음을 얻을 수 있을 것이다.

---

140) 실제로, 양자역학을 수학적으로 기술할 때에는 운동량과 위치 같은 물리량들을 각각 파동 함수에 작용하는 연산자(operator)들로 취급하는데 이 두 연산자가 함수에 작용하는 순서를 바꾸면 결과가 달라지는 (이때 두 연산자가 서로 'commute 하지 않는다'라고 표현한다) 현상이 곧 물리적으로는 불확정성 원리에 해당한다.

141) 주어진 시각에 운동량 p와 에너지 E가 동시에 정의되는 것은 불확정성 원리를 위반하지 않는다. 이것은 수학적으로 운동량과 에너지를 나타내는 연산자(operator)가 서로 commute 하기 때문이다.

$$\Psi(x, 0) = \frac{1}{\sqrt{2\pi}} \int_{-\infty}^{+\infty} e^{ikx} f(k)\, dk \tag{4.3}$$

그런데 위 식의 오른쪽은 바로 함수 $f(k)$의 푸리에 변환을 나타내는 식이며 따라서 푸리에 역변환에 의해 $f(k)$를 다음과 같이 $\Psi(x, 0)$로 표현할 수 있음이 잘 알려져 있다.

$$f(k) = \frac{1}{\sqrt{2\pi}} \int_{-\infty}^{+\infty} e^{-ikx}\, \Psi(x, 0)\, dx \tag{4.4}$$

이제 이 식을 다시 (3.4)′에 대입하면, 다음을 얻는다.

$$\Psi(x, t) = \frac{1}{2\pi} \int_{-\infty}^{+\infty} \int_{-\infty}^{+\infty} e^{i(k(x-x')-\omega t)}\, \Psi(x', 0)\, dx'\, dk \tag{4.5}$$

위 식 (4.5)는 중요한 의미를 가지는데 그것은 바로 $t=0$일 때 즉, 어느 특정 시각에서의 파동다발의 형태인 $\Psi(x, 0)$를 알면 이후 임의의 시각 t일 때 그 파동다발의 모습이 어떻게 변해 나가는지를 알 수 있다는 것이다. 임의의 시각 t일 때의 파동다발의 모습을 안다는 것은 그 시각에 물체가 어떤 확률로 공간 상에 위치해 있는지를 아는 것에 해당하므로(막스 보른의 해석을 상기할 것), 뉴턴 역학에서 물체의 초기 조건에 대한 정보만 알면 이후 모든 시각에서의 물체의 운동을 예측할 수 있듯이, 양자 역학에서도 비록 물체의 운동을 확률적으로 기술하긴 하지만 그 확률 자체는 수학적으로 예측 가능하고 따라서 초기조건에 의해 결정되어 있다고 말할 수 있다.

이와 같은 파동함수의 시간에 따른 변화에 대해서는 제 5절에서 좀 더 자세히 다루기로 하고 여기서는 우리의 논의와 관련해 두 식 (4.3)과 (4.4)에 주목해보자.

식 (4.4)에서 k값의 가중치 함수인 $f(k)$를 나타내는 오른쪽 적분식을 보면, 식 (4.3)에서 파동다발 $\Psi(x,0)$가 고정된 x에 대해 가중치 $f(k)dk/\sqrt{2\pi}$를 갖는 평면파 $e^{ikx}\,(k \in \mathbb{R})$들의 적당한 합성으로 표현된 것처럼, $f(k)$ 역시 고정된 k에 대해 가중치 $\Psi(x, 0)dx/\sqrt{2\pi}$를 갖는 평면파 $e^{-ikx}\,(x \in \mathbb{R})$의 적당한 합성으로 해석할 수 있음을 알 수 있다.

두 식의 유사성으로부터, 파동다발 $\Psi(x, 0)$에 대해 시각 $t=0$에 입자가 구간 $(x, x+dx)$ 사이에 존재할 확률을 $|\Psi(x, 0)|^2\, dx$로서 나타내듯이 '합성파' $f(k)$의 '강도(intensity)'인 $|f(k)|^2\, dk$를 'k의 값이 구간 $(k, k+dk)$ 사이에 존재할 확률'로 해석할 수 있을 것이다.

일반적으로, $|\Psi(x, t)|^2$는 시각 t일 때 입자의 위치분포에 대한 확률밀도 함수를, $|f(k)|^2$

은 k값의 분포에 대한 확률밀도 함수를 각각 나타낸다고 할 수 있다.

특별히 만일 $f(k)$가 식 (3.5)와 같은 가우스 분포를 나타낼 때는 다음과 같이 쓸 수 있다.

$$|f(k)|^2 = \frac{a}{\sqrt{2\pi}} e^{-\frac{a^2(k-k_0)^2}{2}} \tag{4.6}$$

이것은 평균 k_0를 중심으로 폭이 $\frac{1}{a}$만큼 퍼져 있는 가우스 분포에 해당한다.

가우스 분포의 폭이 넓다는 것은 그만큼 그 분포에서 임의로 k 값을 취했을 때 그 값이 평균인 k_0에서 멀리 떨어진 값일 확률이 크다는 것을 의미하고[142], 그만큼 $k = k_0$에 대한 불확실도(uncertainty)가 크다는 것을 반영한다고 할 수 있다. 따라서 이 경우에 k값의 '불확실도'를 그 분포의 폭인 $\frac{1}{a}$으로 정의하는 것이 자연스럽다. 한편 $p = \hbar k$이므로 k 값의 불확실도는 곧 운동량 p의 불확실도에 해당하고 이것을 Δp라 하면 다음과 같이 쓸 수 있다.

$$\Delta p = \frac{\hbar}{a} \tag{4.7}$$

마찬가지 방법으로 입자의 위치에 대한 불확실도는 식 (3.11)이 나타내는 가우스 분포의 폭으로 나타낼 수 있을 것이다. 그 폭을 Δx라 하면 식 (3.12)에 의해 다음과 같이 나타난다.

$$\Delta x = \frac{a}{2}\sqrt{1 + 4\alpha^2 t^2 / a^4} \tag{3.12$'$}$$

이제 식 (4.7)과 식 (3.12′)로부터 $\Delta p \Delta x$를 구해보면 다음을 얻는다.

$$\Delta p \Delta x = \frac{\hbar}{2}\sqrt{1 + 4\alpha^2 t^2 / a^4} \geq \frac{\hbar}{2} \tag{4.8}$$

이것은 정확히 앞 절에서 언급한 불확정성 원리와 일치하는 결과임을 볼 수 있다.

물론 여기서 우리는 $f(k)$의 형태가 (3.5)와 같은 가우스 분포를 따를 경우에 대해서만 살펴보았지만 실제로 양자 역학의 수학적 이론에 의하면 $f(k)$가 임의의 다른 분포를 갖는

142) 가우스 분포에서는 전체 분포의 약 70%에 가까운 양이 평균을 중심으로 그 분포의 폭에 해당하는 범위에 분포해 있다.

경우를 생각했을 때[143] 항상 그에 해당하는 $\Delta p \Delta x$의 값은 $f(k)$가 식 (3.5)와 같은 가우스 분포인 경우보다 크다는 것을 알 수 있다.[144]

이상의 논의에서 우리는 물질파 이론에 근거한 입자의 파동다발(wave packet)을 생각하고 이로부터 전개한 수학적 계산 역시 하이젠베르크의 불확정성 원리와 일관된 결과를 보여주고 있음을 살펴보았다.

143) $f(k)$가 임의의 분포를 갖는 경우, k값의 '불확실도'는 위의 경우처럼 $|f(k)|^2$이 나타내는 분포의 표준편차로 정의한다.

144) [Bohm] p. 67 또는 Ch. 10, Sec. 9를 참고하거나 [송희성] pp.104~108을 참고할 것.

제4장 5절

슈뢰딩거 방정식

5.1 관측과 파동함수의 붕괴(collapse)

앞서 4.1절에서도 언급했듯이 입자의 위치를 정확히 관측하는 것 자체는 불확정성 원리와 전혀 모순되는 상황이 아니다. 따라서 우리가 '운동하는 입자의 위치가 x_0로 관측되었다'고 말했다면 여기에는 이론적으로 아무런 문제될 것이 없다.

그런데 만일 이처럼 입자의 위치가 x_0로 확인되었다면 이 순간의 입자의 파동 함수는 어떻게 표현해야 할까? 이 질문에 답하기 위해 우선 다음을 생각해보기로 하자.

가령 특정 시각 t_0에 입자의 위치에 대한 파동함수의 강도(intensity) $|\Psi_\sigma(x, t_0)|^2$가 x_0 근처에서 폭이 σ인 가우스 분포를 따르고 있다면, 즉,

$$|\Psi_\sigma(x, t_0)|^2 = \frac{1}{\sqrt{2\pi}\,\sigma} e^{-\frac{(x-x_0)^2}{2\sigma^2}} \tag{5.1}$$

이라면[145] 입자의 위치에 대한 불확실도가 σ 만큼인 셈이 된다.

여기서 만일 $\sigma \to 0$이 되어 결국 입자의 위치가 정확히 x_0로 관측되었다면 이 과정에서 $|\Psi_\sigma(x, t_0)|^2$는 어떻게 변해나가는지를 살펴보자.

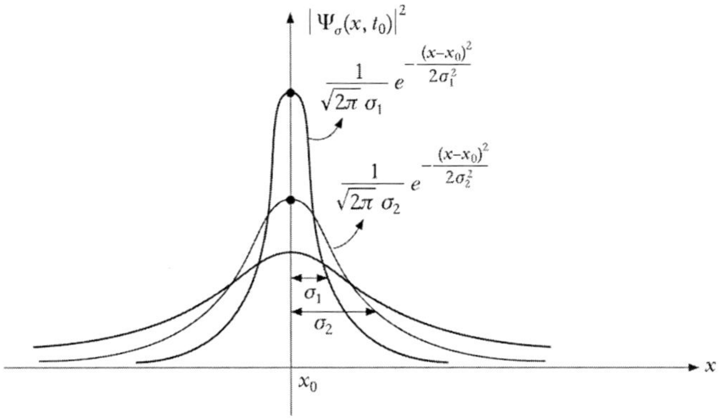

그림 4-25

145) 여기서 우리는 정규화된 확률밀도 함수를 사용하고 있다.

우선 [그림 4-25]에서 보듯이 σ가 작아질수록 $|\Psi_\sigma(x, t_0)|^2$의 폭이 점점 좁아지는 대신 최댓값의 높이가 점점 커지는 것을 알 수 있다. 따라서 만일 $\sigma \to 0$이 되면, $|\Psi_\sigma(x, t_0)|^2$의 폭은 한없이 좁아지고 높이는 한없이 높아져서 결국 $x = x_0$에서만 뾰족하게 높은 [그림 4-26]과 같은 모습이 될 것이다(물론 이 그림도 정확한 그림은 아니지만).

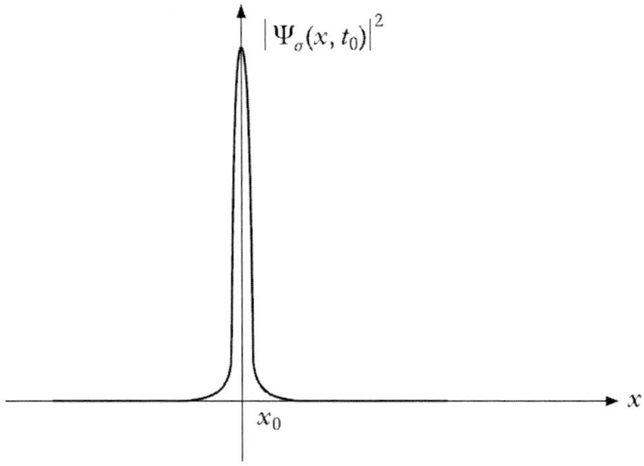

그림 4-26

이러한 극한적인 함수는 어떤 조건을 만족시켜야 할까?

우선 생각할 수 있는 것은 주어진 x값들에 대해 다음이 성립한다는 것이다.

$$\lim_{\sigma \to 0} |\Psi_\sigma(x, t_0)|^2 = \lim_{\sigma \to 0} \frac{1}{\sqrt{2\pi}\,\sigma} e^{-\frac{(x-x_0)^2}{2\sigma^2}} = \begin{cases} 0 & (x \neq x_0) \\ \infty & (x = x_0) \end{cases}$$

이로부터 파동함수 $\Psi_\sigma(x, t_0)$도 다음을 만족한다고 볼 수 있다.

$$\lim_{\sigma \to 0} \Psi_\sigma(x, t_0) = \begin{cases} 0 & x \neq x_0 \\ \infty & x = x_0 \end{cases} \tag{5.2}$$

한편, σ의 값에 상관없이 $|\Psi_\sigma(x, t_0)|^2$는 일종의 확률밀도 함수이므로 항상 다음을 만족해야 한다.

$$\int_{-\infty}^{+\infty} |\Psi_\sigma(x, t_0)|^2 \, dx = 1$$

따라서 만일 $\delta(x-x_0) := \lim\limits_{\sigma \to 0} \Psi_\sigma(x, t_0)$으로 표기하면 이는 위치 x_0에서 관측된 순간 입자의 파동함수에 해당하고 특별히 다음이 성립해야 한다.

$$\int_{-\infty}^{+\infty} \delta(x-x_0)\,dx = 1 \tag{5.3}$$

(여기서 우리는 식 (5.2)로부터,

$\lim\limits_{\sigma \to 0}\Psi_\sigma(x, t_0) = |\lim\limits_{\sigma \to 0}\Psi_\sigma(x, t_0)|^2 = \lim\limits_{\sigma \to 0}|\Psi_\sigma(x, t_0)|^2$를 이용하였다).

결론적으로 $\delta(x-x_0)$는 다음 두 가지 중요한 성질을 가진다고 할 수 있다.

① $\displaystyle\int_{-\infty}^{+\infty} \delta(x-x_0)\,dx = 1$

② $\delta(x-x_0) = 0$ $(x \neq x_0$일 때$)$

위 성질 ①, ②에 의해 정의되는 함수 $\delta(x-x_0)$를 'Dirac의 델타 함수'라고 부른다.

엄밀히 말해, 위 ①, ②를 만족시키는 $\delta(x-x_0)$를 함수로 보기는 어려운 면이 있다. 따라서 실제 물리적인 해석이 관여하는 상황에서는 충분히 작은 σ에 대해 식 (5.1)의 강도(intensity)를 갖는 파동함수로 이해하는 것이 현실적이다. 그러나 이러한 Dirac의 델타 함수는 양자 역학의 수학적 전개에 있어 중요한 역할을 해내고 있으며, 많은 논의를 간단하게 해 주는 편리한 도구이다. 실제로 델타 함수를 보다 일반화된 함수개념인 'Distribution'으로 이해할 수 있음이 1940년대에 프랑스의 수학자 L. Schwartz에 의해 밝혀졌고 이를 통해 엄밀한 수학적 이론을 바탕으로 델타함수를 재해석할 수가 있다.

여기서는 델타함수의 가장 핵심적인 역할 한 가지를 소개하는 것으로 만족하기로 하자. 즉, 임의의 연속함수 $f(x)$에 대해 다음이 성립한다는 것이다.

$$\int_{-\infty}^{+\infty} f(x)\,\delta(x-x_0)\,dx = f(x_0) \tag{5.4}$$

이것은 다음과 같이 증명할 수 있다.

먼저 위 ②에 의해 임의의 양수 a에 대해 다음이 항상 성립한다.

$$\int_{-\infty}^{+\infty} f(x)\delta(x-x_0)\,dx = \int_{x_0-a}^{x_0+a} f(x)\delta(x-x_0)\,dx$$

한편, 함수 $f(x)$는 연속이므로 닫힌구간에서 최대, 최소를 가진다. 따라서

$$\min\{f(x)|x\in[x_0-a,\ x_0+a]\}\int_{x_0-a}^{x_0+a}\delta(x-x_0)dx$$
$$\le \int_{x_0-a}^{x_0+a} f(x)\delta(x-x_0)dx$$
$$\le \max\{f(x)|x\in[x_0-a,\ x_0+a]\}\int_{x_0-a}^{x_0+a}\delta(x-x_0)dx$$

이 성립한다. 이것은 위 ①에 의해 다음과 같이 다시 쓸 수 있다.

$$\min\{f(x)\,|\,x\in[x_0-a,\ x_0+a]\} \le \int_{-\infty}^{+\infty} f(x)\delta(x-x_0)dx$$
$$\le \max\{f(x)\,|\,x\in[x_0-a,\ x_0+a]\}$$

이제 각 변에 $a\to 0$을 취하면 $f(x)$의 연속성에 의해 다음을 얻는다.

$$f(x_0) \le \int_{-\infty}^{+\infty} f(x)\delta(x-x_0)\,dx \le f(x_0)$$

결국 이로부터 원하는 결과인 식 (5.4)를 얻는다.

델타함수의 핵심적인 성질 (5.4)를 이용하면 다음과 같은 얘기를 할 수 있다. 즉, 입자의 운동량이 정확히 p로서 관측되었다면 $p=\hbar k$에 의해 $f(k)$의 분포가 위와 똑같은 논의를 통해 $p/\hbar$에서 델타 함수의 형태를 가져야 한다. 다시 말해서 $f(k)=\delta(k-p/\hbar)$이다. 이것을 식 (3.4)에 대입하면 다음을 얻게 된다.

$$\Psi(x,\ t)=\frac{1}{\sqrt{2\pi}}\int_{-\infty}^{+\infty} e^{i(kx-\omega t)}\delta(k-p/\hbar)\,dk$$
$$=\frac{1}{\sqrt{2\pi}}e^{i[(p/\hbar)x-\omega t]}=\frac{1}{\sqrt{2\pi}}e^{i(px-Et)/\hbar}$$

따라서 이 경우 파동함수 $\Psi(x, t)$는 완전한 평면파의 형태를 취하게 되는데 이러한 경우 $|\Psi(x, t)|^2 = \frac{1}{2\pi}$이 되어 입자의 위치에 대한 확률이 x에 관계없이 모두 똑같은 상태가 되고 이는 위치에 대한 정보가 완전히 사라졌음을 의미한다.

물론 $|\Psi(x, t)|^2 = \frac{1}{2\pi}$이 되면, $\int_{-\infty}^{+\infty} |\Psi(x, t)|^2 dx = \infty$가 되기 때문에 $|\Psi(x, t)|^2$가 확률밀도 함수로서의 역할을 더 이상 할 수 없다는 문제가 발생한다. 현실적으로 이러한 문제는 델타함수를 충분히 작은 σ에 대한 식 (5.1)의 강도(intensity)를 갖는 파동함수로 이해한다면 피해갈 수 있다.

또 한 가지 방법은 실제의 경우, 우리가 관측하는 입자의 파동함수가 우리 은하 정도 범위를 벗어나서 존재한다는 것은 생각할 수 없으므로 보통 적당한 유한 구간 밖에서는 파동함수를 0으로 정의하여 $\int_{-\infty}^{+\infty} |\Psi(x, t)|^2 dx$의 값이 유한하도록 하고 따라서 Ψ에 적당한 실수를 곱함으로써 Ψ를 정규화 할 수가 있다. 즉, 전체 확률이 1이 되도록 할 수 있다.

이제 우리는 관측을 통해 입자의 위치를 x_0로 확인했다면 그 순간 입자의 파동함수 $\Psi(x,t)$은 $\delta(x-x_0)$로 표현되어야 함을 알게 되었다.

만일 $t=0$에 관측이 이루어져 $\Psi(x,0)=\delta(x-x_0)$였다면, 이후 관측행위가 개입하지 않는다는 전제 하에 입자의 파동함수는 어떻게 변해 갈까? 이에 대한 해답은 식 (4.5)에서 $\Psi(x',0)=\delta(x'-x_0)$을 대입하고 위 식 (5.4)를 이용함으로써 얻을 수 있다. 즉,

$$\begin{aligned}\Psi(x, t) &= \frac{1}{2\pi}\int_{-\infty}^{+\infty}\int_{-\infty}^{+\infty} e^{i(k(x-x')-\omega t)}\delta(x'-x_0)dx'dk \\ &= \frac{1}{2\pi}\int_{-\infty}^{+\infty} e^{i(k(x-x_0)-\omega t)}dk\end{aligned}$$

이다. 만일 입자가 가진 모든 에너지가 운동량 p에 의한 운동에너지인 경우[146]에는 $\omega = \frac{E}{\hbar} = \frac{p^2}{2m\hbar} = \frac{1}{2m\hbar}(\hbar k)^2 = \frac{\hbar k^2}{2m}$ 임을 앞에서 언급하였다.

따라서 만일 이것을 위 식에 대입하면 다음을 얻는다.[147]

146) 이러한 경우의 입자를 '자유입자(free particle)'라고 부른다.
147) [송희성] p. 386 참고.

$$\Psi(x,\,t) = \sqrt{\frac{m}{2i\pi\hbar t}}\;\exp\left[\frac{im(x-x_0)^2}{2\hbar t}\right]$$

따라서 $|\Psi(x,t)|^2 = \dfrac{m}{2\pi\hbar t}$가 되는데 이것은 입자의 위치에 대한 확률밀도 함수의 강도가 x에 무관함을 의미한다. 즉, $t=0$에 x_0에 있는 것으로 관측된 입자의 파동함수는 $t>0$에서 즉시 전 공간으로 퍼져 편평한 모양이 되고 따라서 입자는 전 공간에서 동일한 확률로 존재한다고 할 수 있다. 이러한 이상한 현상은 $t=0$일 때 위치에 대한 오차가 0이면 운동량에 대한 오차가 무한대가 되어 이론적으로 그 입자는 $t=0$일 때 모든 값의 운동량을 동일한 확률로 취할 수 있다는 데에 기인한 것이다.

이 파동함수 $\Psi(x,\,t)$는 이후 어느 시각에 위치에 대한 새로운 관측이 이루어지면 그 순간 다시 델타함수로 급변하게 되고 그 뒤 다시 위와 같이 시간에 따라 변해 나갈 것이다. 이처럼 관측행위에 의해 파동함수가 델타함수로 급변하는 것을 가리켜, '파동함수의 붕괴(collapsing)가 일어났다'고 말한다.

5.2 슈뢰딩거 방정식

주어진 시각 t에서 한 입자의 파동함수는 적당한 k 값의 분포를 나타내는 가중치 함수(weighting function) $f(k)$에 대해 항상 다음과 같이 표현된다는 것을 앞에서 살펴보았다(식 (3.4)).

$$\Psi(x,t) = \frac{1}{\sqrt{2\pi}}\int_{-\infty}^{+\infty} e^{i(kx-\omega t)}f(k)dk \qquad (3.4'')$$

이때 만일 $\Psi(x,\,0)$를 알고 있는 경우, 이를 이용해 $\Psi(x,\,t)$를 구할 수 있다는 것 또한 4.2절에서 언급하였다. 또한 3.3절에서는 특별히 $|f(k)|^2$이 가우스 분포를 따르고 $\omega=\omega(k)$에 대해 이차 근사를 시켰을 경우 $\Psi(x,t)$가 어떻게 표현되는지를 구체적으로 살펴보았다.

이와 같이 입자의 파동함수가 시간에 따라 어떤 형태로 변해나가는지를 아는 것은 대단히 중요한 일이다. 그것은 곧 고전역학에서 뉴턴의 운동방정식인 $f=ma$를 통해 임의의 시각일 때 물체의 운동 상태를 정확히 예측하는 일에 해당한다.

따라서 파동함수가 임의의 시각에서 항상 만족해야 하는 미분방정식을 찾아 이로부터 파동함수의 시간에 따른 변화를 예측할 수 있도록 하는 것은 양자역학에 있어서 매우 중요한 문제라 할 수 있다. 바로 이러한 파동함수의 운동방정식을 확립한 사람이 오스트리아의 슈뢰딩거(E. Schrödinger, 1887–1961)이며 그가 찾은 미분방정식을 '슈뢰딩거의 방정식'이라고 한다. 이를 설명하기 위해 먼저 위 (3.4'')식을 $p=\hbar k$, $E=\hbar\omega$를 이용해 다시 쓰면 다음과 같이 된다.

$$\Psi(x,t)=\frac{1}{\sqrt{2\pi}}\int_{-\infty}^{+\infty}e^{i(px-Et)/\hbar}f(k)\,dk \tag{5.5}$$

이제 위 식 (5.5)를 t에 대해 편미분하면 다음을 얻는다.($E=E(k)$임에 유의)

$$\frac{\partial\Psi}{\partial t}=\frac{1}{\sqrt{2\pi}}\int_{-\infty}^{\infty}\left(-\frac{iE}{\hbar}\right)e^{i(px-Et)/\hbar}f(k)dk \tag{5.6}$$

또한 (5.5)를 x에 대해 두 번 편미분하면 다음을 얻는다.

$$\frac{\partial^2\Psi}{\partial x^2}=\frac{1}{\sqrt{2\pi}}\int_{-\infty}^{\infty}\left(-\frac{p^2}{\hbar^2}\right)e^{i(px-Et)/\hbar}f(k)dk \tag{5.7}$$

만일 입자의 속도가 빛의 속도에 비해 매우 느린 경우에는 특수상대성이론적 효과는 무시할 수 있으므로 이 경우 물체가 가진 에너지 E는 운동에너지 $p^2/2m$과 위치에너지 $V(x)$[148]의 합으로 나타낼 수 있다. 즉, 다음과 같다.[149]

$$E=\frac{p^2}{2m}+V(x) \tag{5.8}$$

이것을 식 (5.6)에 대입하고 (5.7)을 이용하면 다음과 같은 $\Psi=\Psi(x,t)$에 대한 미분방정식을 얻는다.

148) 일반적으로 위치에너지는 시간에 따라 변할 수도 있지만, 여기서는 위치 x에 의해서만 결정되는 경우만을 생각하도록 하자.

149) 만일 질량이 0인 광자를 다루는 경우에는 E의 형태가 달라질 수 있다. 보통 양자 역학의 일반적인 교재에서는 이러한 일반적인 형태의 에너지 항을 $H(x,p)$로 쓰고 '해밀토니언(Hamiltonian)'이라고 부른다.

$$i\hbar\frac{\partial\Psi}{\partial t} = -\frac{\hbar^2}{2m}\frac{\partial^2\Psi}{\partial x^2} + V(x)\Psi \tag{5.9}$$

이것이 슈뢰딩거의 방정식이며, 입자의 상태를 나타내는 파동함수의 비상대론적 운동방정식에 해당한다.[150]

특별히 5.1절 끝 부분에 언급한 자유입자(free particle)는 $V(x)=0$인 경우에 해당함을 알 수 있다. 일반적으로 위치에너지 함수 $V(x)$는 여러 가지 형태로 나타날 수가 있다. 이처럼 일반적인 경우에 슈뢰딩거 방정식의 해는 소위 '변수분리법'이라는 보편적인 해법을 통해 구할 수 있는데 다음 절에서 간단히 살펴보도록 하자.

5-2-1. 정상해(定常解, stationary solution)와 허용 에너지(allowed energy)

식 (5.9)의 일반해를 구하기 위해서는 먼저 해의 형태를 $\Psi(x, t) = \psi(x)f(t)$와 같이 각 변수 x, t에 대해 분리시켜 생각한다. 이때 다음을 확인할 수 있다.

$$\frac{\partial\Psi}{\partial t} = \psi\frac{df}{dt}, \quad \frac{\partial^2\Psi}{\partial x^2} = \frac{d^2\psi}{dx^2}f$$

이제 이것을 식 (5.9)에 대입하고 ψf로 나누면 다음을 얻는다.

$$i\hbar\frac{1}{f(t)}\frac{df}{dt} = -\frac{\hbar^2}{2m}\frac{1}{\psi(x)}\frac{d^2\psi}{dx^2} + V(x)$$

그런데 이 식의 좌변은 t만의 함수이고 우변은 x만의 함수이다. 따라서 두 식이 같아지기 위해서는 상수가 되는 수밖에 없다. 이 상수를 E라 두면 다음 두 식을 얻는다.

$$i\hbar\frac{f'(t)}{f(t)} = E \tag{5.10}$$

$$-\frac{\hbar^2}{2m}\frac{d^2\psi}{dx^2} + V\psi = E\psi \tag{5.11}$$

여기서 먼저 식 (5.10)의 일반해는 다음과 같이 간단히 표현된다.

$$f(t) = Ce^{-iEt/\hbar} \tag{5.12}$$

150) 입자의 속도가 빛에 가까운 경우인 상대론적 운동방정식에 해당하는 파동함수의 미분방정식으로서, 고든 방정식(Gordon equation)과 디락 방정식(Dirac equation) 등이 있다.

한편 우리가 구하는 것은 $\Psi(x,t)=\psi(x)f(t)$이므로 식 (5.12)의 C는 ψ에 흡수시킴으로써 $f(t)=e^{-iEt/\hbar}$으로 쓸 수 있다.

따라서 남은 것은 식 (5.11)을 푸는 일인데, 이 미분방정식을 보통 '시간에 무관한 슈뢰딩거 방정식'이라 부른다.

우선 식 (5.11)을 다음과 같이 표현해보자.

$$\left(-\frac{\hbar^2}{2m}\frac{d^2}{dx^2}+V(x)\right)\psi(x)=E\psi(x)$$

여기서 왼쪽의 미분 작용소 $-\frac{\hbar^2}{2m}\frac{d^2}{dx^2}+V(x)$를 $\hat{H}$으로 표기하면 위 식은 다음과 같이 간단히 쓸 수 있다.

$$\hat{H}\psi = E\psi \tag{5.13}$$

여기서 $\hat{H}$은 선형 작용소[151]이고, 미분방정식론의 잘 알려진 결과에 의하면, 식 (5.13)은 특정한 실숫값[152]들인 $E_1, E_2, \cdots$ 들에 대해 각각에 해당하는 비 자명해(nontrivial solution) 즉, $\psi\equiv 0$이 아닌 해[153]인 $\psi_1, \psi_2, \cdots$들을 가지게 된다. 이때 이러한 E_i 들을 선형작용소 $\hat{H}$의 고유치(eigen value)라고 부르고[154] 각각에 해당하는 ψ_i 들을 고유함수(eigen function)라고 부른다.

결과적으로 각각의 고유치 $E_1, E_2, \cdots$에 해당하는 슈뢰딩거 방정식의 해는 다음과 같이 쓸 수 있다.

$$\Psi_1(x,t)=\psi_1(x)e^{-iE_1t/\hbar},\ \ \Psi_2(x,t)=\psi_2(x)e^{-iE_2t/\hbar},\ \cdots \tag{5.14}$$

이와 같은 해들 $\Psi_1(x,t)$, $\Psi_2(x,t)$, $\cdots$들을 **'정상해(stationary solution)'**라고 부른다. 왜냐하면 이 해들에 의한 파동함수의 확률밀도 함수 $|\Psi_i(x,t)|^2$들은 모두 시간에 따라 그

151) 즉, $\hat{H}(a\psi+b\varphi)=a\hat{H}(\psi)+b\hat{H}(\varphi)$ (단, a, b는 상수, ψ, φ는 함수)가 성립한다.

152) 실제로 $\hat{H}$는 Hermitian operator 임을 보일 수 있고, 이러한 Hermitian operator의 고유치는 항상 실수라는 사실은 선형대수학의 잘 알려진 결과이다.(연습문제 3)

153) 만일 $\psi\equiv 0$이면 $|\Psi(x,t)|^2\equiv 0$이므로 $|\Psi(x,t)|^2$이 확률밀도 함수가 될 수 없고 따라서 이 경우는 $\Psi(x,t)$가 물리적 의미를 가질 수 없다.

154) 엄밀히 말해서, E 값들이 항상 $E_1, E_2, \cdots$와 같이 띄엄띄엄 나타나는 것은 아니며, 자유입자의 경우처럼 연속적인 값들의 분포를 취할 수 있다. 이 경우는 늘 그렇듯이 식 (5.15)도 적분의 형태로 바뀌어야 한다. 이 절의 아래 논의를 참조할 것

형태가 변하지 않기 때문이다.

그런데 슈뢰딩거 방정식인 식 (5.9)의 선형성에 의해 위 정상해들의 일차결합으로 표현된 식들도 역시 슈뢰딩거 방정식의 해가 됨을 알 수 있다. 즉,

$$\Psi(x,t) = \sum_{n=1}^{\infty} c_n \psi_n(x) e^{-iE_n t/\hbar} \qquad (5.15)$$

도 슈뢰딩거 방정식의 해가 된다.

뿐만 아니라, 역으로 임의의 슈뢰딩거 방정식의 해는 적당한 c_n들을 선택하여 위 식 (5.15)과 같은 형태로 나타낼 수 있음이 잘 알려져 있다.[155] 물론 이때, c_n들은 파동함수 $\Psi(x,t)$의 초기 조건에 의해 결정된다.

한편 슈뢰딩거 방정식의 해가 존재하기 위한 E_1, E_2, $\cdots$ 값들에 대한 물리적 해석을 어떻게 해야 할까? 이것을 살펴보기 위해 $V(x) \equiv 0$인 경우, 즉 자유입자인 경우 슈뢰딩거 방정식의 해를 구해보도록 하자. 우선 $V(x) \equiv 0$이므로 식 (5.11)은 다음과 같이 쓸 수 있다.

$$-\frac{\hbar^2}{2m}\frac{d^2\psi}{dx^2} = E\psi$$

만일 $k := \dfrac{\sqrt{2mE}}{\hbar}$라고 두면[156], 위 식은 다시 다음과 같이 된다.

$$\frac{d^2\psi}{dx^2} = -k^2\psi$$

이제 $\psi(x) = e^{\lambda x}$로 두고 특성방정식 $p(\lambda) = \lambda^2 + k^2 = 0$을 풀어 이 미분방정식의 일반해를 다음과 같이 구할 수 있다.

$$\psi_E(x) = Ae^{ikx} + Be^{-ikx}$$

이로부터 슈뢰딩거 방정식의 정상해들을 (5.15)과 같이 구할 수 있는데 다음과 같다.

---

155) 실제로 슈뢰딩거 방정식의 정상해들은 해 공간(solution space)상에서 '완전 정규 직교 기저(complete orthonormal basis)'를 이룬다.

156) 여기서 우리는 $E \geq 0$임을 이용하였다. 실제로 시간에 무관한 슈뢰딩거 방정식을 만족하는 모든 해 $\psi(x)$ (단, $\int_{-\infty}^{\infty} |\psi(x)|^2 dx = 1$)에 대하여, E는 $V(x)$의 최솟값보다 반드시 커야 함을 보일 수 있다(연습문제 2).

$$\Psi_E(x,\, t) = Ae^{i(kx - Et/\hbar)} + Be^{-i(kx + Et/\hbar)}$$
$$= Ae^{ik(x - \frac{\hbar k}{2m}t)} + Be^{-ik(x + \frac{\hbar k}{2m}t)}$$

위 식에서 보듯이 $\Psi_E(x,\, t)$는 운동에너지 E 인 자유입자를 파동함수로 표현한 것과 정확히 일치한다(위 식에서 첫째 항은 오른쪽으로 진행하는 파이고 두 번째 항은 왼쪽으로 진행하는 파를 나타낸다). 실제로 식 (5.15)에서 시간을 나타내는 t 앞에 있는 $\frac{E}{\hbar}$는 그 파동의 주파수를 나타내는데 앞에서 우리는 물질파의 파동함수에서 주파수에 해당하는 것이 그 물질의 에너지를 $\hbar$로 나눈 것에 해당함을 언급한 적이 있다.(3.1절 끝부분 참고)

결론적으로 시간에 무관한 슈뢰딩거 방정식의 고유치에 해당하는 E 값들은 그 입자가 가지는 에너지 값들에 해당하는 것으로 해석하는 것이 자연스러움을 알 수 있다.

참고로, 위에서 본 자유입자의 경우는 모든 $E(\geq 0)$가 고유치가 될 수 있으므로 다음과 같이 정상해들의 '일차결합'으로 표현된 파동함수도 슈뢰딩거 방정식의 해가 될 수 있다.

$$\Psi(x,t) = \frac{1}{\sqrt{2\pi}} \int_{-\infty}^{+\infty} \phi(k)\, e^{i\left(kx - \frac{\hbar k^2}{2m}t\right)} dk$$[157)]

물론 이 식은 진동수 ω가 $\omega = \frac{E}{\hbar} = \frac{p^2}{2m\hbar} = \frac{1}{2m\hbar}(\hbar k)^2 = \frac{\hbar k^2}{2m}$에 의해서 주어지는 자유입자의 파동다발의 형태와 정확히 일치하는 식이다.

특별히, 만일 고유치들이 $E_1,\, E_2,\, \cdots$와 같은 이산적인 값으로 주어지고, 이 값들에 대해서만 슈뢰딩거 방정식이 해를 갖는다면, 이는 입자가 가질 수 있는 에너지 값들이 이 값들에만 한정이 되어 있음을 의미한다. 이러한 의미에서 $E_1,\, E_2,\, \cdots$ 값들을 '**허용 에너지**(allowed energy)'라고 부르고 보통 '에너지가 **양자화**(quantized)되었다'고 말한다.

이제 지금까지의 일반적인 논의를 바탕으로 슈뢰딩거 방정식의 일반해에 대한 구체적인 예들을 살펴보기로 하자.

5-2-2. 첫 번째 예 : 단순조화운동

용수철 상수가 $k > 0$인 용수철 끝에 질량 m인 입자가 매달려 있다고 하자. 후크의 법칙에 의해 이 입자가 평형위치인 $x = 0$으로부터 x만큼 떨어진 위치에 있을 때, 용수철로부터

157) 앞서 식 (3.4)에서와 같이 관례에 따라 적분 앞의 $\frac{1}{\sqrt{2\pi}}$를 $\phi(k)$에 흡수시키지 않고 표기하였다.

받는 복원력 $f(x)$는 $-kx$에 해당한다.

따라서 이 경우 입자의 위치가 x일 때 갖게 되는 용수철에 의한 위치에너지(potential energy) $V(x)$는 다음과 같이 계산된다.

$$V(x) = \int_0^x (-f(x'))\,dx' = \int_0^x (kx')\,dx' = \frac{1}{2}kx^2$$

이제 이 입자의 운동을 양자역학적으로 기술하기 위해 '시간에 무관한 슈뢰딩거 방정식'에 위의 $V(x)$를 대입하면 다음과 같은 형태가 된다.

$$-\frac{\hbar^2}{2m}\frac{d^2\psi}{dx^2} + \frac{1}{2}m\omega^2 x^2\psi(x) = E\psi(x) \text{ (단, } \omega = \sqrt{\frac{k}{m}} \text{ 이다).}$$

이 미분방정식을 푸는 방법은 대수적인 방법과 해석적인 방법 등이 있는데 자세한 과정은 생략하고 여기서는 다만 그 결과만을 소개하기로 한다.[158)]

우선 이 미분방정식이 비 자명해를 가지기 위한 고유치 $E_n (n = 0, 1, 2, \cdots)$들은 다음과 같다.

$$E_n = \left(n + \frac{1}{2}\right)\hbar\omega \quad (n = 0, 1, 2, \cdots) \tag{5.16}$$

즉, 용수철 끝에 매달린 입자가 가질 수 있는 에너지 값은 위 (5.16)에 의해 주어진 값들에 한해서만 가능하다는 것을 알 수 있다[159)].

또한 각 고유치 E_n에 해당하는 고유함수 $\psi_n(x)$는 다음과 같이 주어진다.

$$\psi_n(x) = \left(\frac{m\omega}{\pi\hbar}\right)^{1/4} \frac{1}{\sqrt{2^n n!}} H_n(\xi) e^{-\xi^{2/2}}$$

(단, 여기서 $\xi = \sqrt{\frac{m\omega}{\hbar}}\, x$ 이고, $H_n(\xi)$은 '에르미트 다항식(Hermite polynomial)' 으로서 다음과 같이 정의된다 : $H_n(\xi) = (-1)^n e^{\xi^2}\left(\frac{d}{d\xi}\right)^n e^{-\xi^2}$)

---

158) 구체적인 계산과정은 [Griffith pp.37~41]를 참고할 것.

159) n의 값을 결정하는 것은 물론 시스템의 초기조건이다.

참고로 $n=100$일 때 $|\psi_{100}(x)|^2$의 그래프를 그려보면 [그림 4-27]과 같다. 그림에서 볼 수 있듯이 일정한 진폭으로 진동하는 입자의 속력이 가장 큰 $x=0$ 근처에서 입자가 존재할 확률이 가장 작고 양쪽의 최대 진폭쪽으로 갈수록 입자의 속력이 느려지므로 이 부근에서 입자를 발견할 확률이 크다는 것을 알 수 있다. 실제로 이는 고전역학적으로 각 위치에 입자가 머무르는 시간의 밀도(즉, $\frac{dt}{dx}=\frac{1}{x'(t)}$)를 계산한 결과와 잘 일치하는 것을 볼 수 있다.

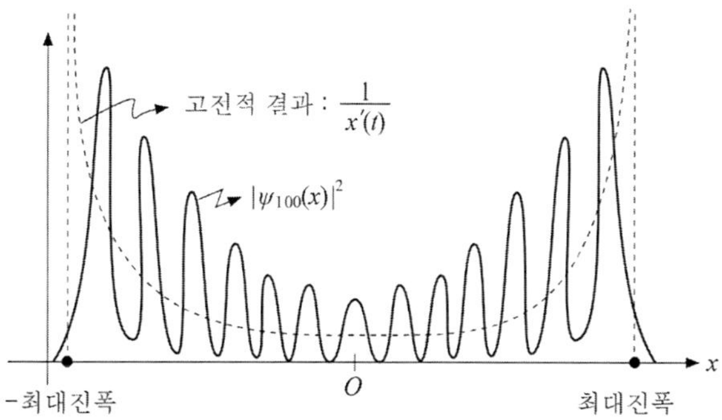

그림 4-27

한편 앞의 식 (5.16)으로부터 우리는 양자역학이 제공하는 놀라운 결과들을 접하게 되는데 우선 첫째로 에너지가 양자화되어 있다는 것이다.

고전 역학적으로는 용수철 끝에 매달려 진동하는 입자의 최대 진폭이 A이면 그 입자가 진동하는 동안 유지하는 에너지는 역학에너지 보존에 의해 항상 $\frac{1}{2}kA^2$이라고 말할 수 있다. 이때 최대 진폭 A는 용수철이 허락하는 최대범위 내의 모든 값들을 취할 수 있으므로 이 입자의 에너지도 일정범위 내의 모든 값을 다 취할 수 있어야 한다. 그러나 식 (5.16)에 의하면 이 입자의 에너지는 $\hbar\omega$의 간격으로 띄엄띄엄 분포된 값들만을 취할 수 있다는 것이 양자 역학의 주장이다. 물론 $\hbar$가 10^{-34}단위의 극히 작은 수이므로 $\hbar\omega$도 매우 작은 수에 해당하고 따라서 일상적 경험의 영역에서는 이렇게 작은 간격은 거의 0으로 인식될 것이고 따라서 에너지 분포도 연속적인 것으로 인식될 수 있다.

또 한 가지 놀라운 사실은 고전 역학적으로 평형상태인 $x=0$ 위치에서 정지해 있는 입자의 에너지는 0이어야 하는데 (물론 상대론적 정지 에너지는 제외하고), 식 (5.16)에 의하면 입자가 가질 수 있는 최소 에너지인 $E_0=\frac{1}{2}\hbar\omega$가 양의 값을 갖는다는 것이다(사실 입자가 $x=0$의 위치에 정지(즉, 운동량$=0$)해 있다는 것 역시 양자 역학의 불확정성 원리에 위배되므로 이는 다분히 고전역학적인 기술에 불과한 것이다). 실제로 $|\psi_0(x)|^2$을 구해보

면 $\sqrt{\frac{m\omega}{\pi\hbar}}\, e^{-\frac{m\omega}{\hbar}x^2}$ 이 되는데 이 그래프는 [그림 4-28]에서 볼 수 있듯이 평형위치인 $x=0$ 부근에 입자가 존재할 확률이 가장 높다는 것을 보여주고는 있지만 고전 역학적에서 말하듯이 $x=0$의 위치에 정지해 있음을 의미하지는 않는다는 것을 알 수 있다.

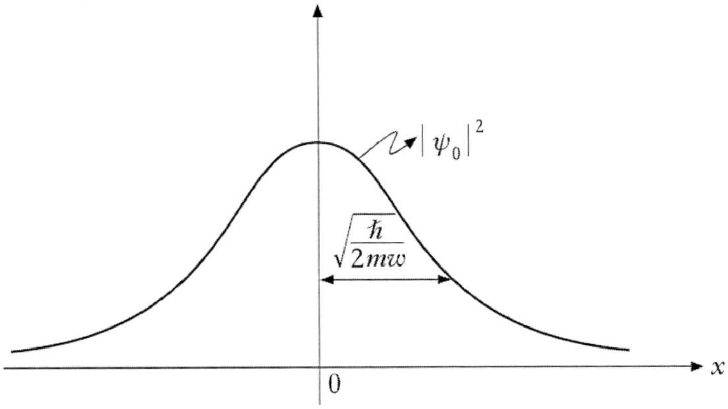

그림 4-28

5-2-3. 두 번째 예 : 수소 원자

수소 원자는 모든 원자들 중에 가장 간단한 구조를 가지고 있는데, 가운데 $+e$ 전하를 띄고 있는 양성자와 그 주위에 $-e$ 전하를 띄고 있는 전자로 이루어져 있다. 따라서 이 전자는 쿨롱의 힘인 $f=-\frac{1}{4\pi\epsilon_0}\frac{e^2}{r^2}$ (단, r은 양성자와 전자 간의 거리)을 받고 있고 다음과 같은 위치에너지를 갖고 있다고 할 수 있다.

$$V(r)=\int_{\infty}^{r}(-f(r))\,dr=\int_{\infty}^{r}\frac{1}{4\pi\epsilon_0}\frac{e^2}{r^2}\,dr=-\frac{e^2}{4\pi\epsilon_0}\frac{1}{r} \tag{5.17}$$

한편 식 (5.9) 또는 (5.11) 등은 x축 위의 일차원 상에서만 운동하는 입자에 대한 슈뢰딩거 방정식인데 만일 수소 원자의 전자와 같이 3차원 공간 상에 있는 입자를 기술하기 위해서는 슈뢰딩거 방정식도 여기에 맞도록 조정이 필요하다.

이러한 조정은 x 대신 공간 상의 한 점 $\vec{r}=(x,y,z)$을 사용하고, k 대신 파동의 진행 방향을 나타내는 벡터 $\vec{k}$를 사용했을 때 x축 상을 운동하는 평면파 $e^{i(kx-\omega t)}$ 대신 3차원 공간의 $\vec{k}$ 방향으로 운동하는 평면파를 $e^{i[(\vec{k}\cdot\vec{r})-\omega t]}$으로 나타낼 수 있다는 사실을 이용하면 된다(1장 4절 참조). 즉, 이 3차원 공간의 평면파 $e^{i[(\vec{k}\cdot\vec{r})-\omega t]}$를 이용하여 5.2절 첫 부분에서와 똑같은 논의를 적용하면 결과적으로 (5.9) 또는 (5.11)에서 $\frac{\partial^2}{\partial x^2}$ 대신 ∇^2

$=\dfrac{\partial^2}{\partial x^2}+\dfrac{\partial^2}{\partial y^2}+\dfrac{\partial^2}{\partial z^2}$ 으로 바꾸면 된다는 것을 쉽게 알 수 있다. 따라서 3차원 공간에서 '시간에 무관한 슈뢰딩거 방정식'은 다음과 같이 표현된다.

$$-\frac{\hbar^2}{2m}\nabla^2\psi+V(\vec{r})\psi=E\psi \tag{5.18}$$

또한 수소원자의 경우처럼 위치에너지가 (5.17)과 같이 r에만 의존하는 경우에는 직교좌표계 (x, y, z)보다는 구면 좌표계를 이용하는 것이 편리하다. 따라서 $\nabla^2\psi$를 구면 좌표계 (r, θ, ϕ)를 이용하여 다음과 같이 다시 쓰도록 한다.

$$\nabla^2\psi=\frac{1}{r^2}\frac{\partial^2}{\partial r^2}(r\psi)+\frac{1}{r^2}\Omega[\psi]$$

(단, 여기서 $\Omega[\psi]=\dfrac{1}{\sin\theta}\dfrac{\partial}{\partial\theta}\left(\sin\theta\dfrac{\partial\psi}{\partial\theta}\right)+\dfrac{1}{\sin^2\theta}\dfrac{\partial^2\psi}{\partial\phi^2}$ 로서 Ω는 선형연산자 이다).

한편 (5.18)에서 $V(\vec{r})$가 r만의 함수로 표현되는 경우에는 구하는 $\psi(\vec{r})$를 다음과 같은 변수분리형으로 표현하여 해를 구하는 것이 효과적이다.

$$\psi(\vec{r})=v(r)\,Y(\theta,\phi) \tag{5.19}$$

이제 (5.19)를 식 (5.18)에 대입한 뒤 r 변수와 (θ, ϕ) 변수로 분리하여 정리하면 다음을 얻는다.

$$r^2\left\{\frac{1}{v(r)r}\frac{d^2}{dr^2}(v(r)r)+\frac{2m}{\hbar^2}[E-V(r)]\right\}=-\frac{\Omega[Y(\theta,\phi)]}{Y(\theta,\phi)}$$

이 식의 좌변은 r에만, 우변은 (θ, ϕ)에만 의존하므로 결과적으로 두 변은 상수일 수밖에 없다. 이 상수를 $-C$로 두면 다음의 두 관계식을 얻는다.

① $\dfrac{1}{r}\dfrac{d^2}{dr^2}(v(r)r)+\dfrac{2m}{\hbar^2}[E-V(r)]\,v(r)=-\dfrac{Cv(r)}{r^2}$

② $\Omega[Y(\theta,\phi)]=C\,Y(\theta,\phi)$

위 식 중에 ①에서는 $V(r) = -\dfrac{e^2}{4\pi\epsilon_0}\dfrac{1}{r}$을 대입함으로써 $v(r)$을 구할 수 있고, ②는 $V(r)$에 관계없이 항상 풀 수 있는 미분방정식이다.

잘 알려진 미분방정식 이론에 의하면, ②의 일반해인 $Y(\theta, \phi)$는

$$C = -l(l+1) \quad (l = 0, 1, 2, \cdots) \tag{5.20}$$

인 경우에[160] 함수

$$\left\{ Y_l^m(\theta, \phi) \mid l = 0, 1, 2, \cdots,\ m = -l, -l+1, \cdots, l-1, l \right\}$$

들의 일차결합 즉,

$$Y(\theta, \phi) = \sum_{l,\, m} c_l^m\ Y_l^m(\theta, \phi)$$

와 같은 형태로 표현할 수 있다.[161]

여기서 함수 $Y_\ell^m(\theta, \phi)$의 구체적인 형태는 다음과 같다.

$$Y_l^m(\theta, \phi) = \epsilon\sqrt{\frac{(2l+1)}{4\pi}\frac{(l-|m|)!}{(l+|m|)!}}\ e^{im\phi}P_l^m(\cos\theta)$$

(단, $\epsilon = \begin{cases} (-1)^m & (m \geq 0) \\ 1 & (m \leq 0) \end{cases}$이고, $P_l^m(x) = (1-x^2)^{|m|/2}\left(\dfrac{d}{dx}\right)^{|m|}P_l(x)$이다. 여기서 $P_l(x) = \dfrac{1}{2^l\, l!}\left(\dfrac{d}{dx}\right)^l (x^2-1)^l$로서 l번째 **'르장드르 다항식'**이라고 부른다).

한편 위 식 ①에서 $V(r) = -\dfrac{e^2}{4\pi\epsilon_0}\dfrac{1}{r}$와 $C = -l(l+1)$를 대입하여 $v(r)$을 구할 수 있는데 그 결과 특정한 E 값들인[162]

$$E_n = -\left[\frac{m}{2\hbar^2}\left(\frac{e^2}{4\pi\epsilon_0}\right)^2\right]\frac{1}{n^2} \quad (n = 1, 2, \cdots) \tag{5.21}$$

---

160) C는 선형연산자 Ω의 고유치에 해당한다.

161) [Bohm] p. 324 참고.

162) E_n 역시 ①에 의해 유도되는 적당한 선형연산자 Λ의 고유치로 볼 수 있다.

에 대해 $l=0, \cdots, n-1$에 해당하는 해인 $v_{nl}(r)$들을 얻을 수 있다.[163)]

참고로 $v_{nl}(r)$의 몇 가지 예를 들면 다음과 같다.

$$v_{10}(r) = \frac{2}{a_0^{3/2}}\, e^{-\frac{r}{a_0}}, \quad v_{21}(r) = \frac{1}{2\sqrt{6}\, a_0^{3/2}}\, \frac{r}{a_0}\, e^{-\frac{r}{2a_0}}$$

(단, $a_0 = \dfrac{4\pi\epsilon_0\hbar^2}{me^2} = 0.529 \times 10^{-10} m$로서 '**보어 반경**(Bohr radius)'이라고 부른다).

최종적으로, 식 (5.21)에 주어진 E_n에 해당하는 수소원자의 '시간에 무관한 슈뢰딩거 방정식'의 정상해는 다음과 같이 표현될 수 있다.

$$\psi_{nlm}(r, \theta, \phi) = v_{nl}(r)\; Y_l^m(\theta, \phi) \quad (n \in \mathbb{N},\, l = 0, \cdots, n-1,\, m = -l, \cdots, l)$$

특히, 주어진 에너지 값 E_n 한 개에 대해 총 $\sum_{l=0}^{n-1}(2l+1) = n^2$개의 정상해가 존재함을 알 수 있다.

여기서 n, l, m들은 각각 물리적인 의미를 지니는데 '**주 양자수**'로 불리는 n은 수소원자가 가질 수 있는 에너지 값을 결정하고 '**궤도양자수**'로 불리는 l은 수소원자의 총 각운동량을 결정하며, '**자기양자수**'라고 불리는 m은 z축 방향의 각 운동량을 결정한다.

특별히 에너지 값이 가장 낮은 경우(이 상태를 '바닥상태'라고 부른다)인

$$\psi_{100}(\vec{r}) = \frac{1}{\sqrt{\pi}\, a_0^{3/2}}\, e^{-\frac{r}{a_0}}$$

일 때, 전자가 반경 r인 구면과 반경 $r+dr$인 구면 사이인 영역에 존재할 확률은 다음과 같다.

$$|\,\psi_{100}(\vec{r})\,|^2\, 4\pi r^2 dr$$

여기서 만일 반경 r에 대한 확률밀도함수인 $|\psi_{100}|^2 4\pi r^2$을 $P(r)$이라 하면, $P(r)$이 최대가 되는 r 값은 정확히 $r = a_0$임을 쉽게 알 수 있다(연습문제 5).

---

163) 따라서 Λ의 고유치 E_n에 해당하는 고유벡터의 공간은 n차원이다.

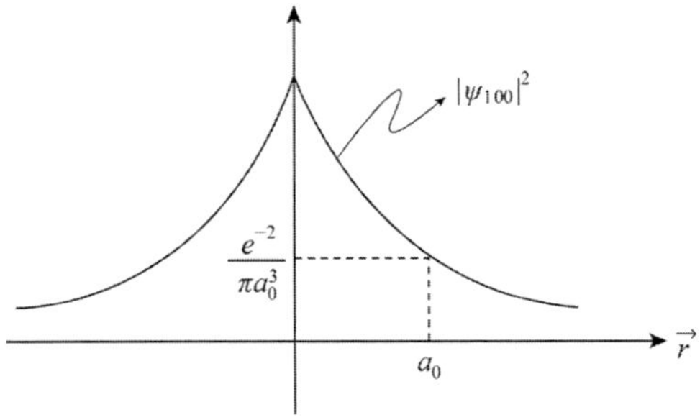

그림 4-29

보어는 그의 원자이론에서 전자가 양성자로부터 a_0인 거리에서 원운동을 하고 있는 것으로 보았는데, 위의 논의에 의하면 이는 양자역학적으로도 잘 설명되고 있음을 알 수 있다.

참고로, 전자의 궤도 반경에 대한 기대치인 $< r >$은 다음과 같이 표현할 수 있다.

$$\langle r \rangle = \int_0^\infty r P(r) dr = \frac{1}{\pi a_0^3} \int_0^\infty r e^{-\frac{2r}{a_0}} dr$$

실제로 이 값을 계산하면 $\langle r \rangle = \frac{3}{2} a_0$가 나오는 것을 확인할 수 있다.

참고문헌

송희성, 양자역학, 교학연구사, 2006.

안세희, 물리학의 현대적 이해, 청문각, 2004.

D. Bohm, Quantum Theory, Dover Publications, 1989.

D. Griffith, Introduction to Quantum Mechanics, Prentice Hall, 1995.

D. Ingram, Radiation and Quantum Physics, Oxford Univ. Press, 1973.

제 4 장 연습문제

1. [그림 4-6]에서 $|\Psi_1 + \Psi_2|$가 $2A\cos\left(\dfrac{\phi_1 - \phi_2}{2}\right)$이 되고, $\Psi_1 + \Psi_2$의 편각이 $\omega t + \dfrac{\phi_2 - \phi_1}{2}$임을 보여라.

2. 시간에 무관한 슈뢰딩거 방정식 (5.11)의 해 ψ가 $\int_{-\infty}^{\infty} |\psi(x)|^2 dx = 1$을 만족할 때 E는 V의 최솟값보다 크거나 가져야 함을 보여라. (힌트 : 식 (5.11)을 다시 쓰면 $\dfrac{d^2\psi}{dx^2} = \dfrac{2m}{\hbar}(V(x) - E)\psi$가 된다. 따라서 만일 $E < V_{\min}$이면 $\psi''(x)$와 $\psi(x)$는 항상 '같은 부호'를 갖는다)

3. Hermite 작용소의 정의에 대해 조사해 보고 이 작용소의 고유치는 항상 실수임을 보여라.

4. 슈뢰딩거 방정식을 만족하는 파동함수 $\Psi(x, t)$에 대하여 다음 물음에 답하여라.

① 등식 $\dfrac{\partial}{\partial t}|\Psi|^2 = \dfrac{\partial}{\partial x}\left[\dfrac{i\hbar}{2m}\left(\Psi^* \dfrac{\partial \Psi}{\partial x} - \dfrac{\partial \Psi^*}{\partial x}\Psi\right)\right]$을 보여라.

② 입자의 위치 x의 기댓값 $\langle x \rangle$를 $\langle x \rangle = \int_{-\infty}^{\infty} x|\Psi(x, t)|^2 dx$로 정의할 때, 다음을 보여라.

$$\frac{d\langle x \rangle}{dt} = -\frac{i\hbar}{m}\int \Psi^* \frac{\partial \Psi}{\partial x} dx$$

③ $\langle p \rangle := m\dfrac{d\langle x \rangle}{dt}\left(= \int \Psi^* \left(\dfrac{\hbar}{i}\dfrac{\partial}{\partial x}\right)\Psi\, dx\right)$에 대하여, 다음을 보여라.

$$\frac{d\langle p \rangle}{dt} = \left\langle -\frac{\partial V}{\partial x}\right\rangle \left(:= \int \left(-\frac{\partial V}{\partial x}\right)|\Psi(x, t)|^2 dx\right)$$

5. 5.2.3절에서 $P(r) = |\psi_{100}(r)|^2 4\pi r^2$이 최대가 되는 r의 값이 a_0임을 보여라.

해답풀이

제 1 장

1. ① 미분가능한 곡선 $r:[a,\, b] \to \mathbb{R}^3$ 위에서 정의된 함수 $f: r \to \mathbb{R}$ 의 선적분 $\int_r f\,ds$ 는 다음과 같이 정의된다 : $\int_r f\,ds := \lim_{n\to\infty} \sum_{i=1}^{n} f(p_i) \Delta s_i$

(단, $a = t_0 < t_1 < \cdots < t_{n-1} < t_n = b$에서 $t_i - t_{i-1} = \dfrac{b-a}{n}(i=1,\, \cdots,\, n)$이고 $p_i = r(t_i)$, Δs_i=곡선 r 위의 호 $\widehat{p_{i-1}\, p_i}$의 길이)

② 미분가능한 곡면 $S: [a,\, b] \times [c,\, d] \to \mathbb{R}^3$ 위에서 정의된 함수 $f: S \to \mathbb{R}$ 의 면적분은 다음과 같이 정의된다 : $\int_S f\,dS := \lim_{n\to\infty} \sum_{i,\, j=1}^{n} f(p_{ij}) \Delta S_{ij}$

(단, $a = u_0 < u_1 < \cdots < u_n = b$, $c = v_0 < v_1 < \cdots < v_n = d$에서 $u_i - u_{i-1} = \dfrac{b-a}{n}$, $v_i - v_{i-1} = \dfrac{d-c}{n}$이고, $p_{ij} = S(u_i,\, u_j)(1 \le i,\, j \le n)$, $\Delta S_{ij} = S([u_{i-1},\, u_i] \times [v_{j-1},\, v_j])$의 넓이이다)

2. $$\nabla \times (grad\,\phi) = \left(\frac{\partial^2 \phi}{\partial y \partial z} - \frac{\partial^2 \phi}{\partial z \partial y},\ \frac{\partial^2 \phi}{\partial z \partial x} - \frac{\partial^2 \phi}{\partial x \partial z},\ \frac{\partial^2 \phi}{\partial x \partial y} - \frac{\partial^2 \phi}{\partial y \partial x} \right) = (0,\, 0,\, 0)$$

3. $$\begin{aligned} \nabla \cdot (\nabla \times V) &= \frac{\partial}{\partial x}\left(\frac{\partial V_3}{\partial y} - \frac{\partial V_2}{\partial z} \right) + \frac{\partial}{\partial y}\left(\frac{\partial V_1}{\partial z} - \frac{\partial V_3}{\partial x} \right) + \frac{\partial}{\partial z}\left(\frac{\partial V_2}{\partial x} - \frac{\partial V_1}{\partial y} \right) \\ &= \left(\frac{\partial^2 V_3}{\partial x \partial y} - \frac{\partial^2 V_3}{\partial y \partial x} \right) + \left(\frac{\partial^2 V_1}{\partial y \partial z} - \frac{\partial^2 V_1}{\partial z \partial y} \right) + \left(\frac{\partial^2 V_2}{\partial x \partial z} - \frac{\partial^2 V_2}{\partial z \partial x} \right) \\ &= 0 \end{aligned}$$

4. 적분의 평균값 정리 : 입체 R 에서 정의된 함수 $f: \mathrm{R} \to \mathbb{R}$ 에 대하여 적당한 $\bar{p} \in \mathrm{R}$ 를 선택하면 다음이 성립한다 : $f(\bar{p}) = \dfrac{1}{\mathrm{vol(R)}} \int_{\mathrm{R}} f\,dV$

5. 다음 그림과 같이 표시했을 때, 이 화살표가 나타내는 양들을 모두 더하면 $f(x_n) - f(x_0)$ 외에는 모두 상쇄된다.

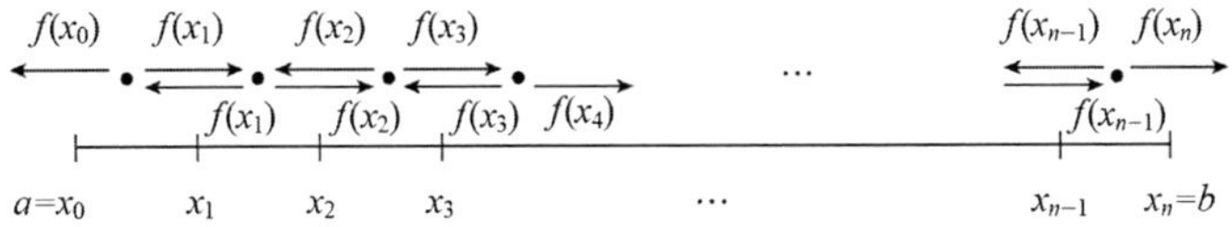

6. $\overrightarrow{F}(\vec{r}) = \dfrac{\vec{r}-\vec{r}'}{|\vec{r}-\vec{r}'|^3}$이라 두면 $\mathrm{div}\overrightarrow{F}=0$임을 확인할 수 있다.

① $\vec{r}' \not\in V$일 때 : 발산정리에 의해 $\displaystyle\int_S \overrightarrow{F}(\vec{r})\cdot\vec{n}dS = \int_V \mathrm{div}\overrightarrow{F}dV = 0$

② $\vec{r}' \not\in V$일 때 : S_ϵ을 중심이 $\vec{r}$이고 반지름이 $\epsilon>0$인 V 속의 작은 구면이라고 하자. 이때 V에서 S_ϵ의 내부를 뺀 영역을 V_ϵ이라 하면, $\partial V_\epsilon = S\cup S_\epsilon$이다. $\vec{r}'\not\in V$이므로 발산정리에 의해 $0=\displaystyle\int_{V_\epsilon}\mathrm{div}\overrightarrow{F}dV = \int_{\partial V_\epsilon}\overrightarrow{F}\cdot\vec{n}dS = \int_S \overrightarrow{F}\cdot\overrightarrow{n_1}dS - \int_{S_\epsilon}\overrightarrow{F}\cdot\overrightarrow{n_2}dS$ 이다.(여기서 $\overrightarrow{n_1}$, $\overrightarrow{n_2}$는 각각 구면 S, S_ϵ의 바깥쪽을 향하는 단위법벡터장이다) 따라서

$\displaystyle\int_S \overrightarrow{F}\cdot\overrightarrow{n_1}dS = \int_{S_\epsilon}\overrightarrow{F}\cdot\overrightarrow{n_2}dS = \int_{S_\epsilon}\frac{1}{\epsilon^2}dS = 4\pi$이고 $\dfrac{1}{4\pi\epsilon_0}\displaystyle\int_S \overrightarrow{F}\cdot\vec{n}dS = \frac{1}{\epsilon_0}$이다.

7. 두 전하 q_1, q_2 사이의 거리가 r이라고 하자. 이때 q_1의 위치를 중심으로 하고 반지름이 r인 구면을 S라 하고, q_1에 의한 S상의 전기장을 $\overrightarrow{E}(\vec{r})$라 하자.

가우스법칙에 의해 $\displaystyle\int_S(\overrightarrow{E}(\vec{r})\cdot\vec{n})dS(\vec{r}) = \frac{q_1}{\epsilon_0}$이 성립하고 공간의 등방성에 의해 $\overrightarrow{E}(\vec{r}) = E\cdot\vec{n}$로 쓸 수 있으므로 이 식에서 좌변은 $E\cdot 4\pi r^2$이 된다. 따라서 $E=\dfrac{q_1}{4\pi\epsilon_0 r^2}$이고 이 전기장에 q_2에 작용하는 쿨롱의 힘은 $F=q_2E=\dfrac{q_1q_2}{4\pi\epsilon_0 r^2}$이다.

8. 오른쪽 그림과 같이 단면적이 A이고 전하밀도가 ρ'인 도선 주위에 반지름이 r이고 높이가 d인 원기둥 모양의 영역 S를 생각하고, 이 원기둥 상에서의 전기장을 $\overrightarrow{E}$라 하자. 이때 가우스 법칙에 의해, $\displaystyle\int_S(\overrightarrow{E}\cdot\vec{n})dS = \frac{A\cdot d\cdot\rho'}{\epsilon_0}$가 성립하고 이 식의 좌변은 공간의 등방성에 의해 $E\cdot 2\pi rd$로 쓸 수 있다. 따라서 $E=\dfrac{A\cdot\rho'}{2\pi r\epsilon_0}$이고 S상의 전하 $-q$가 받는 힘 $F'(=-qE)$는 $\dfrac{-qA\rho'}{2\pi r\epsilon_0}$이다.

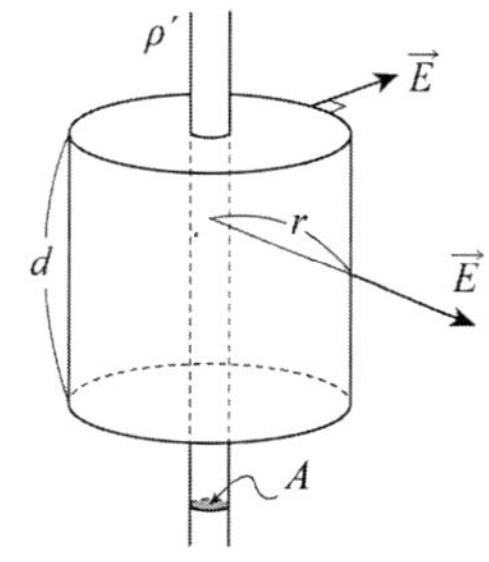

한편 본문 p.33의 $F=\dfrac{qv(\rho_vA)}{2\pi\epsilon_0c^2r}$에서 $\rho_- = -\rho_+ = \dfrac{\sqrt{1-\frac{v^2}{c^2}}}{\frac{v^2}{c^2}}\rho'$을 대입하여 정의하면

$F'=\dfrac{1}{\sqrt{1-\frac{v^2}{c^2}}}F$를 얻는다.

9. 세 벡터 $\vec{a}$, $\vec{b}$, $\vec{c}$에 대해 항상 성립하는 방정식 $\vec{a}\times(\vec{b}\times\vec{c}) = \vec{b}(\vec{a}\cdot\vec{c}) - (\vec{a}\cdot\vec{b})\vec{c}$에서 $\vec{a}$, $\vec{b}$ 대신 ∇를 대입하고 $\vec{c}$ 대신 E를 대입하면 등식을 증명할 수 있다.

해답풀이

제 2 장

1. $|v|<c$일 때, 부등식 $\left|\dfrac{dx'}{dt'}\right|<c$는 다음과 동치이다.

$$-c<\frac{\dfrac{dx}{dt}-v}{1-\dfrac{v}{c^2}\dfrac{dx}{dt}}<c \Leftrightarrow -c+\frac{v}{c}\frac{dx}{dt}<\frac{dx}{dt}-v<c-\frac{v}{c}\frac{dx}{dt}$$

$$\Leftrightarrow \frac{v-c}{c}\frac{dx}{dt}<c-v \ \ \& \ \ \frac{c+v}{c}\frac{dx}{dt}<c+v$$

$$\Leftrightarrow \frac{dx}{dt}>-c \ \ \& \ \ \frac{dx}{dt}<c \Leftrightarrow \left|\frac{dx}{dt}\right|<c$$

2. $\dfrac{dx'}{dt'}=\dfrac{\dfrac{dx}{dt}-v}{1-\dfrac{v}{c^2}\dfrac{dx}{dt}}$에서 $\dfrac{dx}{dt}=c$일 때 $\dfrac{dx'}{dt'}=\dfrac{c-v}{1-\dfrac{v}{c^2}\cdot c}=c$이다.

3. 세로에 대해서는 길이수축이 일어나지 않으므로 그림의 세로길이는 여전히 2m이다. 가로의 길이에 대한 길이수축은 $1\cdot\sqrt{1-\left(\dfrac{v}{c}\right)^2}=\sqrt{1-\left(\dfrac{3}{5}\right)^2}=\dfrac{4}{5}$m이다.

4. 가운데 있는 관찰자를 S, 우주선 A에 탑승한 관찰자를 S'이라 하면 $v=\dfrac{4}{5}c$이다. 우주선 B의 S에 대한 속도는 $\dfrac{dx}{dt}=-\dfrac{4}{5}c$이므로 속도 변환 공식에 의해 S'에 대한 우주선 B의 속도 $\dfrac{dx'}{dt'}$는 $\dfrac{-\dfrac{4}{5}c-\dfrac{4}{5}c}{1+\left(\dfrac{4}{5}\right)^2}=-\dfrac{40}{41}c$이다.

5. ① 시공간 좌표계 상의 그래프는 아래와 같다.

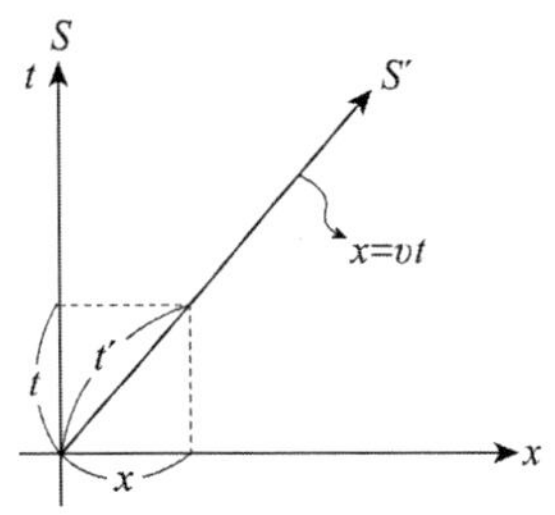

② $t'=\gamma(t-v\cdot x)=\dfrac{1}{\sqrt{1-v^2}}(t-v^2t)=\sqrt{1-v^2}\,t$

6. $(\gamma m_0\vec{v})'\cdot\vec{v}=m_0[\gamma' v^2+\gamma\,\vec{v}'\cdot\vec{v}]$

$$=m_0\left[\frac{vv'}{\left(1-\left(\dfrac{v}{c}\right)^2\right)^{\frac{3}{2}}c^2}v^2+\frac{1}{2}\frac{2vv'}{\sqrt{1-\left(\dfrac{v}{c}\right)^2}}\right]$$

$$= m_0 \frac{1}{\left(1-\left(\frac{v}{c}\right)^2\right)^{\frac{3}{2}}} \left(\frac{v^3 v'}{c^2} + vv'\left(1-\frac{v^2}{c^2}\right)\right)$$

$$= (\gamma m_0 c^2)'$$

7. 우라늄(U)은 원소번호 92인 무거운 원소인데, 천연상태에 존재하는 우라늄 원소에는 두 개의 동위원소 U^{235}와 U^{238}이 있다. 이들은 약 1 : 140 정도의 비율로 존재하고 있어 U^{235}는 상대적으로 희유한 것으로 알려져 있다.

그런데 이 U^{235}에 중성자를 충돌시키면, 이 중성자는 쉽게 U^{235}의 핵에 흡수되고, 이처럼 중성자를 흡수한 U^{235}의 원자핵은 이내 불안정해져 둘로 쪼개어져 버리는데 이 현상을 '핵분열'이라고 부른다.

좀 더 구체적으로 표현하면, U^{235} 원자핵이 중성자($_0n^1$) 한 개를 흡수한 뒤 크립톤(Kr^{91})과 바륨(Ba^{142})으로 쪼개어 지고 이 과정에서 세 개의 중성자가 튀어 나오게 된다. 이 과정을 식으로 나타내면 다음과 같다.

$$_0n^1 + {}_{92}U^{235} \rightarrow {}_{36}Kr^{91} + {}_{56}Ba^{142} + 3({}_0n^1)$$

그런데 위와 같은 핵분열 과정에서, 왼쪽의 두 물질의 질량의 합이 오른쪽의 세 종류의 물질들의 질량의 합보다 크다는 것을 실험을 통해 알 수 있고, 이러한 '질량결손'만큼에 해당하는 에너지 즉, 약 $2\times10^8\,eV$ 정도가 발생하게 된다. 이는 한 개의 TNT분자[164]가 30 eV[165]의 에너지를 내는 것과 비교하면 엄청나게 큰 것임을 알 수 있다.

만일 U^{235}원자핵 주위에 많은 U^{235}원자핵들이 존재한다면, 위 과정에서 튀어나온 세 개의 중성자는 다시 세 개의 다른 U^{235}원자핵들에 의해 흡수된 뒤 각각의 U^{235}원자핵들의 붕괴에 의해 다시 아홉 개의 중성자가 튀어 나오게 된다

이처럼, 충분한 U^{235}원자핵들이 존재하는 경우에는 연쇄적인 핵분열이 가능하게 되고 결과적으로 엄청난 에너지가 발생하게 되겠지만, 실제로 자연계에는 U^{235}이 극소량으로 존재하는 한편, 대부분의 비중을 차지하고 있는 U^{238}은 중성자를 흡수해도 위와 같은 핵분열을 일으키지 않는 것으로 알려져 있다. 따라서 자연 상태에서는 연쇄반응에 의한 핵분열이 일어나기에

164) TNT 란 '트라이 니트로 톨루엔(TriNitroToluene)'의 약자로서 화학폭탄의 일종이다.
165) 1eV (electron Volt)란, 전자 하나가 1V의 전위차(전압)를 거슬러 올라가는 데 필요한 에너지를 말하며 약 1.6×10^{-16} 주울(J)에 해당한다.

해답풀이

는 U^{235}의 양이 턱없이 부족한 것이다.

그러나 만일 인위적인 농축 과정을 통해 U^{235}의 비율을 높인 우라늄 덩어리를 이용한다면, 엄청난 에너지를 발생시키는 핵분열이 가능할 수도 있다. 실제로 2차 세계대전 당시 히로시마에 사용된 원자폭탄은 야구공 정도의 크기에 해당하는 U^{235}덩어리로 핵분열 연쇄반응을 일으켜 발생시킨 에너지에 의한 것이라고 한다.

이처럼 인위적인 농축과정을 통해 U^{235}의 비율을 높인 우라늄 덩어리를 '농축 우라늄'이라고 부른다.

원자력 발전을 위해 쓰는 농축 우라늄은 U^{235}의 비율이 약 2~4%정도인 저농축 우라늄으로서 에너지가 장기간 조금씩 발생하는 경우이고, 핵폭탄 제조에 쓰이는 고농축 우라늄은 U^{235}의 비율이 약 90% 이상으로 한꺼번에 엄청난 에너지를 발생시키는 경우이다.

8. ① 좌변$=-(\gamma x^0-\gamma v x^1)^2+(-\gamma v x^0+\gamma x^1)^2+(x^2)^2+(x^3)^2$

$$=(-\gamma^2+\gamma^2v^2)(x^0)^2+(\gamma^2-\gamma^2v^2)(x^1)^2+(x^2)^2+(x^3)^2$$

$$=-\gamma^2(1-v^2)(x^0)^2+\gamma^2(1-v^2)(x^1)^2+(x^2)^2+(x^3)^2$$

$$=-(x^0)^2+(x^1)^2+(x^2)^2+(x^3)^2=\text{우변}$$

② 좌변$=\displaystyle\sum_{\alpha,\,\beta=0}^{3}\eta_{\alpha\beta}\left(\sum_{\lambda,\,\delta=0}^{3}(\Lambda_{\alpha\lambda}x^{\lambda})(\Lambda_{\beta\delta}x^{\delta})\right)$

$$=\sum_{\alpha,\,\beta=0}^{3}\left(\sum_{\lambda,\,\delta=0}^{3}\eta_{\lambda\delta}\Lambda_{\lambda\alpha}\Lambda_{\delta\beta}\right)x^{\alpha}x^{\beta}$$

$$=\sum_{\alpha,\,\beta=0}^{3}\eta_{\alpha\beta}x^{\alpha}x^{\beta}=\text{우변}$$

이므로 $\eta_{\alpha\beta}=\displaystyle\sum_{\lambda,\,\delta=0}^{3}\eta_{\lambda\delta}\Lambda_{\lambda\alpha}\Lambda_{\delta\beta}$이다. 이를 행렬로 표현하면 $\eta=\Lambda^t\eta\Lambda$가 된다.

9. 좌변$=-(m_0\gamma c)^2+\dfrac{m_0^2v^2}{1-\dfrac{v^2}{c^2}}=-\dfrac{m_0^2c^2}{1-\left(\dfrac{v}{c}\right)^2}+\dfrac{m_0^2v^2}{1-\left(\dfrac{v}{c}\right)^2}$

$$=\frac{m_0^2}{1-\left(\frac{v}{c}\right)^2}(v^2-c^2)=-m_0^2c^2=\text{우변}$$

제 3 장

1. 관계식 $2x\overrightarrow{f_1}+3y\overrightarrow{f_2}=x''\overrightarrow{e_1}+y''\overrightarrow{e_2}$ 의 양변에 $\overrightarrow{e_1}$을 내적하면 $(2\overrightarrow{f_1}\cdot\overrightarrow{e_1})x+(3\overrightarrow{f_2}\cdot\overrightarrow{e_1})y=x''$를 얻고, $\overrightarrow{e_2}$를 내적하면 $(2\overrightarrow{f_1}\cdot\overrightarrow{e_2})x+(3\overrightarrow{f_2}\cdot\overrightarrow{e_2})y=y''$ 를 얻는다.

2. 등식 $\sum_{i=1}^{2}a_i'\frac{\partial}{\partial y_i}=\sum_k\left(\sum_i a_i'\frac{\partial x_k}{\partial y_i}\right)\frac{\partial}{\partial x_k}=\sum_{k=1}^{2}a_k\frac{\partial}{\partial x_k}$ 로부터 $a_k=\sum_{i=1}^{2}a_i'\frac{\partial x_k}{\partial y_i}$를 얻고, 마찬가지 방법으로 $b_l=\sum_{j=1}^{2}b_j'\frac{2x_l}{2y_j}$를 얻을 수 있다.

따라서 다음이 성립한다.

$$\sum_{i,\,j=1}^{2}g_{ij}'a_i'b_j'=\sum_{i,\,j=1}^{2}\left(\sum_{k,\,l=1}^{2}\frac{\partial x_k}{\partial y_i}\frac{\partial x_l}{\partial y_j}g_{kl}\right)a_i'b_j'=\sum_{k,\,l=1}^{2}g_{kl}a_kb_l$$

3. $$\begin{aligned}\frac{d}{dt}\bigg|_{t=0}W(\gamma(t))&=(f_1(\gamma(t)),\cdots,f_3(\gamma(t))'|_{t=0}\\&=(\nabla f_1(\gamma(0))\cdot\gamma'(0),\cdots,\nabla f_3(r(0)\cdot\gamma'(0))\\&=(\nabla f_1(p)\cdot\overrightarrow{v},\cdots,\nabla f_3(p)\cdot\overrightarrow{v})\\&=(\overrightarrow{v}[f_1],\cdots,\overrightarrow{v}[f_3])=D_{\overrightarrow{v}}W\end{aligned}$$

4. $V=(v_1,v_2,v_3)$, $W=(w_1,w_2,w_3)$, $X=(f_1,f_2,f_3)$ (단, $f_i,v_i,w_i:\mathbb{R}^3\to\mathbb{R}(i=1,2,3)$)으로 놓고 정의에 따라 계산하면 쉽게 확인할 수 있다. 예를 들어 ⑤의 경우 다음과 같다.

$$\begin{aligned}X(p)[<V,\,W>]&=X(p)\left[\sum_{i=1}^{3}v_iw_i\right]=\sum_{i=1}^{3}X(p)[v_i]w_i(p)+v_i(p)(X(p)[w_i])\\&=<(D_XV)(p),\,W(p)>+<V(p),\,(D_XW)(p)>\end{aligned}$$

5. 구면의 반지름을 r, 곡선 $\alpha(t)$의 속력을 v라 하면 α를 포함하는 평면을 xy좌표평면으로 잡아 $\alpha(t)=\left(r\cos\frac{v}{r}t,\,r\sin\frac{v}{r}t,\,0\right)$으로 나타낼 수 있다.

이때, $\alpha'(t)(=\alpha'(\alpha(t)))=\left(-v\sin\frac{v}{r}t,\,v\cos\frac{v}{r}t,\,0\right)$이므로

$D_{\alpha'}\alpha'=\frac{d}{dt}\bigg|_{t=0}\alpha'(\alpha(t))=\left(-\frac{v^2}{r}\cos\frac{v}{r}t,\,-\frac{v^2}{r}\sin\frac{v}{r}t,\,0\right)$이다.

따라서 α'과 $D_{\alpha'}\alpha'$은 서로 수직이고 두 벡터 모두 xy좌표평면에 속한다.

$\therefore$ $D_{\alpha'}\alpha'$은 원점 방향의 벡터이다.

6. $D_{\frac{\partial}{\partial x_\mu}}\left(\sum_{\nu=0}^{3} W_\nu \frac{\partial}{\partial x_\nu}\right) = \sum_{\nu=0}^{3}\left(\frac{\partial W_\nu}{\partial x_\mu}\frac{\partial}{\partial x_\nu} + W_\nu D_{\frac{\partial}{\partial x_\mu}}\frac{\partial}{\partial x_\nu}\right)$(②, ③에 의해)

$$= \sum_{\nu=0}^{3}\left(\frac{\partial W_\nu}{\partial x_\mu}\frac{\partial}{\partial x_\nu} + W_\nu \sum_{k=0}^{3}\Gamma_{\mu\nu}^{k}\frac{\partial}{\partial x_k}\right)$$

$$= \sum_{\lambda=0}^{3}\left(\frac{\partial W_\lambda}{\partial x_\mu} + \sum_{\nu=0}^{3}\Gamma_{\mu\nu}^{\lambda} W_\nu\right)\frac{\partial}{\partial x_\lambda}$$

7. ① 실수 a, b와 벡터 v, w에 대해,

$F(av+bw) = l_{av+bw} = a\,l_v + b\,l_w = aF(v) + bF(w)$이다. … ①

또, $F(v) = l_v = 0$이면 $l_v(w) = b(v,\ w) = 0\ \forall\, w$이므로 $v = 0$이다.

따라서 $\ker F = 0$이다. … ②

만일 $\{e_i\}_{i=1}^{n}$이 V의 한 기저이면, $e_i^*(e_j) = \delta_{ij}$로 정의된 $\{e_i^*\}_{i=1}^{n}$은 V^*의 한 기저

이므로 $\dim V = \dim V^*$이다.

따라서 $\dim V = \dim(\ker F) + \dim(ImF)$에 의해

$ImF = V^*$임을 알 수 있다. … ③

∴ ①, ②, ③에 의해 F는 동형사상이다.

② V의 한 기저 $\{e_i\}_{i=1}^{n}$에 대해 다음은 동치이다.

b가 비퇴화가 아님

⇔ 적당한 $v = (v_1, \cdots, v_n) \neq 0$에 대해 $b(v,\ w) = 0\ \forall\, w$

⇔ 적당한 $v = (v_1, \cdots, v_n) \neq 0$에 대해 $b(v,\ e_j) = 0\ (j = 1, \cdots, n)$

⇔ 적당한 $v = (v_1, \cdots, v_n) \neq 0$에 대해 $b\left(\sum_{i=1}^{n} v_i e_i,\ e_j\right) = \sum_{i=1}^{n} v_i b_{ij} = 0\ (j = 1, \cdots, n)$

⇔ 행렬 $B = (b_{ij})$의 k번째 행벡터를 $\overrightarrow{b_k} = (b_{k1}, \cdots, b_{kn})$이라 하면,

적당한 $v \neq 0$에 대해 $v_1\overrightarrow{b_1} + \cdots + v_n\overrightarrow{b_n} = 0$

⇔ 행렬 $B = (b_{ij})$는 비가역

③ 국소적 관성계를 이용하면 $\{e_0, \cdots, e_3\} \subset T_P M$을 잡아서 $< e_\mu,\ e_\mu > = \begin{cases} -1\,(\mu = 0) \\ \ \ 1\,(\mu \neq 0) \end{cases}$,

$< e_\mu,\ e_\nu > = 0\ (\mu \neq \nu)$가 성립하도록 할 수 있다.

이때 $v=\sum_{\mu=0}^{3} v_\mu e_\mu$, $w=\sum_{\mu=0}^{3} w_\mu e_\mu$에 대해,

$<v, w>=-v_0w_0+v_1w_1+v_2w_2+v_3w_3=0$, $\forall w=(w_0, \cdots, w_3)$이면 $v=0$이다.

따라서 $<,>: T_PM\times T_PM\to\mathbb{R}$은 비퇴화이다.

④ 기저 $\left\{\frac{\partial}{\partial x_\mu}\right\}_{\mu=0}^{3}$에 대해 $g_{\mu\nu}=\left\langle\frac{\partial}{\partial x_\mu}, \frac{\partial}{\partial x_\nu}\right\rangle$이고 로렌츠 내적 $<,>$이 비퇴화이므로 위 ②에 의해 행렬 $(g_{\mu\nu})$는 가역이다.

8. $\alpha'<\alpha', \alpha'>=<D_{\alpha'}\alpha', \alpha'>+<\alpha', D_{\alpha'}\alpha'>=0$이므로 $\|\alpha'\|^2(=<\alpha', \alpha'>)$은 α를 따라 일정하다.

9. 천체의 중심으로부터 $r_i(i=1, 2)$만큼 떨어진 위치에 있는 사람을 $B_i(i=1, 2)$라 하자. 이때 다음이 성립한다.

A의 1초$=B_1$의 $\sqrt{1-\frac{k}{r_1}}$초$=B_2$의 $\sqrt{1-\frac{k}{r_2}}$초

$\therefore$ B_1의 1초$=B_2$의 $\sqrt{\dfrac{1-\frac{k}{r_2}}{1-\frac{k}{r_1}}}$초 ($>1$초 if $r_2>r_1$)

제 4 장

1. [그림 4-6]으로부터 $\Psi_1+\Psi_2$의 편각이 $wt+\frac{\phi_2-\phi_1}{2}$임은 자명하다.
한편, 제2코사인 정리로부터
$$|\Psi_1+\Psi_2|^2=A^2+A^2+2A^2\cos(\phi_2-\phi_1)=2A^2(1+\cos(\phi_2-\phi_1))=4A^2\cos^2\frac{\phi_2-\phi_1}{2}$$
이다. 따라서 $|\Psi_1+\Psi_2|=2A\cos\frac{\phi_2-\phi_1}{2}$이다.

2. $\psi=\psi_1+i\psi_2$에 대해 $\int_{-\infty}^{\infty}|\psi|^2dx=1$이므로, $x\to\pm\infty$일 때 $|\psi_1|\to 0$, $|\psi_2|\to 0$이다.
한편 식 (5.11)로부터 $\frac{d^2\psi_i}{dx^2}=\frac{2m}{\hbar}(V(x)-E)\psi_i\ (i=1, 2)$가 성립하는데,
만일 $E<V_{\min}$이면 $\psi_i(i=1, 2)$와 $\frac{d^2\psi_i}{dx^2}(i=1, 2)$는 항상 같은 부호를 갖는다.
이때 그래프의 요철을 살펴보면 $x\to\pm\infty$일 때 $|\psi_i|\to 0$이 성립할 수 없음을 알 수 있다.

해답풀이

3. H가 내적이 정의된 완비공간(즉, 힐버트 공간)일 때, 함수 $T: H \to H$가 Hermite 작용소라는 것은 $< T(v), w > = < v, T(w) > \ \forall v, w \in H$를 의미한다.
만일 $T(v) = \lambda v$이면 $< T(v), v > = < \lambda v, v > = \lambda < v, v >$와
$< v, T(v) > = < v, \lambda v > = \overline{\lambda} < v, v >$에 의해 $\lambda = \overline{\lambda}$이 성립한다.$(< v, v > > 0)$
따라서 λ는 실수이다.

4. ① $$\frac{\partial}{\partial t}(\Psi^*\Psi) = \frac{\partial \Psi^*}{\partial t}\Psi + \Psi^*\frac{\partial \Psi}{\partial t}$$
$$= -\frac{1}{i\hbar}\left(-\frac{\hbar^2}{2m}\frac{\partial^2\Psi^*}{\partial x^2} + V\Psi^*\right)\Psi + \frac{\Psi^*}{i\hbar}\left(-\frac{\hbar^2}{2m}\frac{\partial^2\Psi}{\partial x^2} + V\cdot\Psi\right)$$
$$= \frac{i\hbar}{2m}\left(-\frac{\partial^2\Psi^*}{\partial x^2}\Psi + \Psi^*\frac{\partial^2\Psi}{\partial x^2}\right)$$
$$= \frac{\partial}{\partial x}\left[\frac{i\hbar}{2m}\left(\Psi^*\frac{\partial\Psi}{\partial x} - \frac{\partial\Psi^*}{\partial x}\Psi\right)\right]$$

② $$\frac{d < x >}{dt} = \frac{d}{dt}\int_{-\infty}^{\infty} x|\Psi|^2 dx = \int_{-\infty}^{\infty} x\frac{\partial}{\partial x}\left[\frac{i\hbar}{2m}\left(\Psi^*\frac{\partial\Psi}{\partial x} - \frac{\partial\Psi^*}{\partial x}\Psi\right)\right]dx$$
$$= -\int_{-\infty}^{\infty}\frac{i\hbar}{2m}\left(\Psi^*\frac{\partial\Psi}{\partial x} - \frac{\partial\Psi^*}{\partial x}\Psi\right)dx \ \text{(부분적분법)}$$
$$= -\frac{i\hbar}{m}\int_{-\infty}^{\infty}\Psi^*\frac{\partial\Psi}{\partial x}dx$$
$$\left(\because \int_{-\infty}^{\infty}\Psi^*\frac{\partial\Psi}{\partial x}dx = [\Psi^*\Psi]_{-\infty}^{\infty} - \int_{-\infty}^{\infty}\Psi\frac{\partial\Psi^*}{\partial x}dx\right)$$

③ $$\frac{d < p >}{dt} = \int_{-\infty}^{\infty}\left[\frac{\partial\Psi^*}{\partial t}\left(\frac{\hbar}{i}\frac{\partial\Psi}{\partial x}\right) + \Psi^*\frac{\hbar}{i}\frac{\partial}{\partial x}\left(\frac{\partial\Psi}{\partial t}\right)\right]d_x$$
$$= \int_{-\infty}^{\infty}\left[\frac{i}{\hbar}\left(-\frac{\hbar^2}{2m}\frac{\partial^2\Psi^*}{\partial x^2} + V\Psi^*\right)\left(\frac{\hbar}{i}\frac{\partial\Psi}{\partial x}\right)\right.$$
$$\left. + \Psi^*\frac{\hbar}{i}\frac{\partial}{\partial x}\left(-\frac{i}{\hbar}\left(-\frac{\hbar^2}{2m}\frac{\partial^2\Psi}{\partial x^2} + V\Psi\right)\right)\right]dx$$
$$= \int_{-\infty}^{\infty}\left[\left(-\frac{\hbar^2}{2m}\frac{\partial^3\Psi}{\partial x^3}\Psi^* + V\Psi^*\frac{\partial\Psi}{\partial x}\right)\right.$$
$$\left. + \left(\Psi^*\frac{\hbar^2}{2m}\frac{\partial^3\Psi}{\partial x^3} - \frac{\partial V}{\partial x}|\Psi|^2 - V\Psi^*\frac{\partial\Psi}{\partial x}\right)\right]dx$$
$$= -\int\frac{\partial V}{\partial x}|\Psi|^2 dx$$

5. $P(r)=\dfrac{4}{a_0^3}e^{-\frac{2r}{a_0}}r^2$에서

$$P'(r)=\frac{4}{a_0^3}\left[-\frac{2}{a_0}e^{-\frac{2r}{a_0}}r^2+2re^{-\frac{2r}{a_0}}\right]$$

$$=\frac{8r}{a_0^4}e^{-\frac{2r}{a_0}}(a_0-r)$$

이므로 $P(r)$은 $r=a_0$에서 최댓값을 갖는다.

찾아보기

찾아보기

저자소개

윤 종 국

서울대학교(이학사)

서울대학교 대학원(이학석사, 이학박사)

현재 한국교원대학교 수학교육과 조교수

교사를 위한 **현대물리의 이해 (개정판)**

개정판 발행 2019년 2월 25일
개정판 2쇄 발행 2023년 7월 10일

지은이 윤종국 / **펴낸이** 오판근
펴낸곳 (주) 교우
주 소 서울시 동대문구 약령시로 8 교우빌딩 2층 (주)교우
전 화 02-925-2861 / **팩 스** 02-925-2860, **편집부** 02-925-2825
홈페이지&북스토어 www.kyowoo.co.kr / **이메일** kyowoo@kyowoo.co.kr

등 록 1994년 3월 24일 제1994-000013호
ISBN 978-89-8172-777-2 (93420)

Published by Kyowoo Co., Ltd. Printed in Korea

값 22,000원

교우미디어는 (주) 교우의 Imprint 사입니다.
수학정원·과학정원은 (주) 교우의 새로운 브랜드명입니다.

잘못된 책은 구입하신 서점에서 교환해 드립니다.